FORSCHUNGSBERICHTE DES LANDES NORDRHEIN-WESTFALEN

Nr. 3202 / Fachgruppe Geisteswissenschaften

Herausgegeben vom Minister für Wissenschaft und Forschung

Prof. Dr. for. L. Herbert Hesmer +

Universität Bonn

aus dem Nachlaß herausgegeben von
Prof. Dr. forest. Eberhard F. Bruenig

Universität Hamburg und
Bundesforschungsanstalt für Forst- und Holzwirtschaft
- Institut für Weltforstwirtschaft -
Hamburg

Einwirkungen der Menschen auf die Wälder der Tropen

Waldformationen - Eingriffe - Forstwirtschaft in kolonialer Zeit

Westdeutscher Verlag 1986

CIP-Kurztitelaufnahme der Deutschen Bibliothek

Hesmer, Herbert:
Einwirkungen der Menschen auf die Wälder der Tropen : Waldformationen - Eingriffe - Forstwirtschaft in kolonialer Zeit / von L. Herbert Hesmer. Aus d. Nachlass hrsg. von E. F. Bruenig. - Opladen : Westdeutscher Verlag, 1985.

(Forschungsberichte des Landes Nordrhein-Westfalen ; Nr. 3202 : Fachgruppe Geisteswissenschaften)
ISBN 978-3-531-03202-3 ISBN 978-3-322-88504-3 (eBook)
DOI 10.1007/978-3-322-88504-3

NE: Bruenig, Eberhard F. [Hrsg.]; Nordrhein-Westfalen: Forschungsberichte des Landes ...

Herstellung: Westdeutscher Verlag

Lengericher Handelsdruckerei, 4540 Lengerich

ISBN 978-3-531-03202-3

V O R W O R T

Seit dem Altertum haben die Einwirkungen des Menschen auf die Wälder der Erde vielfältige, meist erst kulturförderliche, schließlich aber oft unerwartet nachteilige Auswirkungen auf die Lebenswelt des Menschen gebracht, die den Menschen zu einschneidenden Anpassungen zwangen. Diese Vorgänge und ihre Auswirkungen waren bisher örtlich begrenzt. Heute haben sie globale Ausmaße. Waldschäden und Entwaldung sind zu nationalen und internationalen Politika geworden. Sie bedrohen die Lebensgrundlage der Menschheit, verändern das Klima, zerstören den Boden und vernichten lebenswichtige Waldfunktionen. Die Ursachen der Waldschädigung und Waldvernichtung sind vielfältig und oft schwer erkennbar und daher meist auch verkannt. Ihre Kenntnis ist aber Voraussetzung für wirksame Gegenmaßnahmen. Heute, wo Wissen dringender nötig ist denn je, bestimmen Fehl- und Falschinformationen weitgehend die öffentliche Meinung zum Problem der Waldvernichtung in den Tropen. Dies betrifft ganz besonders die Vorgänge während der Kolonialzeit. Bewußt oder aus Unkenntnis werden sie vor allem auch im deutschen Sprachraum falsch und verzerrt gesehen, dargestellt und beurteilt. Die Kenntnis der wahren Zusammenhänge von Ursachen und Wirkungen grade in dieser Periode der Entwicklungsgeschichte der Tropen ist wichtig für die richtige Beurteilung der heutigen Notwendigkeiten und Möglichkeiten.

Professor Dr. Herbert Hesmer hat sich seit den fünfziger Jahren mit Problemen der Waldvernichtung und der Wandlungen des Waldbildes der Erde beschäftigt. Die deutsche Entwick-

lungshilfe der sechziger Jahre weckte Hesmers Interesse an den Problemen der Landnutzung und der Waldwirtschaft in den Tropen. In dieser Zeit entstanden die Biographie über Leben und Wirken des großen deutschen Botanikers und tropischen Forstmannes Sir Dietrich Brandis und zwei Bücher über den kombinierten land- und forstwirtschaftlichen Anbau im tropischen Afrika und Asien. Einige Jahre förderte der Minister für Wissenschaft und Forschung des Landes Nordrhein-Westfalen eine Untersuchung Hesmers über die Einwirkungen des Menschen auf die Wälder der Erde.
Bei seinem Tode im Jahre 1982 lag der Teilbericht "Tropen: Waldformation - Eingriffe - Forstwirtschaft in kolonialer Zeit" als Manuskript soweit fertig vor, daß es zur Veröffentlichung nur noch einer im wesentlichen redaktionellen Überarbeitung bedurfte. Die Karten mußten umgezeichnet werden, der Text und die Statistiken wurden aber nur wo unbedingt nötig ergänzt. Im ganzen ist das Manuskript unverändert geblieben, um den Charakter einer posthumen Veröffentlichung Hesmers zu erhalten. Dies trifft auch auf die Auswahl der Länder als Beispiel der Einführung nachhaltiger Forstwirtschaft in den Tropen zu. Die Geschichte des Waldbaus und der nachhaltigen Bewirtschaftung tropischer Wälder ist untrennbar mit Malaya verbunden. Der Waldbau des tropischen Regenwaldes ist, inspiriert von britischen Forstleuten aus Indien, hier vor hundert Jahren entstanden. Die Verlockung zu einer entsprechenden Ergänzung und damit zwangsläufig gründlichen Umarbeitung des Werkes war groß, wir haben ihr aber im Interesse Hesmers widerstanden.

E.F. Bruenig

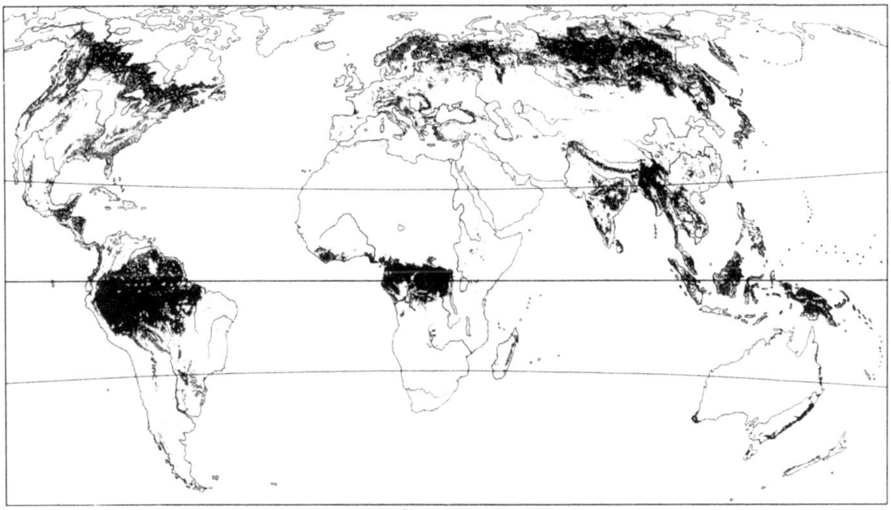

Institut für Weltforstwirtschaft
Bundesforschungsanstalt für Forst- und Holzwirtschaft
Hamburg

Verbreitung der Wälder der Erde, Stand 1973.
Inzwischen ist die Entwaldung in vielen Teilen der Tropen in erheblichem Umfang vorangeschritten, vor allem in Süd- und Südostasien, Westafrika und in Zentralamerika.

INHALT

VERZEICHNIS DER KARTEN

Verbreitung der Wälder der Erde

1. DIE TROPENWÄLDER DER ERDE

11. Abgrenzung der Tropen

Als Tropen werden im allgemeinen die Gebiete zwischen den Wendekreisen bezeichnet. In ökologischer Hinsicht können aber Differenzen zwischen deren Verlauf und den als für die Tropen typisch angesehenen thermischen Verhältnisse bestehen, wie Lauer 1975 dargelegt hat. Typisch für die Tropen sind u.a.:

- sehr geringe Schwankung der Temperaturkurven im Jahresverlauf, äußerstenfalls 1o bis 12°C;
- die Jahresschwankung der Temperatur ist immer kleiner als die der Tageschwankung;
- mindestens 18°C - Mitteltemperatur des kältesten Monats.

Bester Indikator des Wärme- (und Wasser-) Haushalts der Tropen ist die Vegetation.

Es ergibt sich nun, daß die für die Tropen geltenden thermischen Kriterien und die für die Tropen typische Vegetation an einigen Stellen die Wendekreise nicht erreichen, dagegen an

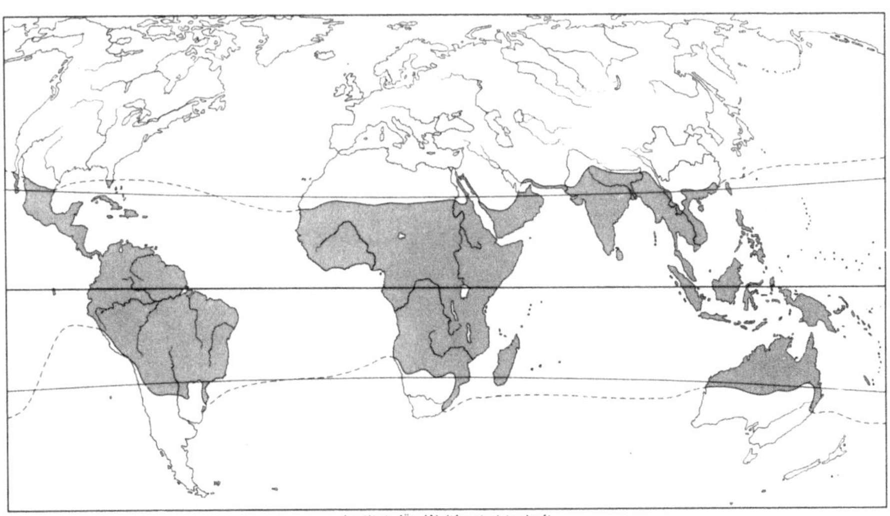

Institut für Weltforstwirtschaft
Bundesforschungsanstalt für Forst- und Holzwirtschaft
Hamburg

Abb. 1: Die Verbreitung der Region des Tropenklimas nach thermischen und vegetationsmäßigen Kriterien (nach Lauer, 1975)

anderen sie nicht unerheblich überschreiten (Abb.1 nach Lauer 1975). Nach dem solaren Tropenbegriff liegt das nördliche Indien mit Ganges- und Indusebene außerhalb der Tropen, nach den thermischen Kriterien und der Vegetation sind diese Gebiete aber echte Tropen.
Aufgrund von thermo-klimatischen und vegetationsökologischen Kriterien kommen tropische Wälder außerhalb der Wendekreise vor in Indien und Burma, Südamerika, Südafrika und im östlichen Australien; hinzu kommen mehrere kleinere Gebiete.

12. Die einzelnen tropischen Waldformationen

Dieses kurze einleitende Kapitel will nur einen sehr gestrafften Überblick über die Bewaldung der Tropen geben.
R. Persson hat nach einer von ihm im Department of Forest Surveys of the Royal College of Forestry in Stockholm nach dem Stand vom Anfang der 70er Jahre durchgeführten Erfassung der World Forest Resources die Ergebnisse 1974 veröffentlicht. Neuere Arbeiten über die Erfassung der Waldvorräte in den Tropen sind:

- A. Sommer (1976): Attempt at an assessment of the world's tropical moist forests. Diese Arbeit beschränkt sich auf die tropischen Feuchtwälder.

- J.P. Lanly (1982): tropical forest resources. Das 'Tropical Forest Resources Assessment Project' von FAO und 'United Nations Environment Programm' (UNEP) erfaßte im Rahmen des 'Global Environment Monitoring System' (GEMS) von 1978-81 in einem einheitlichen Klassifikationsschema weltweit sämtliche Wälder und Gehölze der Tropenländer.

Er hat die von ihm ermittelte Gesamtfläche der geschlossenen Wälder der Erde nach einer Schätzung von Weck-Wiebecke (1961) über den Anteil der verschiedenen Hauptformationsklassen an der Fläche der geschlossenen Wälder der Erde in diese Hauptformationsklassen aufgegliedert. Tabelle 1 gibt Auskunft über die Flächen und Holzvorräte der geschlossenen Wälder in den wichtigsten Waldformationen der Tropen und den übrigen Klimazonen der Erde und läßt diese leicht miteinander vergleichen.

Tabelle 1: Flächen und stockende Holzvorräte geschlossener Wälder in den Hauptformationsklassen der Erde. (Persson 1974, S. 231)

Formationsklasse	Fläche (Millionen ha)		Durchschnittl. Vorrat (m^3 / ha)	Gesamtvorrat[1] (1ooo Millionen)
I. Tropische Zone	1456			
1. Feuchte immergrüne Wälder		56o	35o	196
2. Feuchte laubabwerfende Wälder		3o8	16o	49
3. Trockene " Wälder u. Gehölze		588	5o	29
II. Subtropische Zone	224			
4. Feuchte immergrüne Wälder		8	8o	o,6
5. Subtropische feuchte Wälder		2o	2oo	4
6. " trockene Wälder u. Gehölze		196	5o	1o
III. Gemäßigte Zone	448			
7. Laubwälder 8. Nadelwälder		) 448	) 15o	) 67
IV. Boreale Zone	672			
9. Boreale Wälder		672	6o	4o
Summe		28oo	(157)	4oo

[1]Anmerkung zur Tabelle:

Der Gesamtvorrat der einzelnen Formationsklassen wurde durch Multiplikation der Flächenangabe mit dem durchschnittlichen Vorrat je ha erhalten. Die Durchschnittsvorräte je Hektar können aber nicht für das gesamte Gebiet einer Formationsklasse gültig sein. Die Gesamtvorräte müssen deshalb sicher reduziert werden. Nach Perssons Berechnungen reduziert sich der Gesamtvorrat an Holz aus den geschlossenen Wäldern der Erde auf 31o ooo Mill. m^3.

121. Laubwälder

121.1 Die tropischen Regenwälder niederer Lagen

Ein Blick auf Tabelle 1 zeigt, daß die Wälder der Tropen größere Flächen bestocken und größere Holzvorräte besitzen als alle Wälder der 3 übrigen Klimazonen der Erde zusammen. Weiter läßt die Tabelle erkennen, daß die wichtigste der 3 tropischen Waldformationen, der feuchte immergrüne Tropenwald, fast einen so großen Holzvorrat besitzt, wie alle übrigen Waldformationen der Erde (einschließlich der beiden anderen tropischen) zusammen.

Der tropische immergrüne Regenwald ist also die mit Abstand wichtigste Waldformation der Erde. Über seine Verbreitung gibt Abbildung 2 Auskunft. Sie veranschaulicht, daß die größten Flächen tropischer Regenwälder in Amerika liegen, daß die in Asien mittleren Umfang haben und die in Afrika den geringsten. Whitmore (1975) gibt aufgrund von Angaben, die Pringle 1969 machte, für die Regenwaldvorkommen in den drei Erdteilen folgende Flächen an:

Amerika	4oo ooo ooo ha
Asien	25o ooo ooo ha
Afrika	18o ooo ooo ha
Insgesamt	83o ooo ooo ha

Diese Flächenangaben für den tropischen Regenwald liegen wesentlich höher, als die von Persson ermittelten; sie entsprechen ungefähr denen, die die FAO 1966 für 1963 mit 85o ooo ooo ha in ihrer World Forest Inventory mitteilte.

Die tropischen Regenwälder sind Pflanzengesellschaften von besonderer Üppigkeit. Die Zahl ihrer Baumarten ist regional wie

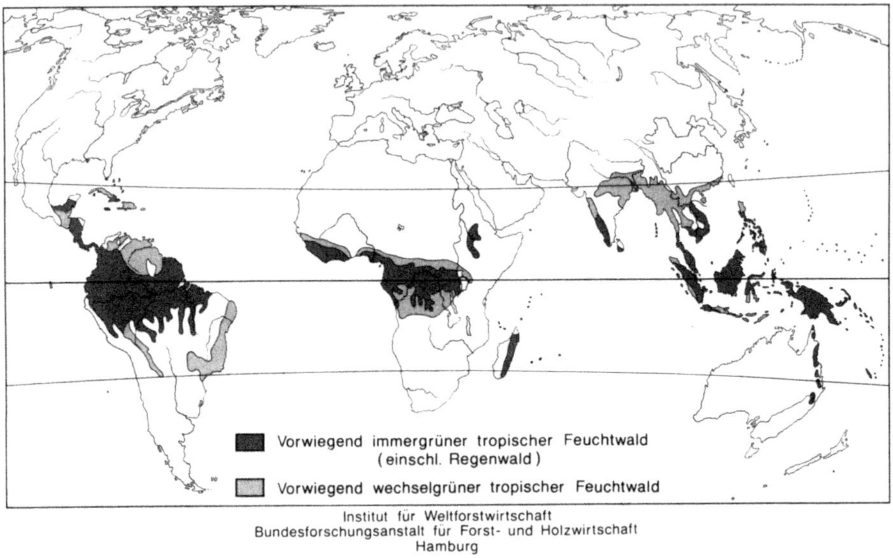

Abb. 2: Verbreitung der Waldflächen in den Waldformationsklassen "Vorwiegend immergrüner Tropischer Feuchtwald" und "Vorwiegend wechselgrüner Tropischer Feuchtwald" in der Region tropischen Klimas

je ha weit höher als in allen übrigen Waldformationen. Als Beispiele seien die Baumartenzahlen in einigen Gebieten genannt, die vorwiegend mit Regenwald bestockt sind.

- Für Borneo und Sumatra wurde 1957 die Zahl der Baumarten, deren Stämme Durchmesser von 4o cm erreichen, auf 4ooo geschätzt, die zu etwa 45o Gattungen gehören (Begué 1957).
- Auf der Malaiischen Halbinsel sind etwa 25oo Arten bekannt. Von der malaiischen Forschung wurde berichtet, daß 227 Gehölzarten mit einem Mindestdurchmesser von 1o cm auf einem ha festgestellt wurden (Darling 1974).
- Whitmore schätzte 1972 für Malaya in allen Vegetationstypen 41oo Baumarten in 76o Gattungen und 94 Familien (Burley and Styles 1976, S. 37).
- Nach Ashton (1964) hat das kleine Sultanat Brunei (Nordborneo) auf einer Waldfläche von nur 212o km^2 mindestens 2ooo Baumarten mit Brusthöhendurchmessern über 1o cm.
- Die Philippinen haben mehr als 3ooo Baumarten mit Brusthöhendurchmessern von einem Fuß (3o,48 cm) (Tamesis 1953).
- In Brasilien sollen 7ooo Baumarten stocken (Stahelin 1964).
- In Costa Rica soll es 35oo Baumarten geben (Persson 1974):

Nur wenige Baumarten des Regenwaldes bilden Reinbestände; meist treten die Arten in bunter, oft einzelstammweiser Mischung auf. Eine besondere Art von Vorherrschaft, die als Familien-Dominanz bezeichnet wird, üben in den Wäldern Südostasiens die allein dort in 695 Arten verbreiteten Dipterocarpaceen aus (Hesmer 197o). Die floristischen Unterschiede in der Baumartenzusammensetzung der Regenwälder der drei Erdteile sowie die regionalen innerhalb der einzelnen Erdteile sollen später behandelt werden.

In großen Teilen der tropischen Regenwaldgebiete liegen die Jahresniederschläge um 2000 mm; in Afrika erhalten sie jedoch zum weitaus größten Teil weniger. Hohe Niederschläge auf größeren Gebieten fallen vor allem in Südostasien und auf Neuguinea sowie in einem großen Teil des Amazonasgebiets.

Bei gleichmäßiger Verteilung der Niederschläge innerhalb des Jahres können immergrüne Regenwälder bis zu 1500 mm herunter vorkommen (Bünning 1956, S. 3 u. Aubréville 1956a, S. 360). Die dem Regenwald abträglichen Auswirkungen von Monatsniederschlägen unter 100 mm und selbst niederschlagsfreie Perioden können ausnahmsweise bis zu 4 Monaten durch hohe Jahresniederschläge (3500 mm), hohe Luftfeuchtigkeit, häufigen Nebel oder wenigstens bewölkten Himmel, zufließendes Bodenwasser und überdurchschnittliche Böden ausgeglichen werden; die Dürrezeit muß dabei zugleich auch die kühle Jahreszeit sein (Walter 1973, S. 119).

Daß immergrüne Regenwälder auch bis etwa 1300 mm Jahresniederschlag noch vorkommen können, beweist Togo. Die Wälder dort sind allerdings weniger artenreich und gegenüber anthropogenen Einwirkungen empfindlich (s. Kap. 353).

Die Jahreswerte der Temperaturen sind inmitten großer Gebiete humider tropischer Regenwälder in niederen Lagen fast gleichbleibend; sie liegen um 26°. Auch die Monatsmittel der Temperaturen sind das ganze Jahr hindurch fast konstant. Dagegen können die mittleren Tagesschwankungen außerhalb des Waldes merkbare Differenzen aufweisen. Das Bestandesinnenklima ist, zumal was die Tagestemperaturen anbelangt, viel ausgeglichener als das Allgemeinklima. In den oberen Schichten der Regenwaldbestände, besonders auf dem obersten Kronendach, herrschen jedoch in den einzelnen klimatischen Elementen starke Kontraste (Walter 1973). Häufiges Vorkommen einer lederigen, xeromorphen Belaubung vor allem in den oberen Kronenteilen weist darauf hin, daß Erwärmung durch Sonnenbestrahlung und Transpirationssteigerung durch Wind dort den Wasserhaushalt stark beanspruchen.

Regenwald kann bis gegen 1000 m Höhe vorkommen; meist wird er aber schon früher von submontanen Wäldern abgelöst. Seine optimale Ausbildung zeigt der immergrüne Regenwald in Niederungen bis zu wenigen Hundert Meter Höhe (tropical lowland evergreen rain forest).

Die Regenwaldböden sind infolge der seit sehr langen Zeiten bei ständig großer Wärme und hohen Niederschlägen erfolgenden Nährstoffauswaschung meist nährstoffarm. Sie sind den Wurzeln und der Mykorrhiza der Bäume nur bis in geringe Tiefe zugänglich, da sie vielfach keine humosen Stoffe speichern. Die Üppigkeit des Waldbewuchses ist nur dadurch möglich, daß der Laubabfall raschest abgebaut wird und gleich wieder in den Nährstoffkreislauf gelangt.

Die Regenwälder gliedern sich in zwei Formationen: den immergrünen (im engeren Sinne) und den halbimmergrünen+); beide werden statistisch (z.B. in Tab. 1) und auch sonst oft als feuchter (wet) immergrüner Regenwald zusammengefaßt. Der immergrüne Regenwald i.e.S. hat seine typischen Vorkommen dort, wo bei ausreichender Gesamtniederschlagsversorgung in keinem Monat die Niederschlagsmenge unter 100 mm liegt. Der halbimmergrüne stockt dagegen in Gebieten, in denen bei nor-

---

+) Das Wort halb = semi ist nicht wörtlich zu nehmen; es bedeutet hier etwa vorwiegend, aber nicht ganz immergrün. Immergrün besagt, daß die Bäume nie ganz ohne grüne Belaubung sind; die alten Blätter halten sich, bis eine neue Belaubung erscheint.

maler Wasserversorgung während 2-3 Monaten die Niederschläge unter 1oo mm liegen; er ist auf der Erde verbreiteter als der immergrüne, für den in den größten Teilen der afrikanischen Regenwaldgebiete und des Amazonaseinzugsgebiets die erforderliche ständig ausreichende Wasserversorgung fehlt (Whitmore 1975).

Die Regenwälder der niederen Lagen bauen sich aus 3 Baumschichten auf: die oberste, nicht geschlossene, wird von einzelnen oder gruppenweise 4o - 45 m hoch herausragenden Bäumen (emergents) gebildet; sie liegt über einer Hauptbaumkronenschicht von 25 - 3o m Höhe. Die Höhen der beiden oberen Baumschichten der Regenwälder variieren in den verschiedenen Waldgebieten eines Kontinents; so liegen die in den humiden, besonders gut wasserversorgten Wäldern von Südwestkamerun höher als in anderen Teilen der feuchten afrikanischen Tropen (s. Kap. 352.2). Im Durchschnitt die größte Höhenwuchsleistung der Erdteile erreichen die Regenwälder Südostasiens.

Die unterste Schicht besteht aus kleineren, schattenertragenden Bäumen; die Bodenvegetation ist spärlich, Kräuter sind ungewöhnlich, Gras fehlt. Beide Regenwaldformen enthalten starke, meist freihängende Lianen; der Epiphytenbesatz ist bei beiden gelegentlich bis häufig.

121.11 Die immergrünen Regenwälder

Als Beispiel der Unterschiede zwischen den beiden Formen des tropischen Regenwalds seien hier die wiedergegeben, die Whitmore (1975) für den tropischen Fernen Osten beschrieben hat:

Der immergrüne Regenwald i.e.S. ist die üppigste aller Pflanzengesellschaften; er wächst auf relativ guten Böden bei ständig hoher Niederschlagsversorgung. Er ist ein stattlicher, dichter immergrüner Wald, der 45 m oder höher und nur selten niedriger ist. Charakteristisch ist für ihn die große Zahl der ihn bildenden Baumarten. Gesellschaftlich auftretende herrschende Bäume der gleichen Art sind ungewöhnlich; normalerweise bestehen zwei Drittel oder mehr der herrschenden Kronenschicht aus verschiedenen Arten, die jeweils nicht mehr als 1 % der gesamten Baumzahl ausmachen. Einige der stärksten Bäume haben glatte Schäfte von 3o m und erreichen 4,5 m Stammumfang. Hohe Wurzelanläufe, die vor allem den hohen Bäumen der obersten Kronenschicht Standfestigkeit geben, sind gewöhnlich.

121.12 Die halbimmergrünen Regenwälder

Der "semi-evergreen rain forest" ist im tropischen Fernen Osten nach Whitmore ein geschlossener hoher Regenwald, in dem die stärksten Stämme zuweilen erhebliche Größe erreichen. (Hierzu muß bemerkt werden, daß in den vielen Waldprofilen, die aus anderen Tropen veröffentlicht wurden, z.B. in Richards (1957, S. 318) für Trinidad, die halbimmergrünen Regenwälder deutlich - vielleicht etwas übertrieben? - niedriger dargestellt werden als die immergrünen). Halbimmergrüner

Regenwald des Fernen Ostens enthält sowohl immergrüne und in der Oberschicht laubabwerfende Bäume in inniger Mischung mit einer gewissen Tendenz zu geselligem Vorkommen der Baumarten.

Die laubabwerfenden Bäume mögen bis zu einem Drittel der größeren Bäume ausmachen, obgleich nicht alle zur gleichen Zeit laublos sind; die Bäume der mittleren und unteren Schicht sind immergrün. Die Artenzahl ist groß, aber nicht so reich wie im immergrünen Regenwald i.e.S. Die Rinde der Bäume ist dicker und rauher. Die Statur der Bäume neigt dazu, etwas geringer zu sein als im immergrünen Regenwald; die über die zweite Hauptkronenschicht herausragenden Bäume kommen als verstreute Individuen vor, die zuweilen selten sind. Hohe Wurzelanläufe sind häufig, und zwar an immergrünen wie an laubabwerfenden Bäumen. Bambus kommt vor.

121.2 Die laubabwerfenden tropischen Wälder

Die laubabwerfenden tropischen Wälder und die Dorngehölze sollen hier kurz vor allem am Beispiel der indischen behandelt werden, weil sie als erste dieser Waldformationen schon seit 1871 wiederholt von Brandis beschrieben wurden (Hesmer 1975). Zum anderen erfuhren die Wälder Indiens 1936 eine sehr eingehende Darstellung durch Champion, auf der (neben eigener Anschauung) die folgenden Kurzbeschreibungen der laubabwerfenden Wälder und der Dorngehölze beruhen.

121.21 Feuchte laubabwerfende Wälder (Moist deciduous forests)

Gebiete, die von 12oo bis über 2ooo mm Jahresniederschläge erhalten, welche stark vorwiegend in der vom Mai bis in den Oktober hinein dauernden Monsunzeit fallen, sind in Indien mit Wäldern bestockt, die während der Trockenzeit meist kahl sind oder doch wenigstens gegen deren Ende. Diese feuchten Monsunwälder Indiens (und Hinterindiens), wie sie Schimper 1898 genannt hat, sind dichte Bestände, die Höhen zwischen 3o und 36 m erreichen;das Kronendach ist eben. Kennzeichnende Baumarten dieser Mischbestände sind: Teak (Tectona grandis), Terminalia crenulata, T. paniculata und T. tomentosa, Lagerstroemia marsupium, Grewia tiliaefolia, Dillenia pentagyna u.a.

Der natürliche Unterstand sind wohl mehr oder weniger immergrüne Sträucher gewesen mit wenig Gras; durch anthropogene Einwirkungen, insbesondere Feuer, sind die Sträucher meist verschwunden, dafür hat die ständige Vergrasung stark zugenommen.

Auch im übrigen Asien und in den Tropen der anderen Erdteile stocken große Flächen feuchter laubabwerfender Wälder. In Tabelle 1 (Kap. 12) ist ihre Gesamtfläche mit 3o8 Millionen ha und der durchschnittlich stehende Holzvorrat mit 16o m^3 je ha angegeben.

121.22 Trockene laubabwerfende Wälder (Dry deciduous forests)

Wo die im wesentlichen auf etwa 4 Monate konzentrierten Monsunniederschläge zwischen 8oo und 12oo mm liegen, erreichen die laubabwerfenden Wälder in Südindien nur Höhen zwischen 15 und 22 m. Die Kronenschicht ist geschlossen, wenn auch nicht sehr dicht; sie ist uneben. Die Baumartenzusammensetzung ähnelt der der feuchten laubabwerfenden Wälder. Teak ist der am meisten charakteristische Baum, mit dem sehr oft Anogeissus latifolia vergesellschaftet ist. Oft ist ein Strauchunterstand vorhanden; der Grasbewuchs verstärkt sich mit dem Abbrennen, und der Baumbewuchs nimmt parkähnliche oder noch lockerere Form an. Die trockenen laubabwerfenden Wälder stocken meist auf geringen Böden (Sand, Laterit und flacher Lehm).

Daß der durchschnittliche Holzvorrat für trockene laubabwerfende Wälder in Tabelle 1 auf nur 5o m^3 je ha veranschlagt wird, veranschaulicht die im Durchschnitt mäßige Bestockung.

121.3 Savannengehölze

Weite Gebiete der tropischen Sommerregenzonen sind, besonders in Afrika, mit einer Grasschicht bedeckt, über der meist niedrige Bäume oder auch Sträucher einen lockeren Gehölzschirm bilden, der mancherorts zu einigen wenigen Gehölzen reduziert ist. Diese Vegetationsform, in der das Gras wesentlicher Bestandteil ist, wird nach einem in Lateinamerika für Grasländer gebrauchten Indianerwort, das A.v. Humboldt in die pflanzengeographische Literatur einführte, als savanna bezeichnet[+)]. Ist die Baumschicht relativ gleichmäßig und nicht sehr locker, spricht man von "savanna woodland"; sind Bäume nur

---

+) Engler schrieb 191o in seiner "Pflanzenwelt Afrikas":"Die vielfach übliche Vermengung der Begriffe Steppe (trockengründig) und Savanne (feuchtgründig) habe ich in meinen pflanzengeographischen Arbeiten über Afrika immer vermieden". Die Pflanzengeographie ist dieser strengen Trennung nicht gefolgt, zumal die Unterscheidung im Gelände oft Schwierigkeiten bereitet; die Verwendung der Bezeichnung Grasland bietet Möglichkeiten, diesen auszuweichen.

unregelmäßig verstreut vorhanden, von "tree savanna" und wenn als Gehölz nur Sträucher vorkommen, von "shrub savanna". Auf gut mit Niederschlag oder Grundwasser versorgten Standorten (bis 15oo mm) können die dicht stehenden Gräser 2,5 - 5 m hoch werden (Feuchtsavannen); bei nur 5oo - 1ooo mm Niederschlag stehen die Horstgräser lockerer und erreichen nur Höhen von 1 - 2 m (Trockensavannen) (Schmithüsen 1968).

Da die verschiedensten Savannentypen oft unmittelbar an geschlossene hohe Wälder grenzen oder mit diesen mosaikartig gemischt vorkommen, liegt der Schluß nahe, daß die Savannen unter menschlichen Einwirkungen entstanden sind. Fällung und Verbrennen des Holzes der Wälder zwecks Brandrodungsfeldbaus und alljährliches Abbrennen für jagdliche Zwecke und zum Erhalt von frischem Grasaustrieb für die Weide führen dazu, daß selbst anstelle von hohen geschlossenen Wäldern sich solche Gräser einfinden, die wegen ihrer unterirdischen Rhizome feuerresistent sind und einzelne bestimmte Gehölzarten, die relativ feuerertragend sind, wenn sie auch oft kümmernden, krüppeligen Wuchs haben (s. Kap. 353.33 Baumsteppen Togo).

Der durch menschliche Einwirkungen geschaffene und durch alljährliches Wiederabbrennen in dieser Form gehaltene Vegetationstyp wird auf englisch als "derived savanna" bezeichnet. Nicht anthropogen entstandene, sondern klimatisch bedingte natürliche Savannen gibt es in Afrika nach Walter (1973, S. 325) nur in Gebieten mit unter 6oo mm Niederschlag. Die Flächen der "derived savannas" sind ein Vielfaches größer als die der natürlichen Savannen, die oft an die Halbwüstengebiete angrenzen.

Die vor allem in Südamerika vorkommenden natürlichen Savannen, die durch alljährliche Überflutungen bedingt sind, sind in die vorstehenden Ausführungen nicht miteinbegriffen.

121.4 Tropische Dorngehölze und -gesträuche

Wo die Niederschläge auf 75o bis 5oo mm absinken, stockt in Südindien offenes niedriges Gehölz, das meist aus dornigen Arten besteht, vor allem Akazien. Die Höhe liegt meist zwischen 6 und 1o m. Ein unregelmäßiger Unterstand aus kleinen Bäumen oder größeren dornigen Sträuchern sowie xerophytischen Arten ist öfter vorhanden. Der Grasbewuchs ist dünn und erscheint höchstens während der kurzen Regenzeit geschlossen. Die längste Zeit des Jahres liegt der meist flache Boden offen.

Im nördlichen Indien sind die Niederschläge mit 6oo - 2oo mm noch geringer. Auch hier kommen Akazien vor, aber weniger vorherrschend. Die Gehölze vermehren sich oft durch Wurzelbrut (z.B. Prosopis spicigera und Capparis aphylla). Euphorbien kommen nur örtlich vor. Die Gehölze erreichen Höhen von 4,5 - 9 m. Sie zeigen eine Tendenz,sich in Klumps zusammenzufinden und den Boden dazwischen offen zu lassen. Nach Regenfall zeigt sich dünner Grasbewuchs.

Die Regenwälder sowie die frischen und die trockenen laubabwerfenden Wälder und zuletzt die Dorngehölze leiten durch Übergänge ineinander über; ihre Abgrenzungen sind mancherorts, zumal nach menschlichen Eingriffen, nur schwer zu erkennen.

Von den vorstehend behandelten Waldformationen kommen die wichtigsten in manchen Gebieten als große Flächen oder langgestreckte Gürtel vor; in anderen orographisch stark bewegten Gebieten wie in Hinterindien treten sie wegen der ständig wechselnden Niederschlagsexpositionen kleinflächig in bunter Mischung auf, wie z.B. die Karte der Forsttypen von Thailand von 1962 zeigt.

121.5 Montane Wälder

Innerhalb aller Tropen sind Bergwälder weit verbreitet. Bei der großen Zahl der Baumarten kommt es in den Gebirgen zur Bildung von zahlreichen Waldformationsgürteln. So werden vom Fuße der Hauptberge von Malaia bis zu etwa 1ooo m allein drei Dipterocarpaceen-Formationen ausgeschieden: Tiefland-Dipt.-Form. bis 3oom; Hügelland-Dipt.-Form. bis 75o m und Höhere Dipt.-Form. bis gegen 1ooo m (Whitmore 1975). Darüber folgen dann die unteren, mittleren und oberen montanen Wälder, in denen auch in Europa verbreitete Baumfamilien reichlich vertreten sind: Fagaceen (z.B. Nothofagus auf Neuguinea, Eichen in Hinterindien sowie in Mittelamerika und Kolumbien), Lauraceen, Myrtaceen und Ericaceen. Die vielfach ganzrandigen lederigen Blätter der immergrünen montanen Formationen sind meist von mittlerer Größe. Den Abschluß bilden die subalpinen Wälder und Gehölze.

Analog den durch unterschiedliche Niederschlagsversorgung bedingten verschiedenen Waldformationen in niederen Lagen weisen auch die montanen Wäler Unterschiede auf, die von immergrünen ombrophilen Bergwäldern bis zu regengrünen Trokkenbergwäldern und Bergsavannen reichen (Lauer 1959).

In den Tropen aller Erdteile reichen die höchsten Berge bis in die Schneeregion. Die Baumgrenze liegt auf solchen Gebirgen sehr hoch, z.B. auf Neuguinea zwischen 372o und 384o m. Wie besonders deutlich bei den leicht erkennbaren Mooswäldern ("mossy forests", auch "elfin woods" genannt) zum Ausdruck kommt und wie Bader (196o) es belegt, liegen in kleinen Gebirgen einerseits und in großen besonders hohen andererseits die einzelnen Waldformationsgürtel in stark unterschiedlichen Höhen. Dem Massenerhebungsgesetz von Brockmann-Jerosch (1919) folgend verschieben sich nämlich die Waldformationsgürtel in den großen hohen Gebirgsmassiven, wie z.B. den Hochgebirgen auf Neuguinea, entsprechend der gesamten Waldbestockung in größere Höhen.

121.6 Im oder am Wasser stockende Wälder

Süßwasser-Sumpfwälder gibt es in den Tropen Asiens, Amerikas und Afrikas; besonders massiert treten sie im Kongo- und Amazonasbecken auf. Torf-Sumpfwälder sind in Sarawak und Brunei verbreitet. In Surinam und Guayana gibt es Sumpfwälder mit wertvollen Baumarten (Berberich u.v. Maydelll 197o).

Während Sumpfwälder in wenig bewegtem Wasser geringeren Höhenwuchs und nur eine bis höchstens 2 Kronenschichten haben, erreichen Ufer- oder Galeriewälder, die sich längs Flüssen oft weit in nur mäßig niederschlagsversorgte Gebiete erstrecken, die Leistungen normaler Regenwälder, denen sie auch im Gefüge und in der Artenzusammensetzung am nächsten stehen (s. Kap. 353.32).

Mangrovewälder und -gehölze bestocken die seichten Meeresbuchten der Tropen und dringen so weit in Flußläufe und -deltas ein, wie das Gezeitenwasser reicht. Die Mangroven bildenden Bäume und Sträucher gehören verschiedensten Familien an. Die westliche Mangrove, die die pazifische Küste Amerikas sowie die Ostküste Amerikas und die Westküste Afrikas bestockt, hat nur 4 konstituierende Arten, während die östliche Mangrove an den Küsten des Indischen und des Westpazifischen Ozeans bis zu 2 Dutzend Arten aus 1o Familien enthält (J. Schmithüsen 1968). Die mit 1 6oo ooo ha ausgedehntesten Mangroven stocken in Indien und Bangladesch in den Sunderbans im Ganges- und Brahmaputradelta (Hubermann 1959). Kuba steht mit 4oo ooo ha Mangroven an zweiter Stelle (Betancourt 1972). Es folgen Malaysia mit 129 5oo - 155 5oo ha und Indonesien mit 5o ooo - 1oo ooo ha. Von kleinen Inseln haben Sansibar mit 15 ooo - 2o ooo ha und die Fidschi-Inseln mit 18 ooo - 2o ooo ha verhältnismäßig große Mangroven. Für Ende 198o wird die Fläche, die in den Tropen mit Mangroven bestockt ist, auf 15,4 Millionen ha geschätzt (Lanly 1982).

122. Koniferenwälder

Bisher war hier ausschließlich von Laubbäumen (Angiospermen) und Laubwäldern die Rede, aus denen die Bestockung der Tropen im wesentlichen besteht. Sämtliche Erdteile enthalten in ihren Tropen jedoch auch Gymnospermen, insbesondere Koniferen. Kiefern kommen im tropischen Asien von Hinterindien bis Sumatra und auf den Philippinen vor. Auf dem mittelamerikanischen Festland reichen Kiefern nach Süden bis Honduras und Nicaragua; auf den Westindischen Inseln stocken sie auf Kuba und der Dominikanischen Republik (Critchfield und Little 1966). In Gebirgen Mexikos und Guatemalas dringen Tannenwälder (vor allem von Abies religiosa) bis zu 17°30' nördlicher Breite nach Süden vor.

Die einzige Koniferengattung, die in den Tropen aller Erdteile einschließlich Australien und pazifischer Inseln vorkommt, ist Podocarpus. Von der 11o Arten umfassenden Gattung, die artenreicher als jede andere Koniferengattung ist, werden in Südamerika Höhenlagen bis 4ooo m und in Ostafrika bis 35oo m erreicht. Die Gattung hat aber auch Vertreter, die zwischen Meeresspiegel und nur wenigen hundert Metern Meereshöhe wachsen. Podocarpusbäume finden sich oft eingesprengt in Laubbaumbeständen. In den Gebirgen Ostafrikas kommen Podocarpus milanjianus und P. gracilior auch unterständig unter dem noch hochwüchsigeren Riesenwacholder (Juniperus procera) vor, dessen Areal bis über den Äquator nach Süden reicht (s. Kap. 351.32).

Der Flächenanteil der zwischen den Wendekreisen natürlich vorkommenden Koniferen ist schwer zu schätzen. Für Lateinamerika, das weit über die Wendekreise hinausreicht, werden von Gregersen und Contreras 1975 2o Millionen ha Koniferenbestände angegeben. Von den in Südost-Brasilien gelegenen Vorkommen von Araucaria angustifolia (Paraná pine) liegt das geschlossene Hauptgebiet südlich des Wendekreises; die Vegetationskarte von Südamerika von K. Hueck 1972 gibt jedoch nördlich des geschlossenen Verbreitungsgebiets, in den solaren Tropen, durch Dreieckszeichen markierte sehr zahlreiche Einzelvorkommen von Araukarienwald an, dessen Flächen nicht bekannt sind. Mexiko mit seinen ausgedehnten Kiefernwäldern liegt nur zum Teil innerhalb der Tropen und ebenso Taiwan mit seinen verschiedenartigen Gebirgskoniferen.

Auf Neuguinea, Neukaledonien, dem Malaiischen Archipel und Westmalaysia sind eine Anzahl Agathis-Arten verbreitet; ähnliche, aber z.T. höher gelegene Gebiete bestockt Dacrydium.

Bei so weit gestreuten Vorkommen der Koniferen, die dazu noch vielfach nur als Mischbaumarten auftreten, ist es schwer, ihren Anteil an der nach Persson 1456 Millionen ha Waldbestockung der Tropen (Tab. 1, Kap. 12.) auch nur grob zu veranschlagen. Eine unter Berücksichtigung der Angaben von Persson und nach eigenen Eindrücken vorgenommene Schätzung des zwischen den Wendekreisen von Natur aus vorkommenden Nadelwaldanteils an der Gesamtbewaldung der Tropen auf etwa 1 1/2 % dürfte vielleicht zutreffen. Dabei sind "von selbst angekommene" Sekundärgehölze mitgerechnet, aber nicht künstliche Koniferenanbauten.

Bei Hinzuzählung der nach thermischen Kriterien ausgeschiedenen stellenweise über die Wendekreise hinausgehenden Tropen vergrößert sich die Koniferenfläche, da weitere Nadelholzvorkommen in Mexiko und in Südamerika sowie in Nordindien und -burma zu berücksichtigen sind. Lanly (1982) erfaßt für Ende 198o eine Fläche von 34 Millionen ha für Wälder mit vorherrschend Koniferen in den Tropen, einschließlich Mexikos, Südbrasiliens und des indischen Subkontinents.

123. Gehölze aus Pflanzen ohne kambiales Dickenwachstum

123.1 Bambus

Von den zu den Gramineen gehörenden Bambussen gibt es etwa 3o - 45 Gattungen und 55o Arten; diese und Zahlen ähnlicher Art stammen, wenn nicht anders gesagt, aus Englers Syllabus der Pflanzenfamilien, Ausgabe 1964. Besonders reich an Bambusarten ist das tropische Asien und hier wieder Hinterindien. Die mit Bambus bestockten Flächen Asiens übertreffen die Afrikas und Amerikas, die zum erheblichen Teil in großen Höhenlagen stocken, um ein Vielfaches.

123.2 Palmen

Insgesamt gibt es 236 Palmengattungen mit ca. 34oo Arten, die zum allergrößten Teil in den Tropen wachsen. Gebiete besonderer Palmenhäufigkeit sind Hinterindien und das Malaiische Florengebiet, in dem die Malakken-Halbinsel einen ungewöhnlichen Reichtum an Palmenarten aufweist; 2 Gattungen besitzen dort je 25 Arten und die Kletterpalmengattung Calamus sogar 72 Arten. Auch Amerika ist weit palmenreicher als Afrika (v. Maydell u. Erichsen 1968; Whitmore 1973). Nur im feuchten tropischen Westafrika besitzt die Ölpalme Elais guineensis sehr massierte, zum Teil anthropogen geförderte Vorkommen.

123.3 Baumfarne

Die Familie der Cyatheaceae, zu der etwa 7oo Arten gehören, hat eine pantropische Verbreitung ähnlich Podocarpus. Die Baumfarne bevorzugen in Bergen Talschluchten, wo ihnen an bevorzugten ökologischen Verhältnissen ein ausgeglichenerer Temparaturgang, höhere Luftfeuchtigkeit, geringere Windwirkung und frischere Böden geboten werden (Troll 197o).

2. DIE ARTEN DER ANTHROPOGENEN EINWIRKUNGEN AUF DIE TROPENWÄLDER

Ehe die Einwirkungen auf die so zahlreichen forstlichen Ökosysteme im einzelnen behandelt werden, sollen die wichtigsten Verfahren, mit denen der Mensch auf das Waldgefüge einwirkte und einwirkt, an typischen Beispielen kurz aufgeführt werden, und zwar geordnet danach, ob sie vorwiegend für die Bewaldung Schaden oder Nutzen stiften.

21. Waldschädigende oder zerstörende Eingriffe

211. Feuer (ohne Verbindung zur Landwirtschaft)

Nach Alter und Umfang steht an der Spitze der waldverändernden und -vernichtenden Mittel das Feuer. Bereits vor etwa 4oo ooo Jahren vermochte der Peking-Mensch (Sinantropus pekinensis) Feuer ständig zu unterhalten. Nach Autoren, die A.J. Kayll (1974) zitiert, soll es in Zentralafrika einen Hinweis geben, der aber keine Beweiskraft besitzt, daß der Mensch schon vor 8oo ooo Jahren Feuer gebrauchte. Andere weisen darauf hin, daß er in Afrika wahrscheinlich seit über 5oo ooo Jahren Feuer benutzte, unterhielt und darüber verfügte+). Die prähistorischen Menschen verwendeten das Feuer zu zahlreichen Zwecken: zur Erwärmung, zur Zubereitung der Nahrung, zum Herstellen von

---

+) In jüngster Zeit mehren sich Mitteilungen über Funde von anthropogenen Feuerstellen in sehr frühen Zeiten. Wiederholt erschienen Referate darüber im Wissenschaftsteil der Frankfurter Allgemeine Zeitung, z.B.: "Der älteste Europäer? Ein 7oo ooo Jahre alter Frühmenschen-Fund in Nordgriechenland." Der Fund soll auf Werkzeug- und Feuergebrauch weisen (Frankfurter Allg.Zeitung vom 6.7.77). In China sollen Zähne eines Yüan-mou-Menschen gefunden worden sein, die auf 1,7 Millionen Jahre datiert werden (Frankfurter Allg. Zeitung vom 5.4.1978).

hölzernen Werkzeugen und Waffen sowie zum Schutz gegen gefährliche Tiere und um Wildrudel beim Jagen in Panik zu versetzen.

Die Zeitunterschiede zwischen 800 000 und 500 000 Jahren sind nach Kayll nicht zu wichtig zu nehmen, weil, was bedeutsamer ist, der primitive Mensch seinen größten Einfluß auf die Vegetation der Erde nicht anwandte, bis er vor 20 000 - 10 000 Jahren lernte, Feuer dafür zu erzeugen und zu nutzen. Nach Stewart (1963, in Kayll 1974, S. 485) besteht eine große Wahrscheinlichkeit, daß der Vorzeitmensch mit dem Feuer als Werkzeug der entscheidende Faktor wurde, der die Feuer-Subklimaxtypen, die - m.E. zu hoch geschätzt - etwa ein Viertel der Erde einnehmen, verursachte und in diesem Zustand erhielt. Die Feuer-Subklimaxtypen im tropischen Afrika in erster Linie auf Blitzeinwirkungen, Vulkanausbrüche und andere seltene natürliche Feuer zurückzuführen, wie dies von anderer Seite geschah, erschien ihm abwegig, wenn natürliche Feuer gewiß auch in Afrika an der Ausbildung von Feuer-Subklimaxtypen beteiligt waren.

Den starken Aktivitäten, die in Europa, wo etwa 30 000 Jahre v. Chr. der entwickelte Crô Magnon-Mensch an die Stelle des Neandertalers trat, während der jüngeren Altsteinzeit und der Mittelsteinzeit vor allem im organisierten Jagdbetrieb einschließlich Treibjagden zum Ausdruck kommen (Lindner 1937; Kühn 1962) würden, wenn die Auffassungen von Stewart richtig sind, in Afrika solche von einer gewissen Ähnlichkeit gegenüber stehen+). Hier handelte es sich vor allem darum, die nörd-

---

+) Nach neueren paläofloristischen Befunden in Ostafrika, wo auf ca. 50 000 v.Chr. datierte Holzstücke Hinweise geben, daß damals dort Bäume des Regenwaldes wie der Miombo-Baumsteppe zusammen vorkamen, machen eine anthropogene Degradation von Regenwald zu Miombo-Baumsteppe durch Feuer denkbar (Lind and Morrison 1974, S. 205).

lich des afrikanischen immergrünen Regenwaldgebiets stokkenden trockeneren Gehölze der Bejagung zugänglicher zu machen. Die Gehölze waren in den trockeneren Teilen zwar nicht sehr hoch, aber vielfach geschlossen. Hier war vor allem Feuer in der Lage, Freiflächen zu schaffen bzw. die Wälder aufzulichten. Jeder erfahrene Jäger weiß, daß z.B. Rehwild in großen geschlossenen Wäldern ohne waldfreie Flächen sehr schwer zu bejagen ist.

Die Vernichtung und Verlichtung von Wäldern in Trockengebieten und die Umwandlung in anthropogene Savannen ohne oder mit nur lockerer Gehölzbestockung (derived savannas) kann damals selbstverständlich noch nicht das heutige Ausmaß erreicht haben, hätte jedoch ihre ersten Anstöße erhalten. Frühe Eingriffe in großen Ausmaßen konzentrieren sich naturgemäß auf Gebiete mit langen Trockenzeiten und mit besonders leicht entzündlicher Vegetation bzw. Vegetationsresten.

In sehr dünn besiedelten Gebieten erfolgte das Brennen sehr viel verschwenderischer als in dichter besiedelten, wie zwei Beispiele aus Australien zeigen, wo die Eingeborenen keine Landwirtschaft kannten.

Meggitt (1964) berichtet über verschwenderisches Brennen:

"Die wüstenbewohnenden[+)] Walbiri zum Beispiel brannten häufig breite Strecken leicht entzündlichen Grases und Akaziengebüsch nicht nur, um Wild zu erbeuten, sondern auch, wie ich beobachtet habe, einfach um sich wechselseitig Signale zu geben oder um das scharfe Igelgras (Triodia spp.) und giftige Schlangen von den Pfaden zu entfernen. In wenigen Stunden konnte

---

+) Die Trockengebiete Australiens werden zwar als Wüsten bezeichnet, sind aber Trockensavannen.

solch ein Feuer mehr als 2o oder 3o Quadratmeilen (= 52 - 78 Quadratkilometer) Wüste bloßlegen, welche dann, da verläßliche Regen fehlen, für ein Jahr oder länger unbegrast liegen und der Winderosion ausgesetzt sind."

In der Nähe der dichter besiedelten australischen Küste erfolgte das Brennen dagegen sehr viel planvoller, wie folgende Schilderung aus dem Jahre 1846 zeigt:

"... wir trafen Eingeborene, die damit beschäftigt waren, den Busch zu brennen, was sie in Sektionen jedes Jahr tun. Die Gewandtheit, mit der sie eine so sprichwörtlich als gefährlich bekannte Kraft wie das Feuer handhaben, ist in der Tat erstaunlich. Diejenigen, denen diese Aufgabe speziell anvertraut ist, sind mit großen grünen Zweigen ausgerüstet, mit denen sie das Feuer ausschlagen, wenn es in eine falsche Richtung läuft ..." (Kayll 1974).

Hochwüchsige Grasbestände und dichte Gebüsche, in denen die Orientierung und das Gehen schwierig sind, werden in den Tropen oft abgebrannt. Kriege und Stammeskämpfe führten und führen zu Gras- und Waldbränden.

Heraustreiben von Wild mit Feuer aus umstellten Grasflächen ist in den Tropen eine alte, immer noch geübte Jagdart, bei der das Feuer leicht außer Kontrolle gerät.

Jäger verursachten Brände weiter aus folgenden Gründen: um den Boden für die Bejagung offenzuhalten (Indien) (Brandis 1884); bei der Nachsuche, um angeschossenes, im Grasland oder Gehölz verlorengegangenes Großwild auszuräuchern (Südafrika); durch nicht löschen der aufgegebenen Lagerfeuer (Taiwan).

In vergrasten Wäldern und auf offenen Grasländern wird von Jägern während der Trockenzeit das Gras oft abgebrannt, um durch den so gedüngten und geförderten frischen Grasaustrieb, der sich nach den ersten Regen eher und reichlicher einstellt als auf nicht gebranntem Grasland, Wild zur Äsung zu locken und leicht erbeuten zu können (Indien). Jahr für Jahr durchgeführt, breiten sich die Grasländer dann an den Rändern auf Kosten der Wälder aus. Aus Kenia, wo Elefanten in Gruben gefangen wurden,wird 1911 berichtet, wie dabei vorgegangen wurde: Waldflächen wurden zerstört und verbrannt, um das Wachstum frischer, saftiger Kräuter anzuregen. Dann wurden Elefantengruben in den Pfaden, die zu den Elefantenweideplätzen führten, angelegt (Indian Forester 1911).

Eine Art der forstlichen Nebennutzung, die heute noch in den Tropen häufig zu Waldbränden führt, wurde nachweislich schon in vorgeschichtlicher Zeit in Europa betrieben: das Honigsammeln aus Bienenstöcken in Felslöchern und an Bäumen mit Hilfe von Feuer und Rauch. In der Cueva de la Arana, Provinz Valencia, Ostspanien, ist ein solches Honigsammeln sehr lebendig in einer Felszeichnung festgehalten, deren Entstehung in die Periode zwischen 1o ooo oder 8 ooo bis 5 ooo v.Chr. gelegt wird (Bandi u. Maringer 1952). Vielleicht gab schon damals wie noch heute in den bienenreichen Miombowäldern Ostafrikas das Honigsammeln Anlaß zu vielen Waldbränden, wie sie später auch für Südafrika nachgewiesen sind (Phillips 1963).

Das Brennen konzentriert sich vielfach um Siedlungen. Um Dörfer herum werden Gras und Gebüsch oft alljährlich abgebrannt, um sie vor großen Bränden zu schützen und um Feinde fernzuhalten bzw. rechtzeitig zu erkennen. Die Abhaltung von Schlangen, Ratten, Ungeziefer (z.B. Zecken) und anderem unerwünschten Getier spielt ebenfalls eine Rolle. Aus Java berichtete der deutsche Forstmann Nemnich, daß Mitte vorigen Jahrhunderts die Alangalang-Grasländer u.a. abgebrannt wurden, um die sich darin versteckenden Tiger zu vertreiben. In Afrika führten Löwen vor allem im Grasgelände ihre Angriffe auf Tiere und Menschen aus (s. Kap. 351.5). Die Aufzählung der Anlässe zum meist alljährlichen Brennen, das vielfach einfach aus Gewohnheit erfolgt, enthüllt z.T. seltsame Motive wie: die Nachbardörfer ärgern. Eine der häufigsten Antworten auf die Frage nach dem Anlaß der Brandlegungen ist: zum Vergnügen.

Eine besonders verwerfliche Art von Waldbränden wurde in Südafrika in der frühen europäischen Zeit durch Brandstiftungen ausgelöst, deren Zweck es war, stehengebliebene Bäume zu einem verbilligten Sondertarif kaufen zu können. Hinzu kamen Brandstiftungen aus Gehässigkeit gegen unbeliebte Forstbeamte. Verschiedene Brandstifter waren so berüchtigt, daß ihrem Namen das Wort "Brand" angefügt wurde; so hieß ein rachsüchtiger Sklave namens Felix "Felix Brand" und ein 1818 von ihm abgebranntes Waldgelände erhielt den bleibenden Flurnamen "Felix Brand" (Phillips 1963).

In jüngster Zeit wurden auch Fahrlässigkeit beim Rauchen und beim Campingfeuer in den Tropen zunehmend Anlässe zu Waldbränden.

Wie machen Berichten zu entnehmen ist, entstanden bei Präventivbränden, die durch vorbeugendes Abbrennen von trockenem Bodenbewuchs längs Schneisen und Wegen spätere Feuer verhindern sollten, durch aufkommende Winde und andere unvorhergesehene Ursachen große Waldbrände.

212. Brandrodungsfeldbau

Nach einem 1974 von der FAO herausgegebenen Band "Shifting Cultivation and Soil Conservation in Africa" stehen 36 Millionen Quadratkilometer, das sind 25 % der Weltlandwirtschaftsfläche, unter Shifting Cultivation (Brandrodungsfeldbau). Diese Fläche von 25 %, die in einem der ältesten Landbauverfahren der Erde bewirtschaftet wird, ernährt jedoch nur 7 % der Menschheit (25o Millionen Personen).

Lanly (1982) gibt für Ende 198o weltweit 239,5 Millionen ha Waldbrache ("forest fallow") geschlossener Tropenwälder und fast 17o Millionen ha Waldbrache offener tropischer Waldformationen an. Das sind Flächen, auf denen in der letzten Zeit Brandrodungsfeldbau betrieben wurde.

Die in den tropischen Wäldern siedelnde Bevölkerung, die vom Feldbau lebt, muß sich die dafür benötigten offenen Flächen durch Brandrodungen beschaffen. Hierzu werden von den Männern jeder Familie eines Dorfes auf einer Fläche bestimmter Größe, z.B. 3 acres = 1,2 ha, die Bäume gefällt oder auch nur geringelt. Nach erfolgter Abtötung und Austrocknung wird das Gehölz und sonstiger Bodenbewuchs in Brand gesetzt. Danach liegen die Felder in einer für die Bestellung vielfach idealen Verfassung vor: Der Boden ist auf Flächen, auf denen bisher geschlossene Wälder stockten, unkrautfrei; trotz des Brennens hat er das lockere Gefüge des Waldbodens behalten. Beim Brennen geht zwar ein Teil des Humusstickstoffs verloren, andererseits tritt durch Pottaschebildung eine Verbesserung der oft einen Engpaß bildenden Phosphorversorung ein. Da die Bestellung der Flächen bei Knollenpflanzen meist mit der Hacke und bei Getreide mit dem Pflanzstock erfolgt, stören beim Brennen übrig gebliebene Stammstücke und Wurzelstöcke nicht. Daß abgesehen von Axt, Haumesser, Hacke und Pflanzstock kein Gerät benötigt wird, erleichtert den Entschluß, Brandrodungsfeldbau zu betreiben. Die landwirtschaftliche Bestellung dauert unter Umständen nur eine Vegetationszeit; so reicht sie im burmesischen Monsungebiet beim Bergreis nur von der Aussaat zu Beginn der Regenzeit im Mai bis zur Ernte im Oktober-November zu Beginn der Trockenzeit desselben Jahres.

Oft werden aber mehrere Pflanzenarten auf einer Fläche angebaut, und zwar vielfach nicht gleichzeitig, sondern so, daß sie zu verschiedenen Zeiten nutzbar werden. Eine starke Bereicherung der im Brandrodungsfeldbau verwertbaren Pflanzen erfolgte mit der Entdeckung Amerikas und des Seewegs nach Südasien. Unter diesen befanden sich auch Pflanzen, die ein Alter von 2 und mehr Jahren erreichten, wie z.B. die in Südamerika beheimatete Wurzelknollen liefernde Cassava (Manihot esculenta). Eine Verlängerung der Anbauzeiten auf mehrere Jahre wurde dadurch auf vielen Standorten möglich. Manche Nutzpflanzen beschatten in vorteilhafter Weise den Boden und halten dadurch die Verunkrautung zurück. Wenn 3 Jahre hindurch landwirtschaftlicher Anbau auf denselben Flächen betrieben wird, braucht für etwa gleiche Ernteerträge alljährlich nur ein Drittel der Fläche abgebrannt zu werden, als dies bei nur 1 Jahr hindurch betriebener landwirtschaftlicher Nutzung nötig wäre.

Die Einstellung der Bewirtschaftung von Landwirtschaftsflächen erfolgt einmal wegen starker Verunkrautung. So werden die abgeernteten Bergreisfelder meist nicht wieder bestellt, weil eine Beseitigung des im zweiten Jahr verstärkten Unkrautbewuchses, zu dem oft auch Lianen gehören, durch wiederholtes Jäten nach Meinung mancher Bauern mehr Arbeit machen würde, als die Anlage einer neuen Brandrodungsfläche. Aber auch die kunstvoll mit mehreren Arten bestellten sowie früh und häufig wiederkehrend von Unkräutern gereinigten Flächen müssen meist nach einigen Jahren aufgegeben werden, da die Erträge absinken;

eine Ausnahme machen nur besonders fruchtbare Böden, z.B. vulkanische, die eine längere Nutzung bei nur kurzer Brache ermöglichen. Auf den aufgegebenen Brandrodungsflächen findet sich teils durch Samen, teils aus Stockausschlägen bald eine Bebuschung ein, aus der im Laufe der Jahrzehnte ein Sekundärwald hervorgeht, dessen Schatten die Unkräuter zum Absterben bringt. Die Wurzeln der Sekundärwälder holen aus tieferen Bodenschichten Nährstoffe herauf, die über den Laubabfall den Oberboden anreichern.

Die für die Bestellung und Brache benötigte Zeit, der Arbeitsaufwand für die Brandrodung sowie für die Anlage und Pflege der Landwirtschaftskulturen ist je nach der Waldformation und sonstiger Vegetation, in denen die Arbeiten erfolgen, sehr unterschiedlich.

Immergrüne Regenwälder sind trotz der starken Stämme verhältnismäßig einfach zu fällen oder wegen der nur sehr dünnen Rinde leicht durch Ringeln zu töten. Da der Boden unter immergrünen Regenwäldern keine Vergrasung oder sonstige Bodenvegetation besitzt, bedarf es keinerlei Bodenbearbeitung.
Das Ergebnis für den Brandrodungsfeldbau ist jedoch sehr mäßig. Infolge der seit sehr langen Zeiten bei ständig hohen Temperaturen und über das ganze Jahr verteilten beträchtlichen Niederschlägen sind die Nährstoffe wie Calcium und Magnesium im Boden weitgehend ausgewaschen. Da auch die durch das Brennen freigesetzten Nährstoffe der Auswaschung ausgesetzt sind, langt die Hinterlassenschaft der gigantischen Regenwälder mancherorts nur für eine einzige landwirtschaftliche Bestellung. Für den sich daran anschließend bildenden Sekundärwald wird, bis er den Boden einigermaßen regeneriert hat, eine Brachezeit von 3o - 4o Jahren angenommen.

Frische sowie trockene laubabwerfende Wälder bieten für den Brandrodungsfeldbau bessere Bedingungen. Wegen der langen Trockenzeiten findet keine stärkere Nährstoffauswaschung statt. Mehrjährige landwirtschaftliche Bestellungen sind bei guten Böden meist möglich,und die Bracheperiode wurde selbst in Zeiten mit ausreichenden Vorräten an Wäldern, die für Brandrodungsfeldbau geeignet waren, nicht über 2o Jahre angesetzt.

Auf anthropogenen und auf natürlichen Savannen (letztere z.B. in der Sahelzone) erfordert Brandrodungsfeldbau überraschenderweise besonders hohen Arbeitsaufwand bei der Anlage und Pflege. Die Ablösung der Grasbülten für die Brandrodung und die Beseitung unerwünschter Gräser in den landwirtschaftlichen Bestellungen ist schwierige Arbeit. Der Boden ist oft verhärtet und muß gelockert werden. Vornahme von Pflugarbeit würde, wenn Zugvieh vorhanden wäre, zur Beschädigung oder gar Vernichtung der in den Savannen sehr erwünschten Bäume und Sträucher führen. Einzelne heftige Regenstürme führen in den Savannen zu hohem Erosionsabfluß. Nährstoffauswaschung besteht dagegen wegen der insgesamt nur geringen Niederschläge nicht. An Trockenheit angepaßte Landwirtschaftsgewächse können daher eine Anzahl von Jahren angebaut werden, denen dann kurze oder längere Brache folgt; unter Umständen wird ganz auf die Brache verzichtet, wobei nur geringe Erträge in Kauf genommen werden müssen. Wenn bei Brandrodungsfeldbau in Wäldern alle dafür brauchbaren Bestände im Umkreis von etwa 5 km vom Dorf genutzt waren, mußte von der Dorfgemeinschaft bzw. ihrem Leiter die Entscheidung getroffen werden, ob die inzwischen regenerierten Sekundärwälder erneut abgebrannt und bestellt werden sollten, oder ob ein neues, bisher noch nicht genutztes Waldgebiet in Bewirtschaftung zu nehmen sei. Dafür war allerdings die Aufgabe des bisherigen Dorfes und die Errichtung eines neuen nötig. Bei reichlich zur Verfügung stehendem Waldgelände fiel die Entscheidung oft für die Verlegung des Brandrodungsgebiets und des Dorfes. Aus magischen Gründen, z.B. Tod einer führenden Persönlichkeit der Sippe, wurden zuweilen außerhalb der regelmäßigen Termine Verlegungen vorgenommen; auch für die Wahl der Plätze waren neben sachlichen öfter magische Motive bestimmend.

Der Brandrodungsfeldbau führt in den einzelnen Ländern verschiedene Bezeichnungen. Als Beispiele seien genannt:

- in Burma 'taungya',
- in Ceylon 'chena',
- im mittleren und südlichen Indien 'kumri',
- im nordöstlichen Indien 'jhum',
- in Kenia 'shamba',
- auf Madagaskar 'tavy',
- in Malaysia und Indonesien 'ladang',
- in Mexiko und Guatemala 'milpa',
- in Lateinamerika soll das Brandrodungssystem nach Lindig u. Münzel 1976 auch mit dem spanisch-portugiesischen Namen 'Roza-System' bezeichnet werden (rozas = Brandrodungsfelder),
- auf den Philippinen 'kaingin',
- auf Puerto Rico 'parcelero'.

Im Englischen ist die Bezeichnung 'shifting cultivation' die üblichste; gebraucht werden auch 'bush fallow system' sowie 'cut and burn'. Ein Vorschlag der UNESCO, von 'shifting cultivation' nur dann zu sprechen, wenn auch eine Verlegung der Siedlung erfolgt, bei bloßem Wechsel der Brandrodungsflächen aber von 'land rotation' zu sprechen, hat sich nicht durchgesetzt.

Gleiches gilt von der Abkürzung SHAG für 'shifting agriculture'.

Solange genügend Primärwald oder ausreichend regenerierter Sekundärwald vorhanden war, um die benötigten Brandrodungsfelder anlegen zu können, waren weder hinsichtlich der Nahrungsmittelversorgung der ländlichen Bevölkerung, bei der keine Krisen auftraten, noch hinsichtlich der Bodengesundheit Bedenken gegen das eigenartige Bodennutzungsverfahren zu erheben, bei dem eine Familie ein ihr vorübergehend zugeteiltes Stück Land für die Gewinnung ihrer Nahrung selbständig bewirtschaftete.

Schwierigkeiten setzten erst mit der Bevölkerungsvermehrung ein, die in den letzten Jahrzehnten besonders groß war. Wenn weiteres Gelände nicht zur Verfügung stand, wurden die Bestellungszeiten verlängert und damit in die Substanz des Bodens eingegriffen ("soil mining"). Verkürzungen der Brachezeiten brachten den Boden schon wieder in die Benutzung ehe er regeniert war. Da die Brandrodungen sich in immer kürzeren Abständen wiederholten, verdrängten sie die feuerempfindlichen Pflanzenarten und begünstigten vor allem wegen ihrer unterirdischen Rhizome feuerresistente Gräser, insbesondere Imperata cylindrica, deren dichtes Wurzelgeflecht den Anbau mancher Landwirtschaftsgewächse unmöglich macht und auch das Ankommen von Brachegehölzen erschwert. Gleichgültig, ob die so übernutzten Wälder ursprünglich immergrüne Regenwälder, frische oder trockene laubabwerfende Wälder waren, degradieren sie entweder zu locker mit Dorngehölzen (vor allem Akazien) oder mit krüppeligen, besonders feuerresistenten Bäumen (sog. Obstbäume) überbestellten oder auch baumlosen Grasländern (anthropogene Savannen, derived savannas), die, auch wenn sie nicht bewirtschaftet werden, alljährlich abgebrannt werden.

Um die Erträge des Brandrodungsfeldbaus zu steigern, wird Düngung empfohlen, mit der bei sehr zahlreichen Versuchen beachtliche Erfolge erzielt wurden. Bisher ist der Düngemittelverbrauch in den meisten Ländern mit Brandrodungsfeldbau jedoch nur sehr gering; in den meisten westafrikanischen

Ländern lag er Anfang der siebziger Jahre bei nur 1 kg je ha landwirtschaftlicher Fläche. Die Verwendung von Gründünger hat keinen Anklang gefunden; in humiden Gebieten wird er spätestens in zwei Jahren abgebaut. Viehdung steht nur lokal zur Verfügung und ist schwer zu transportieren. Ebenso ist stärkere Verwendung von Herbiziden und Pestiziden erwünscht, für die den Brandrodungsbauern aber meist die Mittel fehlen. Terrassierung und Anbau von bewässertem Naßreis kann die Nahrungsmittelversorgung verbessern; bei der Einführung von Bewässerungsreisbau ist zu berücksichtigen, daß Mittel für die Anschaffung von Büffeln benötigt werden. Die Einbringung von Sträuchern, wie z.B. Cashew (Anacardium occidentale) und Kakao sowie von Großstauden wie Bananen kann verkäufliche Produkte liefern und die Bodenaufschließung fördern.

Auf dem 1973 in Ibadan abgehaltenen Shifting-Seminar sah ein nigerianischer Teilnehmer als einzige Alternative zum Brandrodungsfeldbau eine wirksame moderne Landwirtschaft an, für die die Regierung die Mittel bereitstellen sollte, während die Anbauten durch kompetente Management-Gesellschaften durchgeführt werden könnten, in denen die landwirtschaftlich graduierten zugleich Beschäftigung und Gelegenheit, ihre Kenntnisse anzuwenden, finden würden. Es wäre von größtem Interesse, wenn ein durch Öl finanzkräftig gewordenes Land wie Nigeria solche Großvorhaben durchführen würde.

Die vorstehend aufgeführten Möglichkeiten zur Verbesserung der Produktion im Brandrodungsfeldbau und die Nennung anderer Maßnahmen zur Verbesserung der Nahrungsmittelerzeugung erfolgt hier vor allem, um Forderungen zur Bereitstellung weiterer Waldflächen zur Anlage neuer Brandrodungsfelder entgegen zu treten.

Die Absicht, die hemmungslose Ausbreitung des waldverwüstenden Brandrodungsfeldbaus aufzuhalten und daneben Waldweide und Grasfeuer einzudämmen, waren die Hauptgründe des ersten Generalforstinspektors von Britisch-Indien, D. Brandis, 1865 und 1878 Forstgesetze zu veranlassen, nach denen reservierte Forsten ("reserved forests") in einem gesetzmäßig abgesicherten formellen Verfahren ausgeschieden werden konnten, in denen Brandrodungsfeldbau ausgeschlossen war. Die meisten anderen englisch sprechenden Länder der Tropen haben die indischen Forstgesetze übernommen oder ähnliche Regelungen getroffen. Das Gesetz von 1878 läßt zu, daß in begründeten Ausnahmefällen einzelne Teile eines reservierten Forstes in einem sehr genau geregelten Verfahren mit Zustimmung der Regierung aus der Reservierung herausgenommen werden können. Daß dieses jemals zur Ausdehnung des Brandrodungsfeldbaus geschehen ist, ist mir nicht bekannt. Es stimmt aber bedenklich, wenn in dem 1974 von der FAO herausgegebenen Bericht über das sich mit Shifting Cultivation befassenden Seminar in Ibadan trotz der Waldarmut Nigerias von Dereservation, also der Herauslösung von Wäldern aus reservierten Forsten zwecks Umwandlung zu Landwirtschaftsflächen die Rede ist, wenn auch ablehnend und vor den Folgen warnend. Wie groß die Gefahr der Waldvernichtung für Zwecke des Brandrodungsfeldbaus bei Nichtbeachtung der Forstgesetzgebung ist, wird durch eine von burmesischer Seite 1954 erfolgte amtliche Erklärung belegt, nach der alljährlich 200 000 acres = 80 000 ha Wald in den burmesischen Bergen für den Brandrodungsfeldbau zerstört wurden (Tinker 1967). Eine Gefahr stellt auch das illegale Unterwandern (encroachment) zwecks Brandrodungsfeldbaus in dafür nicht bestimmten Forsten dar.

Gewiß gibt es in den Tropen in dünn besiedelten, reich bewaldeten Landstrichen, wie z.B. auf Neuguinea, Gebiete, in denen Ausweitung des Brandrodungsfeldbaus unbedenklich ist, wenn dadurch keine landeskulturellen Schäden verursacht werden. Werthölzer enthaltende Waldungen, die in absehbarer Zeit genutzt werden können, sollten jedoch vom Verbrennen ausgeschlossen werden.

213. Anthropogen bedingte biotische Waldschäden

213.1 Waldschäden durch Wild

Von den Großwildarten richten ohne Zweifel Elefanten, deren Zahl für Ostafrika 1974 auf 15o ooo geschätzt wurde, die umfangreichsten Waldschäden an. Sie treten am krassesten in den afrikanischen Nationalparken in Erscheinung, wo die wirksamsten Feinde der Elefanten, die einheimischen Wilderer, sie nicht dezimieren können. Die Zeitungen berichten laufend über die Vermehrung der Elefanten. Im Tsavo-Nationalpark (Kenia) ist ihre Zahl von 2ooo auf mehr als 2o ooo gestiegen; im südafrikanischen Krügerpark, wo 196o erst 1ooo Elefanten gelebt hatten, auf 1o ooo. Inzwischen wird von den Abschüssen vieler Tausender von Elefanten durch die Parkverwaltungen berichtet; sie erfolgen meist von Flugzeugen aus.

Die drastischen Abschüsse von Elefanten waren nötig, da die letzten Baum- und Waldreste der Parks von der Vernichtung bedroht waren. Die Elefanten wirken als Zerstörer von Bäumen durch Brechen, Umwerfen sowie vor allem durch Rindenbeschädigungen. Bemerkenswert ist, daß selbst die stärksten Savannenbäume Ostafrikas, die Affenbrotbäume (Adansonia digitata), in jüngerem Alter von Elefanten schwer beschädigt werden können. Es fiel mir von Südafrika bis Kenia wiederholt auf, daß Affenbrotbäume in Gegenden außerhalb von Wildreservaten häufiger waren, dagegen in anstoßenden elefantenreichen Wildreservaten seltener, wobei die Rinde der in Wildreservaten noch vorhandenen Affenbrotbäume öfter stark von Elefanten beschädigt war.

Eine sehr sorgfältige und vielseitige Untersuchung, die Buechner und Dawkins 1961 über die durch Elefanten und Feuer im Murchison Falls National Park (nordwestl. Uganda) verursachten Vegetationsänderungen veröffentlicht haben, gibt Einblick in die vielen umwälzenden Einwirkungen, die Elefanten zusammen mit Feuer in diesem schon früh errichteten Nationalpark ausgelöst haben. Hier können nur einzelne davon kurz behandelt werden:

1912 wurde die gesamte Bevölkerung des Gebiets evakuiert. Allein in einem Teilgebiet nahm die Zahl der Elefanten in 35 Jahren um schätzungsweise 5ooo zu. Das in Höhen zwischen 625 und 13o3 m gelegene Gebiet erhält Niederschläge von 1ooo bis 125o mm. Schon bevor das Gebiet unter britischen Einfluß kam, wurden alle Grasländer, die ab Ende Dezember leicht entzündbar sind, abgebrannt.
Drei Viertel der Vegetation des Parks bestanden Ende der fünfziger Jahre aus durch Feuer entstandenem Grasland. Alle Wälder, darunter ein Wald mit viel Terminalia glaucescens, und ein hoher tropischer Regenwald befanden sich damals im Übergang zu Grasland.
Der Teufelskreis der Baum- und Waldvernichtung beginnt damit, daß der Elefant während der heißen Tageszeit unter einem Baum stehend oder an ihn gelehnt Schatten sucht. Dabei befaßt er sich wie aus Langeweile immer wieder mit seinem Schattenspender: mit seinen Zähnen stößt er in den Baum, unserem Rotwild ähnlich schält er die Rinde bis in 4 m Höhe; wie unser Schwarzwild sich an seinen Malbäumen reibt, schubbert er sich mit den Tonnen seines Gewichts an den Stämmen. Ist die Rinde vernichtet, verliert der Baum seine Belaubung; dem Lichteinfall folgt die Vergrasung und dieser bald das Feuer, das an den lang herunterhängenden trockenen Rinden-

fetzen der Bäume leichtbrennbares Material findet. Der Elefant hat inzwischen sein paradoxes Vernichtungswerk an zahlreichen anderen Bäumen fortgesetzt, und zusammen mit den Genossen seines Rudels gibt er den Anstoß für eine rasche Umwandlung von Wald in Grasland.
Einzelne verbliebene hohe Reliktstämme belegen das frühere Vorhandensein hoher Wälder; glatte Stämme von 1oo - 15o -jährigen Bäumen der sehr feuerempfindlichen Clorophora excelsa beweisen, daß die Bäume unter Waldverhältnissen aufgewachsen sind; eine starke Narbe an einem Stamm weist jedoch auf Feuereinwirkungen vor 3o - 5o Jahren hin.
Von dem Nationalpark wurden 1932 Luftaufnahmen gemacht, von denen ein Teil den letzten Krieg überstanden hat. 1956 von der gleichen Region gemachte Aufnahmen belegen den sehr starken Rückgang von Bäumen mit größeren Kronendurchmessern.
Die Elefanten zeigen in dem Ugandapark eine besondere Neigung, die Rinden von Terminalia glaucescens zu schälen. Die Aktivitäten der rindenschälenden Elefanten und die alljährlichen Feuer ließen zur Zeit der vor etwa 2 Jahrzehnten gemachten Inventur bei Fortbestehen der Verhältnisse in ein bis zwei Jahrzehnten eine drastische Veränderung in dem Waldgelände erwarten.
Daß die weitere Verschlechterung der Entwicklung durch Elefanten und Feuer im Murchison Falls National Park noch schneller als gefürchtet eintrat, zeigt eine 1967 erschienene Veröffentlichung von Johnstone, in der von dem Park als "baumlose Wüste" gesprochen wird.
Unter den damaligen Bedingungen kamen in dem Nationalpark 3o - 4o feuerresistente Baumarten vor, die wie Geophyten unterirdisch lebten und erst nach Abbrennen des hohen Grases

für kurze Zeit oberirdisch erschienen. Wenn die Brände aufhörten, würden diese Baumarten wieder oberirdisch leben+).

Als ganz besonders feuerresistenter kleiner Baum erwies sich Lonchocarpus laxiflorus, die bis zum Zeitpunkt des Berichtes 3 m hoch wuchs, von der aber Höhen bis 15 m erwartet wurden. Es wurde damals angenommen, daß L. Laxiflorus sich zur wichtigsten Baumart des Parks entwickeln würde, doch scheint sich diese Erwartung nicht erfüllt zu haben.

Anthropogen bedingte Elefantenschäden treten nach dem Bericht von Johnstone 1967 in Uganda zunehmend auch in dem tropischen Budongo-Hochwald auf. Das nicht weit von dem eben behandelten Nationalpark gelegene Forstreservat enthält 151 Quadratmeilen (= 387 Quadratkilometer) Wald, in den Elefanten besonders stark eindringen, nachdem von ihnen bisher bewohnte offene Gebiete in landwirtschaftliche Kultur genommen wurden und außerdem Gebüsch zur Bekämpfung der Tsetsefliege gerodet wurde. Der Budongowald wirkt mit seinen in jüngerer Zeit auf freigestellten Flächen angelegten Aufforstungen von "mahoganies" und anderen Baumarten auf die Elefanten sehr anziehend, die dort in den Jungwüchsen erhebliche Schäden verursachen. Eine Reihe von Jahren in dem Wald durchgeführte erhebliche Abschüsse - in den 3 Jahren 1964=65 - 1966=67 815 Elefanten - hatten nur vorübergehenden Erfolg. Als wirksam erwiesen sich Gräben. Es steht aber noch nicht fest, ob die Elefanten nicht auf stärkere Rindenbeschädigungen von Bäumen ausweichen werden, wenn ihnen die

---

+) Brandis nannte diese durch Feuer in den Untergrund gezwungenen Gehölze in seinen "Indian Trees" 1906 "undershrubs", die alljährlich nach dem Brennen Stockausschläge austrieben, die vielfach auch Blüten trugen. Nach Bartlett 1956 hat Kuhnholz-Lordat 1939 diese vom Feuer umgeformten Bäume und Sträucher "pyrophyten" genannt.

Aufforstungen gesperrt werden. Das Beispiel zeigt, wie anthropogene Eingriffe in der Umgebung von Wäldern sowie Anlage offener Aufforstungsflächen in den Wäldern in diesen große Probleme von Elefantenschäden auslösen, die früher dort unbekannt waren.

Daß Elefanten Anbauten von standortsfremden, z.T. überseeischen Baumarten bis zur Vernichtung beschädigen, zeigt sich in Kenia, wo im letzten halben Jahrhundert in den genügend niederschlagsversorgten Hochlagen große Nadelbaumaufforstungen durchgeführt wurden. Bevorzugt wurden dabei amerikanische Nadelbäume: Pinus patula und radiata, die Massensortimente wie Bau- und Zellstoffholz liefern, sowie Cupressus lusitanica, die Qualitätsholz erzeugt.

Wo die Nadelholzaufforstungen an die Stelle ausgeplünderter oder von Natur aus holzwirtschaftlich wertloser Waldungen oder Gebüsche treten, werden die Flächen nach dem Abtrieb und dem Verbrennen des Schlaganfalls oft einige Jahre vor und nach der Forstkultur noch landwirtschaftlich genutzt. Wenn solche kombinierten land- und forstwirtschaftlichen Anbauflächen an Waldungen grenzen oder gar von ihnen umgeben sind, ziehen sie natürlich das darin stehende Wild an, und es treten Wildschäden auf. Großwild -Elefanten, Büffel und Nashörner - schadet in den Kulturen wie in Naturverjüngungen durch Verbiß und Zertrampeln.

Während des Stangenholzalters werden Kiefern und Zypressen häufig von Elefanten durch Schälen beschädigt. Nach Feststellungen auf ausgedehnten Versuchsflächen in Kenia werden Pinus radiata und Cupressus lusitanica vor allem im Alter von 14 - 18 Jahren, Pinus patula von 12 - 14 Jahren geschält, ältere Stämme dagegen weniger. Manchmal beschränkt sich das Schälen auf Randstämme, andernorts wird aber auch im Bestandsinnern geschält. Ein Elefant soll nach Beobachtungen in Kenia an einem Vormittag 5 Bäume entrinden können. Die großen Rindenwunden überwallen nicht mehr, und Insektenbefall sowie Pilzfäule an den geschälten Hölzern sind die Folge (Holloway 1962, Hesmer 1965).

Der Anreiz zum Schälen ist naturgemäß besonders groß, wenn die Stämme künstlich geästet wurden, wie dies bei Kiefern und Zypressen zur Erhöhung der Holzqualität sehr oft erfolgt.

Zur Verhinderung der Schäden an angebauten exotischen Baumarten werden in Kenia mit Knüppeln und Reisig abgedeckte Gräben angelegt, die viele Meilen lang rund herum um ganze Aufforstungskomplexe gezogen werden. Aus alten Erfahrungen mit Fallgruben, mit denen ihnen seit Jahrtausenden nachgestellt wurde, sollen die Elefanten verdeckte Gräben mehr als offene scheuen.

Die in Uganda und in Kenia in bewirtschafteten Forsten mit Elefantenschäden gemachten Erfahrungen beweisen, daß eine Abstimmung zwischen Forstwirtschaft und Wildbestandshöhe notwendig ist, wobei vielfach erhebliche Reduzierungen der Elefantenbestände unvermeidlich sind. Die forstlich bewirtschafteten Wälder können nicht ohne große Beeinträchtigungen auch noch die Elefanten aufnehmen, denen andernorts die bisherigen Aufenthaltsgebiete durch Kultivierung und Besiedlung genommen wurden.

Daß die Elefantenbestände in Ostafrika je nach ihrer Bejagung großen Schwankungen unterlagen, hat Holloway 1965 für Kenia genau dargestellt.

Mitte des vorigen Jahrhunderts enthielten die Wälder von Kenia und auch das offene Land zahlreiches Großwild, insbesondere Elefanten. Ziel der afrikanischen Jäger war in erster Linie das Wildbret. Seit 1852 drangen Karawanen von

Suahelis und Arabern von der Küste aus erstmals ins Innere Afrikas, um vor allem Elfenbein zu gewinnen, das über Sansibar gehandelt wurde. Die Karawanen jagten selbst und spornten die Afrikaner an, ebenso zu verfahren. Ein halbes Jahrhundert rücksichtsloser Ausbeutungsjagd bewirkte, daß Elefanten in großen Gebieten Kenias völlig ausgerottet waren. 1899 wurde dann von der britischen Kolonialverwaltung ein Jagdgesetz erlassen, das die Lizensierung der Abschüsse anordnete. Nach Einführung einer geordneten Forst- und Jagdverwaltung haben sich die Elefantenbestände in den reservierten Forsten wieder aufgefüllt.

Seit Beginn der siebziger Jahre sind die Preise für Elfenbein, das als einer der inflationssichersten Rohstoffe und Schmuckwaren gilt, enorm gestiegen. Trotz aller Verbote und hoher Strafen hat in bestimmten Gebieten Ostafrikas wieder eine Raubbejagung der Elefanten eingesetzt, die an die während der zweiten Hälfte des vorigen Jahrhunderts erinnert, nur daß die Wilderer sich jetzt wirksamerer Waffen bedienen, z.B. Maschinengewehre benutzen.

Nur kurz mag hier auf die oft gestellte Frage eingegangen werden, wie weit der Mensch in vorgeschichtlicher bzw. vorkolonialer Zeit zur Ausrottung bzw. Verminderung von Großwild beigetragen hat und damit auch zu Änderungen in der Bewaldung und der sonstigen Vegetation. In der jagdlichen Vorgeschichte neigte man zunächst dazu, in Europa dem Menschen einen Anteil am Aussterben gerade verschiedener Elefantenarten zuzuschreiben. Lindner (1937) lehnte zwar die direkte Ausrottung ab, hielt aber eine anthropogene Beschleunigung der Bestandesverminderung bestimmter Wildarten für wahrscheinlich, weil dem Fang in Gruben erwiesenermaßen vor allem die vorweggehenden Muttertiere und ihre Jungen zum Opfer fielen.

Fallgrubenfang von Elefanten war, wie hier schon behandelt wurde, auch in Ostafrika verbreitet. Ein britischer Forstmann berichtete 1911:

"Elefantengruben sind häufig. Während eines ganzen Bereisungstages in Südkenia war der Wald so dicht mit Elefantengruben übersät, daß niemand von unserer Gesellschaft es wagte, sich von den offengeschlagenen Pfaden zu entfernen." (Indian Forester 1911).

Allein der Fang in Gruben und die Bejagung mit Giftpfeilen zur Fleischversorgung dürfte aber den Bestand des afrikanischen Elefanten nicht gefährdet haben.

Knapp weist in seiner 1973 erschienenen Vegetationsmonographie von Afrika darauf hin, daß in der Zeit des Auftretens der Acheuléen-Artefakte in Afrika die Zahl der Großtiergattungen dort kräftig abnahm (etwa 26 Gattungen, meist Hufttiere). Er hält es für naheliegend, das Aussterben mit den verbesserten Jagdwaffen im Acheuléen in Zusammenhang zu bringen. Er nimmt an, daß die Vegetation durch das Verschwinden einer Gruppe von Großtieren, die Arten von hohem Futterbedarf umfaßte, stark beeinflußt sein dürfte.

In jüngerer Zeit haben sich die Bestände an größeren Raubtieren der Tropen infolge überhöhter Abschüsse sowie durch Fallenfang und Vergiftung stark vermindert. Der Tiger, dessen Zahl in Indien um die Jahrhundertwende auf 5o ooo und um 193o auf 4o ooo geschätzt wurde, war 1972 auf knapp 2ooo abgesunken. Die Folge war eine Zunahme von Wildschweinen und Hirschen, die der Landwirtschaft und auch der Forstwirtschaft Schäden tun. Die starke Verminderung oder Ausrottung des Leoparden führte zu starker Vermehrung von Wildschweinen und vor allem Affen, was sich stellenweise in so starken Feldschäden auswirkte, daß die Bevölkerung abwanderte (Smolik 1976). Die Forstschäden durch Triebverbiß seitens großer Affenherden führt vor allem bei

Nadelholzanbauten in Ostafrika stellenweise zu starken Schäden (Hesmer1965).

213.2 Waldschäden durch Vieh

Waldschäden, die durch von Menschen domestiziertes Vieh verursacht wurden, sind, soweit sie den Verbiß betreffen, so alt wie die Domestikation selbst, denn junge Zweige von Bäumen und Gebüsch sowie die Waldbodenvegetation bildeten in frühen Zeiten einen Großteil des vom Vieh selbst gesuchten Futters. Dieses war gewiß der Äsung der Wildarten, aus denen es domestiziert worden war, meist gleich oder ähnlich. Ein wesentlicher Unterschied bestand aber darin, daß die Äsung des Wildes sich auf riesige Flächen verteilte, während die Futterplätze des Viehs sich in der Nähe der Siedlungen ihrer Besitzer konzentrierten oder an Stellen, an die das Vieh, z.T. in Herden, geführt wurde. Viehschäden in Wäldern traten daher konzentrierter in Erscheinung.

Ein Hauptzentrum der Viehdomestikation, wenn auch keineswegs ein Exklusivgebiet, ist für die Alte Welt der Vordere Orient, wo auch wichtige Getreidearten und Leguminosen gezüchtet wurden. Die Zeiten, in denen die Domestikationen erfolgten - für die gleiche Art u.U. an verschiedenen Orten - reichen je weiter zurück, je intensiver sich die Vorgeschichtsforschung mit Fossilien und Artefakten dieses Bereichs befaßt.

Für Schafe dürfte die Domestikation schon um 9000 v. Chr. erfolgt sein, für Ziegen liegen Funde aus dem 8. Jahrtausend vor. Für das Schwein wird Domestikation um 6500 angenommen.

Für das vom Auerochsen (Bos primigenius) abstammende Hausrind gibt es aus Tempelfunden in Catal Hüyük (Anatolien) Hinweise, daß dort um 6000 v. Chr. Rinder zumindest gezähmt worden sind.

Um 4ooo v. Chr. wurde in Ägypten bereits Rinderzucht betrieben. Das Rind war also das erste Großtier, das der Mensch zum Haustier machte.
Der Büffel wurde im 3. Jahrtausend v. Chr. in der alten Induskultur als Haustier gehalten; vermutlich wurde er in China zu gleicher Zeit zur Bestellung von Reisfeldern verwendet. Nach Vorderasien und Ägypten kam der Hausbüffel erst im 7. Jahrhundert n. Chr. durch den Islam.
Das einhöckerige Kamel, das Dromedar, ist in Arabien und angrenzenden heißen Trockengebieten beheimatet. Es wurde vermutlich im 4. Jahrtausend v. Chr. domestiziert.
Das einzige Trag- und Zugtier, das in Nordafrika beheimatet war, ist der Wildesel. Die Domestikation erfolgte im 4. Jahrtausend v. Chr. im Niltal.
Spät erfolgte erst die Domestizierung des Pferdes, das als Jagdtier und Fleischlieferant sowie als Objekt der Höhlenmalerei schon in der Altsteinzeit eine große Rolle gespielt hatte. Das Hauspferd stammt vom Mongolischen Wildpferd Equus przewalskii ab, das in Südsibirien und im Altai vorkam. Älteste Funde und Darstellungen des Hauspferdes erfolgten für die erste Hälfte des 3. Jahrtausends v. Chr. Nach Ägypten kam das Pferd mit den Hyksoeinfällen im 17. Jahrhundert v.Chr.

Mit zweien der Haustiere, dem Schwein und der Kuh, befaßten sich der Islam und der Hinduismus: sie tabuisierten für die beiden Vieharten den Verzehr des Fleisches.

Nach Jahrtausende langer positiver Einstellung zum Schwein und seinem Fleisch im ganzen Vorderen Orient wurde es von Moses in seinem Gesetz über reine und unreine Tiere (3.Mos. 11,7) den unreinen zugeordnet. Das Kriterium für die reinen Tiere war: Wiederkäuer sein und gespaltene Klauen haben; Schwein, Hase und Kamel besßen diese beiden Eigenschaften nicht. Nach dem Gesetz war Schweinefleisch also für die Juden ein Tabu, das dann die Araber übernahmen und von diesen wiederum die gesamte islamische Welt.

Die Beziehung des Schweines zum Wald ist nur eine indirekte. Durch das Verbot, Schweinefleisch zu essen, wurde das Halten von Ziegen und Schafen gewiß gefördert. Selbstverständlich wären sie auch ohne Schweinetabu die Hauptvieharten in ariden Gebieten mit zum Teil nomadischer Bevölkerung gewesen, aber der riesige islamische Raum enthält ja auch für die Schweinehaltung geeignete Gebiete.

Die Ziegen, die ihre größte Verbreitung in Asien und nachfolgend in Afrika haben (Schönherr u. Dobath 1968), richten durch Verbiß erhebliche Forstschäden an. Sie vermögen in niedrige Bäume zu klettern, z.B. in Akazien und dann die Kronen zu verbeißen. Im südwestlichen Marokko klettern sie in die Eisenholzbäume (Argania Spinosa), wo sie trotz der Dornen Blätter und Früchte abfressen (v. Maydell 1971). Die unverdaulichen harten ölhaltigen Kerne werden dann wirtschaftlich verwertet. Die Arganien, die oft die Gehölzgrenze zur Wüste bilden, werden dadurch doppelt geschädigt. Durch sehr kurzes Abbeißen der Bodenvegetation verursachen die Ziegen Verkarstung. Den islamischen Maghrebländern wurde 1967 von der FAO die Einrichtung und der Betrieb von Weideländern empfohlen, um wenigstens einige der zahlreichen Herden von Ziegen, Schafen und anderem Vieh aus den Wäldern ziehen zu können. In seiner weitgespannten Darstellung der Forstgeschichte der Länder zwischen Nil und Indus belegt Oedekoven (1963) den entscheidenden Anteil der Ziege und des Schafes an der Desertifikation der Länder vom nördlichen Sudan bis zum Iran.

Die Anforderungen des Hinduismus an seine Gläubigen hinsichtlich ihres Verhaltens zum Rind gingen und gehen aber noch weiter als das Schweinefleischtabu des Islams: sie gebieten die Verehrung der Rinder beider Geschlechter und verbieten ihre Tötung und den Verzehr von Rindfleisch.

Weit verbreitet ist die irrige Auffassung, daß nur die Kuh den Hindus heilig sei, oder wie es korrekt heißen muß, "zu beschützen ist". Die Meinung, daß die Verehrung sich auf die Kuh beschränke, wird dadurch gefördert, daß in erster Linie von ihr gesprochen und geschrieben wird.
Mahatma Gandhi sagte: " Das eigentliche Wesen des Hinduismus besteht in der Beschützung der Kuh. Die Beschützung der Kuh ist für mich eine der wunderbarsten Erscheinungen in der Entwicklung der Menschheit. ... Die Kuh ist ein Gedicht des Mitleids. Man liest Mitleid in diesem sanften Tier. ... Die Beschützung der Kuh bedeutet das Geschenk des Hinduismus an die Welt. Und der Hinduismus wird dauern, so lange es Hindus gibt, die die Kuh beschützen." (Glasenapp 1943).
Wie sehr die Verehrung der Kuh auch heute noch lebendig ist, wurde mir bewußt, als ich Ende der sechziger Jahre sah, wie in Kalkutta ein Wahlkampf von seiten der Kongreßpartei in erster Linie mit einem Plakat geführt wurde, das in einfachen, sehr kunstvollen Linien die vordere Hälfte einer Kuh zeigte mit der Unterschrift "All but the Cow" - was als Wahlkampfprogramm besagte: Über alles kann diskutiert werden, nur nicht über den Schutz der Kuh.

1979 war das Schlachten von Rindern in Indien verboten mit Ausnahme der beiden kommunistisch regierten Bundesstaaten Kerala und Westbengalen, wo ein früherer Genosse Mahatma Gandhis einen Hungerstreikdurchführte, um auch dort ein Schlachtverbot zu erreichen (Neue Zürch. Ztg. vom 12.4.1979).

Der Frage, wie sich die Rinderverehrung in Indien entwickelt hat und wie weit sie zurückreicht, hat Alsdorf (1961) eine Studie gewidmet.

Für die vom 4. bis ins 2. Jahrtausend dauernde Induskultur sind die Siegel eine Quelle; sie zeigen meist ein Einhorn und zum Teil auch Rinder, deren kultische Bedeutung damit vermutlich zum Ausdruck kommt.

Die Arier kommen als Begründer der Rinderverehrung nicht in Frage, da ihnen die magische Scheu vor der Lebensvernichtung fremd war.
In um die Zeitenwende erschienenen Gesetzen ist des öfteren von Rindertötung und Verzehren von Rindfleisch die Rede, die aber auf Opfer und Bewirtung hoher Gäste beschränkt sein sollten.

In dem von 321 - 21o v. Chr. dauernden Maurja-Reich wurde am königlichen Hof Rinderkult betrieben. Es geht dies aus dem in dieser Periode geschriebenen Staatslehrbuch (Arthaschastra) des Ministers Kautilja hervor, in dem über den Tagesablauf des Königs gesagt wird: "24. Und nach einem Rundgang um eine Kuh mit ihrem Kalb und einen Bullen sollte er weiter in die Versammlungshalle gehen." (Kangle 1963 S. 52).

Aus der Verehrung der Rinder folgt keineswegs, daß sie nicht zur Arbeit herangezogen werden könnten - ihr Arbeitslos ist bei kargem Futter oft sehr hart - aber sie dürfen nicht getötet werden. Während bei einer rationellen Rinderwirtschaft die Tiere bei der Erreichung der besten Verwertbarkeit, also meist schon jung, geschlachtet werden, erreichen die Rinder in Indien ihr natürliches, mehrfach höheres Lebensalter. Die Folge davon ist ein sehr hoher Rinderbestand, der sich für Indien 1968/69 auf 176 2oo ooo Rinder belief = 16 % des Weltbestandes von 1 1o7 2oo ooo Rindern.

Zu den Rindern kommen als Nutznießer der Waldweide noch eine Anzahl anderer Weidetiere. In bestimmten Gebieten konnte im Interesse der Bevölkerung auf die Waldweide nicht verzichtet werden; sie mußte dann so organisiert werden, daß die Schäden möglichst gering blieben. Um welche Viehzahlen es sich gebietsweise dabei handelte, geht aus der nachstehenden Aufstellung hervor, die die Vieheintriebe in 6 Distrikten (etwa unseren Kreisen entsprechend) in den Zentralen Provinzen Indiens 1879/8o in reservierten Regierungsforsten enthält (Brandis 1881):

- 24 795 Büffel, daneben Kamele
- 1o5 228 Kühe und Ochsen
- 7 914 Schafe und Ziegen. Zu dieser Zahl kamen noch 37 2o9 Stück Rindvieh, die auf Lizenz kürzere Zeit weideten, sowie 2494 Ponies und Esel

In ebenfalls in Regierungseigentum stehenden, jedoch nicht reservierten Forsten wurden 1879/8o in 6 Distrikten der Zentralen Provinzen folgende Viehmengen geweidet:

- 241 264 Büffel
- 765 o15 Kühe und Ochsen
- 1o8 533 Schafe und Ziegen. Außerdem weideten hier auf Lizenz für kürzere Zeit: 24 94o Büffel, 119 587 Kühe und Ochsen, sowie 5o 423 Schafe und Ziegen

Bemerkenswert hoch sind die Zahlen der eingetriebenen Ziegen und Schafe. Da die Kühe für die Fleischversorgung ausfielen und Büffelfleisch zäh ist und einen unangenehmen Moschusgeruch hat, wurde als Fleisch, wie auch heute noch, vielfach das von Ziegen und Schafen verzehrt. An vielen Stellen Indiens werden durch die Ziegen ankommende Jungwüchse und vorhandenes Gehölz devastiert.

Das Futter müssen sich die Kühe in Indien zum sehr großen Teil selbst in Wäldern, Gehölzen und auf Ödland suchen. Um anstelle des während der winterlichen Trockenzeit des Monsunklimas trocken und hart gewordenen Grases, das die Rinder nur ungern annehmen, mit den ersten Regenfällen rasch frisches Gras zu erhalten, wird das Gras in Indien während der Trockenzeit angezündet, wodurch oft Jungwüchse vernichtet werden und

Bäume beschädigt oder auch abgetötet werden. Der ververhältnismäßig brandresistente Teak erreicht nur etwa die halbe Wuchsleistung, wenn die Bodenfeuer alljährlich die Bestände durchlaufen. Die immer wieder abgebrannten Böden verlieren ihren Humus und werden hart und verdichtet, so daß die Niederschläge nicht versickern können. Diese alljährlichen Bodenbrände in den indischen Wäldern werden ausschließlich zugunsten des Viehs, und zwar ganz vorwiegend der Rinder, durch die Besitzer oder ihre Hirten angelegt.

Zu den Schäden durch Grasbrände und die Kosten für ihre Verhinderung oder doch Minderung traten die Schäden durch die Waldweide, die mit oft großen Verbißschäden in den Jungwüchsen und, besonders bei Rinderweide, Zertrampeln junger Pflanzen verbunden waren.

Vieh, vor allem Rinder, die je nach Jahreszeit höher oder tiefer gelegene Weideplätze aufsuchen, richten in Indien auch auf den Wegen zu diesen oft erhebliche Schäden an, zu denen auch Brände gehören. Obgleich Forstordnungen und -gesetze dies zu verhindern suchen, treten immer wieder Schäden ein, wie unter anderem folgendes Beispiel zeigt:

Um die Auswirkungen wirksamen Feuerschutzes auf die Wälder in den Zentralen Provinzen festzustellen, veranlaßte Brandis die Unterschutzstellung von je einem Forstblock in 2 Waldgebieten. Für den Schutz jedes der beiden Blocks wurde je ein Leutnant mit Wachpersonal abgestellt. In dem einen Block im Boriforstreservat gelang dank besonders günstiger Lage und des guten Verhältnisses des einen Leutnants zu der Stammesbevölkerung der totale Feuerschutz auf lange Jahre und ermöglichte so wertvolle Feststellungen. Der andere Block wurde dagegen von Stammesleuten, die mit ihren Herden von weither kommend dort vorbeizogen, abgebrannt.

Ein riesiges Ausmaß hatten die jährlichen Viehwanderungen im spanischen Mittelamerika, über die Freiherr von Fürstenberg (1966) berichtete. Seine Schilderung wird nachstehend gekürzt wiedergegeben:

Bei der schnellen Vermehrung des Viehs nahmen die Wanderungen der Viehherden immer größere Ausmaße an, da eine Stallfütterung damals unbekannt war, und die Herden während des Winters bzw. der Trockenzeit auf frische Weidegebiete angewiesen waren. So wurde berichtet, daß in der zweiten Hälfte des 16. Jahrhunderts mehr als 2oo ooo Schafe aus der Gegend von Querétaro jedes Jahr im September über 3oo bis 4oo km zu den Weideflächen am See Chapala und in West-Michaocán zogen und dann im Mai wieder zu ihren "estancias" zurückwanderten. Ebenso zogen die Herden aus Tepeaca und anderen Gebieten der Hochfläche jährlich in dieselben Winterweidegebiete in der Umgebung von Veracruz am Golf von Mexico. Ganz allgemein bildeten sich periodische Wanderbewegungen zwischen den wintertrockenen Hochflächen und den besser beregneten Küstengebieten, sowie, besonders in Mittelamerika, zwischen dem Bergtrockenwaldgebiet und den Hochweiden der Nebelwälder heraus. 1635 wurden dann die ausgedehnten Weidegebiete in Nuevo León (Nord-Mexico) entdeckt, und schon bald darauf wanderten jährlich 13 Schafherden mit mehr als 3oo ooo Schafen von den Hochflächen Zentral-Mexicos in die Weidegebiete des Nordostens.

Für die Viehbewegungen waren seit 1537 Viehwanderwege "canadas" mit bestimmter Breite angelegt, für die eigene Richter als Aufsichtsbeamte eingesetzt waren. Leider galten die Beschränkungen und Beaufsichtigungen nur für landwirtschaftliche Gebiete. In Waldregionen waren die Herden jedoch keinerlei Beschränkungen unterworfen und die Auswirkungen auf den Zustand der von ihnen durchzogenen Wälder waren entsprechend katastrophal; jede Regeneration des Waldes wurde durch dauernden Verbiß der Jungpflanzen durch das Vieh verhindert.

Schäden an Wäldern, Bäumen und Sträuchern richtet auch das Vieh der besonders in den Trockengebieten Afrikas ihre Herden weidenden Nomaden und Halbnomaden an. Als später noch eingehender zu behandelndes Beispiel sei das 1965 von mir besuchte Somali genannt, wo damals 6o % der Bevölkerung Nomaden waren und die Viehbestände 1973 auf 3 Millionen Rinder, 2,5 Millionen Kamele und 12 bis 15 Millionen Schafe und Ziegen geschätzt wurden. Die große Zahl der Kamele setzt besonders den Gehölzen und Gebüsch von Acacia bussei zu, von deren sehr stacheligem Laub sie in erster Linie leben. Ziegen und Schafe befressen die Vegetation so stark, daß fast nur stachelige Sukkulenten, meist Aloe, übrig bleibt. Zu dem Rückgang von Acacia bussei trägt die nomadische Bevölkerung u.a. durch Ablösung der Rinde von stehenden Stämmchen bei, aus der große Matten für die halbkugelförmigen Hütten gewoben werden; die Spanten für die Hütten liefern unter Hitze gebogene Wurzeln von Acacia bussei. Mit Kamelen werden nicht nur die Hütten der Nomaden transportiert, sondern auch Brennholz zu den Siedlungen gebracht, deren weitere Umgebung verkarstet ist (Vegetationsbedeckung höchstens 5 %; Höhe einzelner verbliebener befressener Exemplare von Acacia bussei 2o - 4o cm).

Die Dürre während des ersten Jahrfünfts der siebziger Jahre hat die somalischen Nomaden und ihre Viehbestände schwer getroffen: 2o ooo starben und ein Drittel des Viehs ging ein. Im Zuge eines Resettlement-Programms wurden 12o ooo Nomaden, die ihren Lebensunterhalt bei der Landwirtschaft und der Fischerei verdienen sollen, seßhaft gemacht; dabei wurden die Stämme bewußt durcheinander gewürfelt, um die alten Bindungen zu zerreißen. 6o ooo Nomaden wollten ihre angestammte Lebensweise nicht aufgeben (Frankf. Allg. Zeitung vom 2.11.1976).

Große Schwierigkeiten bereitet es besonders in Afrika, daß die Tierhalter, zu denen vor allem die Nomaden und Halbnomaden gehören, ethnisch völlig anderen Gruppen angehören als die Landbebauer (Irons & Dyson - Hudson 1972).

214. Waldbeseitigung auf Dauer für landwirtschaftliche Zwecke

Die ersten großen frühgeschichtlichen Waldrodungen, über die es geschriebene Hinweise gibt, sind die von den arischen Hirtenkriegern vorgenommenen, die um 15oo v. Chr. über die Pässe Nordwestindiens eingedrungen waren und sich durch das Punjab bis etwa zum heutigen Delhi durchgekämpft hatten. Indien war damals, abgesehen von den Trockengebieten im Sind und unteren Teil des Punjab, weitgehend bewaldet. Die Arier müssen damals große Waldflächen durch Feuer beseitigt haben. Das Mahabharata-Epos berichtet, daß der große Khandavwald, der zwischen Ganges und dessen südlichem Nebenfluß Jumna lag, zerstört wurde, um die Flächen für Landbau und Weide zu vergrößern. Nach dem Ramajana-Epos wurden erneut Wälder in den Flachländern zerstört und die Forstgrenze in einigen Teilen des Landes bis zu den bergigen Regionen zurückgedrängt. Die in der Zeit von etwa 45o bis 7oo n. Chr. wiederholten Einfälle innerasiatischer Völkerschaften, die ihre Herden mitbrachten, führten zu großen Waldvernichtungen durch Abbrennen zwecks Schaffung von Weideflächen, die sie benötigten, weil sie sich selbst ebenso wie ihre Herden in Indien stark vermehrten (Stebbing 1922, Puri 196o, Vol. II.).

In kolonialer Zeit, und zwar schon im 18. Jahrhundert, erfolgten im spanischen Mittelamerika auf dem Festland wie auf den Inseln (besonders Kuba) ausgedehnte Zuckerrohranbauten, die bevorzugt auf frisch gerodeten Waldböden angelegt wurden. Zum Heizen der Kupferkessel der Zuckerrohrmühlen bestand ein großer Holzbedarf, der ausschlaggebend an der Zerstörung großer Waldgebiete in Neu-Spanien beteiligt war (Fürstenberg 1966).

Die großen Ebenen am Irrawaddyfluß nördlich Rangun, die mit der burmesischen Provinz Pegu 1852 in britischen Besitz gelangten, waren, als Brandis sie erstmals 1856 bereiste, fast ununterbrochen mit Auewäldern bestockt. 1884 berichtete Brandis, daß das ganze Gelände inzwischen zu offenem Reisfeld geworden war: "die größte Reisebene, die ich je gesehen habe".

In den humiden Tropen Westafrikas wurden nach dem 1. Weltkrieg große Flächen Wald in Strauchplantagen umgewandelt (vor allem Kakao). Hinzu kamen Bananenplantagen in allen Erdteilen, mit Schwergewicht in Amerika. Wo die Plantagen einen großen Teil des früheren Waldbodens einnehmen und sich noch weiter ausdehnen, wie z.B. die Kakaoplantagen in Ghana, das in der Welternte führt, kann es zu einer Verknappung von Buschbracheland kommen. In Ghana wird befürchtet, daß es aus diesem Grund zu einer für die Bodenregenerierung der Brandrodungsfelder nicht mehr ausreichenden Verkürzung der Buschbrachedauer kommt. Nach dem letzten Krieg breitete sich der Teeanbau in den Berglagen einer Anzahl ostafrikanischer Länder aus.

Der Kaffeeanbau hat seit längerem seine größte Ausdehnung in Brasilien, wo er schon Anfang vorigen Jahrhunderts nordöstlich der Stadt Sao Paulo angebaut wurde. Das Gelände für die Kaffeeplantagen wurde durch Brandrodung von Wäldern gewonnen. Es stellte sich aber heraus, daß Kaffeeanbau die dortigen Böden schon bald erschöpft. Viele Hundert Kilometer mußte der Kaffeeanbau, wie Abbildung 3 (Hueck 1966) zeigt, seine Plantagen ständig weiter nach Westen verlegen. Als Ersatz für die unfruchtbar gewordenen Böden mußten ständig neue Wälder gerodet werden. 9 Karten des Waldvorkommens im brasilianischen Bundesstaat Sao Paulo, die M.A.M. Victor für die Zeit von 1854 bis 1973 erarbeitete, zeigen für diese Zeit einen Rückgang des Bewaldungsprozents von 79,7 auf 8,3 (s. Abbildung 4, die ich der Freundlichkeit von Ministerialdirigent

Oedekoven verdanke). 17,9 Millionen ha Wald gingen ganz vorwiegend für den Kaffeeanbau verloren.

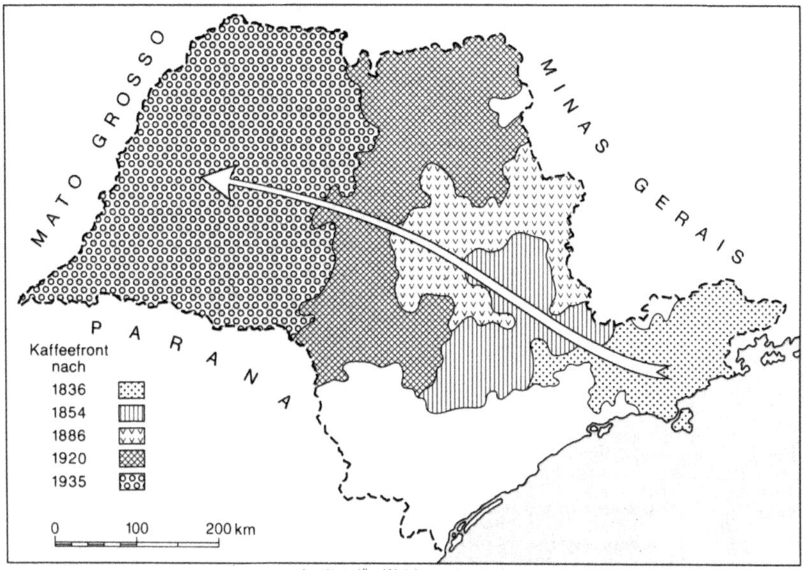

Institut für Weltforstwirtschaft
Bundesforschungsanstalt für Forst- und Holzwirtschaft
Hamburg

Abb. 3: Der Marsch des Kaffeeanbaus im Staat Sao Paulo, Brasilien (aus Hueck, 1966)

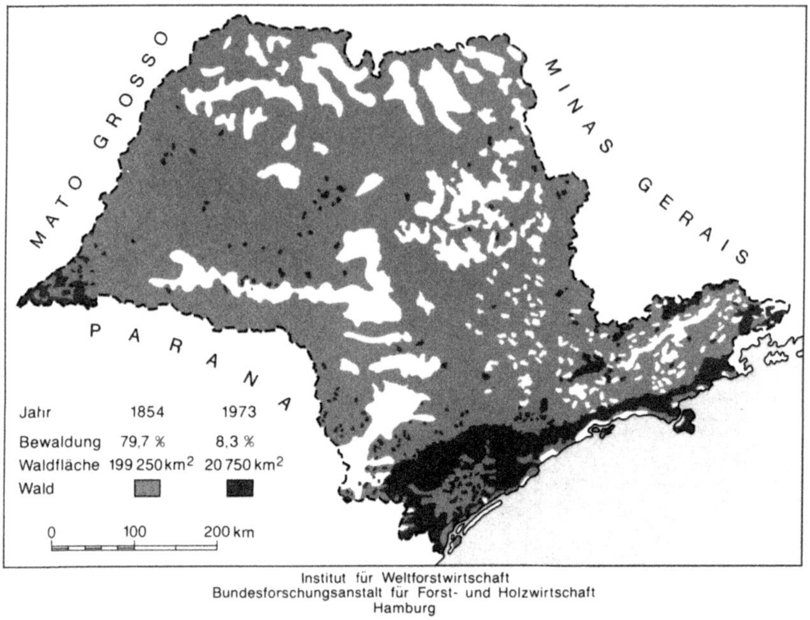

Abb. 4: Rückgang der Waldfläche bis auf wenige Reste im Küstengebirge und im Südwestzipfel im Zuge der Ausdehnung des Kaffeeanbaus im Staat Sao Paulo, Brasilien (nach H.A.M. Victor vom Institut für Weltforstwirtschaft ergänzt).

Es waren aber nicht nur die Wälder, die vom Kaffeeanbau vernichtet wurden, sondern auch die Böden, die nach verhältnismäßig kurzem Betrieb der Kaffeeplantagen zum größten Teil stark geschädigt waren. Die Böden, auf denen der Kaffeeanbau aufgegeben werden mußte, waren erschöpft und ausgelaugt, teilweise erodiert und mit Termitenhügeln besetzt; nur 2o % davon befanden sich 1966, als das Buch von Hueck erschien, in Kultur. Hueck sagte damals abschließend:

"Eine wichtige Erfahrung hat man aber bei dieser ungezügelten und ungeregelten Nutzung des Landes gemacht. Mit Entsetzen sieht man jetzt, wie auf diese Weise in riesigem Maßstab aus dem Walde nicht eine Kulturlandschaft entstand - das war nur vorübergehend der Fall -, sondern daß man eine ganz üble Raublandschaft schuf. Denn nichts anderes stellen jene weiten, heute der Viehwirtschaft überlassenen Kampflächen und Termitensavannen dar, die man kaum irgendwo von Kulturland unterbrochen, rechts und links der Straßen antrifft und in denen nur noch ganz vereinzelt stehengebliebene Waldparzellen oder kleine Baumgruppen den ehemaligen Waldcharakter des Landes erkennen lassen."

Das brasilianische Gebiet größter legaler und illegaler Waldvernichtung durch Feuer zwecks Anlage von Viehfarmen, Plantagen, Siedlungen u.a. ist das Amazonasgebiet geworden, seit zu Beginn der siebziger Jahre mit dem Bau der Transamazonica und der anderen das Gebiet erschließenden Fernstraßen begonnen wurde. Unter den Rodungsprojekten, die Großunternehmer im Amazonaswald durch Geländeankäufe vorbereiten und z.T. auch schon in Angriff genommen haben, hat in Deutschland besonderes Aufsehen das der brasilianischen Tochterfirma des Volkswagenwerks erregt. Im Südosten des brasilianischen Bundesstaates Parà, der südlich des unteren Amazonas liegt, will VW do Brasil eine Rinderwirtschaft auf 135 ooo h betreiben, wozu die Rodungen schon begonnen haben (Frankf. Allg. Zeitung vom 1o.7.1976).

Das Riesenausmaß der in den Amazonaswäldern erfolgenden Brandrodungen kommt darin zum Ausdruck, daß nach Aufnahmen des amerikanischen Skylab-Satelliten allein 1975 im Amazonasgebiet 1o Millionen Hektar Wald abgebrannt wurden (Spiegel 1976, Nr. 37).

In Paraguay laufen im Gebiet von Itapua Waldrodungen von 2oo ooo ha für ein von der Weltbank finanziertes Landwirtschaftsvorhaben an (schriftl. Mitt. H. Haufe 1976).

215. Waldbeseitigung durch Einschläge zur Holzverwertung

Ein besonders schönes und zugleich technisch hochqualifiziertes Holz ist das amerikanische Mahagoni der zu der pantropischen Familie der Meliaceen gehörenden Gattung Swietenia. Nur das Holz von Bäumen der Gattung Swietenia gilt im eigentlichen und rechtlichen Sinn als Mahagoni, wenn auch Hölzer der ebenfalls zu den Meliaceen gehörenden afrikanischen Gattungen Khaya und Entandrophragma als Mahagoni - allerdings mit Zunamen - bezeichnet werden (s. Kap. 321.). In 3 Arten, Swietenia humilis, S. mahagoni und S. macrophylla, von denen die erste, die nur in einem schmalen Streifen am Pazifik in Mittelamerika vorkommt, die geringste, die letztgenannte dagegen die größte Bedeutung hat, hat die Gattung ein sehr großes Areal, das in Mexiko und Südflorida den nördlichen Wendekreis überschreitet und in Südamerika in Peru, Bolivien und Brasilien fast den 2o. Grad südlicher Breite erreicht. Das Verbreitungsgebiet umfaßt sowohl das Festland wie die Großen und Kleinen Antillen, ferner die Bahamainseln. Die Mahagonibäume kommen nicht in Reinbeständen vor, sondern sind anderen Wäldern, vor allem immergrünen Regenwäldern, beigemischt, etwa 2 - 4 hiebsreife Stämme je ha.

Auf die besondere Eignung des Mahagoniholzes für den Bootsbau wurden die Spanier gleich aufmerksam, nachdem Kolumbus 1492/93 mit Kuba und Haiti Amerika entdeckt hatte. Die Boote der einheimischen Bevölkerung bestanden sämtlich aus Mahagoni. Auf seiner vierten Amerikareise begegnete Kolumbus 15o2 an der Küste von Yukutan einem seegängigen großen Kanu mit Mayas, die sich auf einer Handelsreise befanden. Bereits 1496 soll auf Haiti die erste in Amerika aus Mahagoni gebaute Karavelle vom Stapel gelaufen sein. Auch die auf Kuba gebaute Flotte, mit der Cortez 1519 nach Mexiko fuhr, um das Land zu entdecken und zu erobern, bestand wahrscheinlich aus Mahagoni.

Der spanische Besitz in Mittelamerika wurde zum größten Teil als Vizekönigreich Neu-Spanien verwaltet, daneben gab es noch gesonderte spanische Besitzungen wie Guatemala und St. Domingo. Schon bald wurden vor allem in Neu-Spanien, aber auch in anderen spanischen Gebieten, Werften zum Bau von Handels- und Kriegsschiffen errichtet, für die zum großen Teil Mahagoni verwendet wurde.

Viel von dem Holz, das zum Bau der großen spanischen Armada verwendet wurde, die 1588 die Seeschlacht im Kanal gegen England verlor und damit die Seeherrschaft Spaniens für immer, kam aus Spanisch-Amerika; die größeren Schiffe der Armada waren aus Mahagoni gebaut. Die Werft in Havanna auf Kuba, die um 1626 den Betrieb aufnahm, entwickelte sich zum größten Schiffsbauzentrum der Neuen Welt. Auf ihr wurden zwischen 1724 und 1794 über 1oo große Kriegsschiffe für die spanische Flotte gebaut (Lamb 1966). Die Bedeutung des Schiffbaus von Havanna kommt auch darin zum Ausdruck, daß, als im 18. Jahrhundert ein Geschwader erweitert und modernisiert werden sollte, von 15 benötigten Kriegsschiffen die 1o größten in Havanna gebaut wurden und nur 5 kleinere Fregatten und Paketboote in Spanien. Frhr. v. Fürstenberg, der sich mit der Geschichte der Forstnutzung in Neu-Spanien eingehend beschäftigt hat, bringt eine

Aufstellung von 16 anderen spanischen Werften in Spanisch-Amerika, die öfter genannt werden.

Die Bedeutung der amerikanischen Wälder für die spanische Flotte wurde schon früh erkannt. Schon bald nachdem Kuba erobert war, erließ Isabella die Katholische (1474 - 15o4) ein Dekret, in dem es hieß:

"Nachdem die Eroberung der Insel Kuba .... erfolgt ist ...., verteile ich jenes Land unter seine Eroberer, wobei ich mir seinen Baumbestand für meine Geschwader vorbehalte und zur Nutzung durch seine Bewohner jene Bäume lasse, die nicht geeignet zum Bau meiner Schiffe sind ....".(in V. Fürstenberg 1966).

Als Bäume von größtem Nutzen für die Schiffe wurden Mahagoni, Cedrela und Eiche genannt; hinzu kam später ein großer Bedarf an Kiefern für Masten. Die Verwaltung der Forsten in Neu-Spanien unterstand der Marine, die z.B. 1748 eine Verordnung über die Erhaltung der Wälder der Marine erließ. Immer neue Verordnungen mit ständig weitergehenderen und schärferen Schutzmaßnahmen lassen erkennen,daß die Vorräte zumal an Mahagoni immer knapper wurden.

Die Verwendung von Mahagoni im Innenbau setzte in Spanien schon im 16. Jahrhundert ein, z.B.im Escorial.

England erhielt die ersten Importe von Mahagoni wahrscheinlich als Ladungen von spanischen Prisenschiffen, die von britischen Kaperschiffen im späten 16. Jahrhundert aufgebracht worden waren. Von regulären Mahagoniimporten blieben sie zunächst ausgeschlossen, bis sie 1655 Jamaika eroberten. Um 1735 wurde Mahagoni in den leichter zugänglichen Gebieten Jamaikas bereits knapp und 1787 hieß es, daß es Mahagoni nur noch in hohen unzugänglichen Bergen gäbe.

Besonders reiche und verhältnismäßig leicht durch Triften abtransportierbare Vorräte von Mahagoni gab es in dem im Südosten von Yukutan zwischen Atlantik und Guatemala gelegenen späteren Britisch-Honduras (heute Belize), das damals noch spanisch war; bei der Bevölkerung und den Seeleuten hieß das Küstengebiet Moskitoküste. Hier siedelten sich in der ersten Hälfte des 17. Jahrhunderts englische Holzfäller an. 1665 schickten sie Holzstämme nach England, die sich als außerordentlich wertvolle Farbhölzer erwiesen. Diese Entdeckung hatte zur Folge, daß innerhalb von 9 Jahren nicht weniger als 7oo Personen von England nach Belize übersiedelten und in die Holzwerbung einstiegen; sie wurden allerdings von den Spaniern, denen das Gebiet gehörte, recht beunruhigt, so daß etwa die Hälfte wieder abwanderte. Als der Farbholzhandel zurückging, trat Mahagoniexport an seine Stelle. 1763 kam im Pariser Frieden, der den Siebenjährigen Krieg in Europa beschloß und in dem England koloniale Erwerbungen machte, Belize als Britisch-Honduras an England.

Der Mahagonieinschlag wurde 1684 so geregelt, daß jeder Siedler Anspruch auf eine als work bezeichnete Nutzungseinheit hatte, auf der er 1o Negersklaven oder -arbeiter einsetzen konnte. Die Nutzungseinheit umfaßte 3 Meilen einer Flußbasis und dehnte sich rückwärts bis zum nächsten Fluß aus, wenn dieser unter 8 Meilen entfernt war, oder bis zur Hälfte, wenn die Entfernung größer war. Die gefällten Mahagonistämme wurden ausschließlich mit Menschenkraft, möglichst getriftet oder geflößt zu den Sammelstellen gebracht. Neben vielen solcher works bestanden 1784 aber auch bereits einige große Konzessionen. Im gleichen Jahr wurde für Mahagoni eine Mindeststärke von 15 Zoll angeordnet.

Der Amerikaner J.L. Stephens, der 1839 im Auftrage des Präsidenten der USA eine Sondierungsreise durch Mittelamerika durchführte und dabei die Mayabauten entdeckte, ging etwa

3o km von Belize an Land, das er dann auch besuchte. Die in seinem Reisebuch über Mahagoni mitgeteilten zerstreuten Beobachtungen werden nachstehend gekürzt wiedergegeben (Stephens 1841):

- "In der Bucht lag eine große Brigg vor Anker, die Mahagoni geladen hatte.
  Flöße von Mahagoniholz schwammen neben den Schiffen, und etwas weiter draußen ruderte ein Neger einen Baumstamm dieses kostbaren Holzes heran; sogar das Regierungsboot bestand aus einem Mahagonibaumstamm."
- "Um sich gegen die Spanier zu wehren, hatte er (ein schottischer Freibeuter namens Wallace) es verstanden, sich mit den Indianern der Moskitoküste zu verbünden und zahlreiche Briten für sich zu gewinnen, die auch wegen des Mahagoniholzes hierherkamen."
- "Eigentlich hatte der Export von Mahagoni den Ort (Belize) groß gemacht, doch inzwischen war der Waldbestand in der ganzen Umgebung abgeholzt."
- "Als wir uns dort aufhielten, zählte Belize 6ooo Einwohner, davon 4ooo Schwarze, die in Arbeiterkolonnen für die Holzhändler Mahagonibäume fällten."
- "Unser Boot, ungefähr 12 Meter lang und in der Mitte 2 Meter breit, war ein an beiden Enden spitz zulaufender Einbaum aus Mahagoni."

Ein forstlicher Fachmann war in Britisch-Honduras nicht eingesetzt. 1886 führte auf Wunsch des britischen Kolonialministers E.D.M. Hooper vom Indian Forest Department eine zweimonatige Bereisung zur Erstellung einer Expertise durch. Er erarbeitete einen eingehenden Bericht und empfahl dringend die Einrichtung einer Forstverwaltung für Britisch-Honduras (Hooper 1887).

Es geschah aber nichts, bis 192o C. Hummel vom Kolonialminister einen einjährigen Auftrag für Vorschläge für die Organisation des Forstwesens erhielt. Hummel war nach Bestehen der Forstassessorprüfung in Bayern in den britischen Kolonialforstdienst getreten und in dem heute zu Malaysia gehörenden Gebiet tätig gewesen. In seinem Bericht, dem bald ein Reprint folgte, machte er sich lustig darüber, daß alle Departments in Britisch-Honduras ausschließlich von den Forsterträgen lebten, daß es aber kein Forest Department gab, ja nicht einmal einen einzigen forsttechnischen Beamten (Hummel 1921). Hummel wurde 1922 zum Leiter der von ihm vorgeschlagenen Forstverwaltung ernannt, eine Stellung, die er bis 1924 innehatte. Auf Grund seiner Vorschläge wurde eine Forest Ordinance erlassen, in der die Verwaltung und Aufsichtstätigkeit der Forstabteilung sowie die Entwicklung und Bewirtschaftung der Kronforsten geregelt wurde.

Wie sich die Waldbesitzverhältnisse in Britisch Honduras verändert hatten, zeigen die 1923 gemachten Angaben von Zon und Sparhawk:

"... über 2 256 666 acres (= 913 95o ha) sind in Privatbesitz, während 1 57o ooo acres (= 635 85o ha) der Krone gehören. Das meiste Privatgelände befindet sich in sehr großen Besitztümern, von denen drei 1 25o ooo acres (= 5o6 25o ha), 5oo ooo acres (= 2o2 5oo ha) und 3oo ooo acres (= 121 5oo ha) umfassen. Die Privatbesitzer nutzen die meisten guten Mahagonistandorte, während sich das mit Kiefern bestockte Gelände zum großen Teil in Regierungsbesitz befindet."

Erst nach wiederholtem Überarbeiten der Forest Ordinance wurden nach 1954 2o % der Landesfläche zur Forstreserve erklärt (Mammen 1972). In den 5oer Jahren erfolgte erstmals der Ausbau eines Straßennetzes zum Holztransport.

Das Mahagoniholz aus Britisch-Honduras wurde besonders bevorzugt, weil es in größeren Stärken vorkam, leichter zu bearbeiten und besser zu transportieren war als andere Provenienzen. Die Lieferungen nach England stiegen, wie zahlreichen Aufstellungen zu entnehmen ist, stark an. Auch nachdem der Schiffbau im vorigen Jahrhundert zu Eisen übergegangen war, wurde noch viel Mahagoniholz zu Planken und für das Schiffsmobiliar verwendet sowie in Eisenbahnwagen; auch wurde viel in Sportjachten verbaut. Für Flugzeugpropeller war es besonders geschätzt.

Die Verwendung von Mahagoni zu Möbeln soll starken Auftrieb dadurch erhalten haben, daß die Herzogin von Buckingham, die sich 1724 aus Mahagonistämmen, die als Ballast in einem Schiff nach England gekommen waren, hatte Möbel machen lassen, die Bewunderung erregten und Nachahmung auslösten. Der Mahagonitisch, unter den man die Füße ausstrecken konnte, galt bald als Statussymbol. Da Mahagoniholz durch Altern nur schöner wird, war es bald Brauch, das Holz ausrangierter Schiffe zu Möbeln zu verarbeiten. Als Verbraucher von Mahagoniholz traten schon vor dem Ende des 17. Jahrhunderts die nordamerikanischen Kolonien, die späteren USA, in Erscheinung. Auch hier führten sich ähnlich wie in England kunstvoll gearbeitete Mahagonimöbel in gehobenen Kreisen stark ein. In Deutschland wurden Mahagonimöbel schon früh von England bezogen; im letzten Jahrzehnt zog die Einfuhr zumal alter oder als solcher ausgegebener Möbel stark an.

Nachdem bis heute großer Bedarf an Mahagoni zur Möbelherstellung besteht, wirft sich die Frage nach der Versorgungslage auf.

Bereits 1939 konnte Honduras amerikanische Lieferwünsche nicht mehr erfüllen: "Britisch-Honduras, woher die USA bisher den Hauptteil ihres Mahagonibedarfs bekamen, kann zur Zeit nicht mehr genug liefern." (Zeitschr. f. Weltforstw. 1939, S.591).

Lamb schließt in seiner 1966 erschienenen Monographie über das amerikanische Mahagoni das Kapitel über die Mahagoniwirtschaft folgendermaßen:

"Der Mahagonihandel hat in den letzten Jahren unter der Ungewißheit der Versorgungsquellen gelitten. In Gebieten, die den Markt mehr als ein Jahrhundert versorgt haben, ist der Vorrat an stehendem Holz ernstlich erschöpft."
In einer 1962 von F.R. Longwood für den U.S. Forest Service erstellten Expertise über die Handelshölzer der Karibik hieß es über Swietenia macrophylla, daß die derzeitige Exportversorgung stark beschränkt auf Mexiko, Britisch-Honduras, Honduras und Südamerika sei. Von Swietenia mahagoni wurde gesagt, daß begrenzte Mengen mit Unterbrechungen von Jamaika, Guadeloupe, Trinidad, Martinique, St. Vincent und Grenada verfügbar sein mögen; Haiti, Kuba und die Dominikanische Republik hätten den Export von Stammholz verboten."

Es steht also fest, daß die Wälder, die bisher das Mahagoniholz lieferten, fast erschöpft sind. Es gibt noch 2 Gebiete mit größeren Mahagonivorräten, die nur deshalb erhalten geblieben sind, weil sie bisher nicht zugänglich waren. Das Vorkommen in Südamerika wird im Zuge der laufenden Erschließung des Amazonasbeckens vermutlich bald zugänglicher werden. Die Nutzung des anderen Mahagonivorkommens im Petén im Norden von Guatemala ist blockiert durch das vorgelagerte mit Guatemala keine politischen Beziehungen unterhaltende Belize.

Bei einer so wertvollen Baumart wie Swietenia macrophylla lag Anbau nahe, der auch versucht wurde, allerdings mehr außerhalb als innerhalb ihres natürlichen Verbreitungsgebiets.

Ab 1897 erfolgten Mahagonianbauten auf Ceylon, und zwar vielfach unterbaut mit Jack (Artocarpus integrifolia). 1962 wurden 44oo ha Mahagoni-Jack-Bestände angegeben von Streets. Schon damals wurde darüber geklagt, daß die Mahagonianbauten unter dem Fraß der Raupen des Schmetterlings Hypsipyla robusta litten, die die Spitzentriebe der Anbauten vernichteten und zur Verkrüppelung der Mahagonijungwüchse führten. Von der Beigabe von Jack wurde eine Repellentwirkung gegen Hypsipyla erwartet. Persson gibt für Ceylon 1974 eine Fläche von 475o ha Mahagoni-Jack-Beständen an und teilt mit, daß das Aufforstungsprogramm für Ceylon ab 1966 jährlich 81o ha Anreicherungspflanzungen mit Swietenia macrophylla vorsähe. Der II. Band der 1969 in Rom erschienenen Pre-Investment Study of Forest Industries Development Ceylon, Final Report (FAO/SF: 6o/Cey-5) enthält unter den sehr zahlreichen Baumarten, die in dem Aufforstungsplan aufgeführt werden, keine Swietenia.

In Belize wurde seit 1955 Swietenia macrophylla versuchsweise im kombinierten land- und forstwirtschaftlichen Anbau kultiviert. Als ich 1968 bei der Bereisung von Belize speziell die Mahagonianbauten inspizierte, wurde mir gesagt, daß der Anbau von Mahagoni 1964 wegen der Hypsipyla-Schäden eingestellt worden sei; tatsächlich waren während der letzten Jahre keine Anbauten mehr vorgenommen worden. 1971 wurde in der Golden Jubilee Number Vol. 5o(2) der Commonwealth Forestry Review No. 144 für Belize mitgeteilt, daß der Reinanbau von Mahagoni 1961 aufgegeben worden sei und der Trend zur Ermutigung in gruppenweiser Naturverjüngung ginge, von der mir allerdings kein Beispiel gezeigt wurde. Da der Hypsipyla-Befall am größten bei Freilage ist und geringer bei mittlerer Beschirmung, bietet eine entsprechende Schirmwirtschaft, die waldbauliche Kunst und intensive Kleinarbeit erfordert, noch am ehesten Aussicht, gutgeformten Mahagonijungwuchs anzuziehen.

In Turrialba (Costa Rica), wo man sich besonders mit der Nachzucht von Mahagoni befaßt, heißt es 1973 in Vol. I No. 2 des Bulletin of the Tropical Training und Research Center of the Institute of Agriculture Sciences of the OAS gekürzt: "Obwohl diese Spezies (Swietenia spp.) wirtschaftlich wichtig sind, sind alle Versuche, in Lateinamerika Anbauten im größeren Maßstab durchzuführen, wegen der häufigen Angriffe des Triebbohrers Hypsipyla grandella fehlgeschlagen."

Die rücksichtslose Exploitation aller zugänglichen Mahagonibestände in den früher spanischen Bereichen war dadurch bedingt, daß der Marine als der das Holz benötigenden Stelle die Forstnutzung übertragen wurde. In Belize herrschte zunächst eine nur von den Transportmöglichkeiten bestimmte Exploitation durch Kleinstunternehmer, wobei auch längst noch nicht hiebsreife Stämme genutzt wurden. Nach dem Anschluß an England unterstand die Mahagoninutzung in Britisch-Honduras fast ein Jahrhundert lang der Finanzverwaltung, die nur Interesse an den sehr hohen Geldeinnahmen aus den Verkäufen des Mahagoniholzes hatte, gleichgültig, ob der letzte Baum eines Gebietes zum Einschlag kam, selbst wenn er die Stärkenmaße der Hiebsreife noch längst nicht erreicht hatte. Diese Entwicklung ist um so tragischer, als künstliche Anbauten von Mahagoni in größerem Ausmaß wegen der Schäden durch die Hypsipyla-Triebbohrer nicht möglich sind und weil für ausgedehnte Naturverjüngungen die dafür nötigen samentragenden Mahagonibäume, die in den zugehörigen Waldgesellschaften stocken, fehlen. Es ist daher zu wünschen, daß von den in Guatemala und Südamerika noch bestehenden mahagonihaltigen Wäldern ausreichende Waldungen unter absoluten Schutz als Naturwaldreservate gestellt werden und daß bei den genutzten Teilen die Grundsätze der forstlichen Nachhaltswirtschaft zur Anwendung kommen, die bei der früheren Mahagonibehandlung so vernachlässigt wurden.

22. Walderhaltende und forstwirtschaftliche Maßnahmen

221. Aus anderen als wirtschaftlichen und wissenschaftlichen Gründen erfolgender Schutz von Bäumen und Wäldern

221.1. Aus kultischen Gründen

221.11 In Asien

In Indien sind Bäume seit langem Gegenstand religiöser Verehrung. Nach Rang und Dauer steht Ficus religiosa, der Bodhi tree, auf Sanskrit Aswattha, an erster Stelle. Ein in Mohendscho-Daro, einer der Hauptstädte der alten Induskultur, gefundenes Siegel, das auf das vierte bis dritte Jahrtausend v.Chr. datiert wird, zeigt in sehr ornamentaler Anordnung einen beblätterten Zweig von Ficus religiosa über zwei Einhörnern (Photographie in Gupta 1971). Ficus religiosa ist nicht nur der heiligste Baum für die Hindus, sondern auch für die Buddhisten, da Prinz Gautama (geb. um 56o v. Chr.; gest. um 48o) unter einem Bodhibaum die Erleuchtung kam und er Buddha, der Erleuchtete, wurde.

Nach Gupta sprechen Bramahnen dem Baum täglich ein Abendgebet und singen Hymnen zu seinem Preis: "Oh Aswattha-Baum! Du bist ein Gott. Du bis der König unter den Bäumen."

Ficus religiosa, eine Epiphyte mit Luftwurzeln ist eine Würgerfeige, die ihren Gastbaum meist zu Tode stranguliert. Fällen dieser Würgerfeige ist tabu. In Nordindien sah ich, wie bei einer Rodung die Würgerfeigen verschont geblieben waren. Aber nur etwa das untere Viertel stand noch, weil die Feigen ja keinen festen Stamm bilden und das aus Luftwurzeln entstandene Netzwerk vom Winde gebrochen wird.

Ficus bengalensis, englisch Banyan, symbolisiert Gott Schiva und ist daher heilig. Fällung wird öfter abgelehnt; erfolgt sie irrtümlich, so ist bei einigen Volksstämmen den in dem Baum lebenden Göttern eine Ziege zu opfern.

Troup 1921 sagt von F. bengalensis nichts von Fällungstabus, von F. religiosa teilt er dagegen mit, daß Hindus eine starke religiöse Abneigung gegen das Fällen hätten.

Die beiden Würgerfeigen sind, wie Troup sagt, "very troublesome pests in the forest operations in India." Die durch Vögel verschleppten Samen fallen in Astgabeln und Löcher anderer Bäume und verbreiten so die schädlichen Würgerfeigen. Von F. bengalensis sagt Troup: "Im Walde ist sie eine der schädlichsten epiphytischen Feigen, weil sie einen großen Raum beansprucht und dadurch nützliche Baumarten ausschließt."

Von Baumarten mit wertvollem Holz ist Shorea robusta, der in Indien und Nepal weitverbreitete Salbaum heilig, weil Buddha unter einem blühenden Salbaum geboren wurde und Nirvana in einem Hain von Salbäumen erreichte. Auf die Nutzung des Salbaums hat die Verehrung keinen Einfluß; innerhalb des Salareals sind auch nur wenig Buddhisten ansässig.

In Indien gibt es ein außerordentlich umfangreiches Schrifttum und zahlreiche Monumente, die sich mit dem Kult von Bäumen befassen, die Gegenstände zahlreicher Legenden, Mythen und Riten sind (Viennot 1954 u. Gupta 1971).

Brandis machte 1897 darauf aufmerksam, daß es in Indien sehr zahlreiche heilige Haine gab und zum Teil noch gäbe, über die aber nur sehr wenig veröffentlicht sei. Er schilderte kurz Haine aus vielen Teilen Indiens, die er besucht hatte. Besonders zahlreich waren diese in dem Trockengebiet von Rajputana. In der darin gelegenen britischen Exklave Merwara bestanden die Haine aus Anogeissus pendula, einer in Reinbeständen vorkommenden Baumart, die höchstens 12 m Höhe,aber normalerweise nur 6 m erreicht. Vor dem mit der Trockenzeit beginnenden Laubabfall sind die Blätter von einer schönen gelblich-roten Farbe. Etwas weiter südlich in schon feuchterem Klima gab es heilige Haine aus einer größeren Zahl von Baumarten, darunter auch Teak. Die Haine hier wurden nie von der Axt berührt, außer wenn Holz für Reparaturen religiöser Gebäude benötigt wurde. Bei Gorakpur in den Nordwestlichen Provinzen traf Brandis einen sehr liberalen und hilfsbereiten mohammedanischen Heiligen, der ein ewiges Feuer aus Salholz unterhielt, daß er abständigen Stämmen seines Haines entnahm, der gut geschützt in guter Verfassung war.

In Niederländisch-Indien pflegte auf Java in den stark ausgeraubten Wildholzwäldern nur Ficus elastica als heiliger Baum und Kautschuklieferant, auch wohl wegen seines minderwertigen Holzes, geschont zu werden. Die Bäume zeigten vom Abzapfen her bis in die Krone regelmäßige Messereinschnitte; sie durften also ausgebeutet und verletzt werden, aber nicht abgeschlagen (Büsgen 19o4).

221.12 In Afrika

Im humiden tropischen Westafrika werden Bäume der dort vorkommenden Ceiba pentandra (Baumwoll- oder Kapokbaum, fromager) oft als 'arbre sacré' verehrt. Der mit mächtigen Brettwurzeln ausgestattete, sehr starke, bis 6o m hoch werdende Baum mit seiner in Etagen aufgegliederten Krone ist eine auffällige Erscheinung; in Nordtogo soll er nach Metzger (1911) öfter am Rande von Haussa-Städten gepflanzt sein, um diese in der Steppe schon von weither kenntlich zu machen. Der riesige Baum ist im tropischen Amerika beheimatet, wo er das Aufsehen der Reisenden erregte; sein Bild ist Silbermünzen des 18. Jahrhunderts aufgeprägt.

Von dem in Afrika oft um Dörfer gepflanzten Baum sagt Schnell 195o: "Im allgemeinen wenig häufig in Urwäldern; seine Verbreitung scheint vornehmlich durch den Einfluß des Menschen bestimmt zu sein." Ich bezweifle, daß der sich leicht durch Samen verbreitende Baum überhaupt in Afrika heimisch ist. In Deutsch-Ostafrika bezeichnete Holtz 1913 den Kapokbaum der dort öfter angebaut wurde, ausdrücklich als dort nicht heimisch. Da er in seiner Samenwolle Kapok liefert, der zum Stopfen von Polstern und Kissen verwendet wird, erscheint es mir durchaus möglich, daß Samen mit Kapok auf Sklaventransportschiffen von Amerika nach Afrika gelangt sind. Die Bevölkerung pflanzt den Baum, der sehr rasch wächst, oft an den Eingang heiliger Wälder, die dadurch geweiht werden.

Ein weiterer Baum, von dem Exemplare verehrt und geschont werden, ist Chlorophora excelsa. Zwar war Chlorophora schon in kolonialer Zeit eine der für Möbel- und Hausbau meist genutzten Baumarten, aber bestimmte Bäume blieben besonders an Waldrändern und bei Rodungen erhalten. In Tanzania sah ich eine große Agavenfläche, die mit zahlreichen als Überhältern belassenen Bäumen aller Stärkenklassen von Chlorophora überstellt war. Aus Togo schrieb Metzger 1911, daß Chlorophora manchmals als Fetischbaum in der Nähe von Ortschaften vorkäme.

Heilige Bäume und Wälder spielten (und spielen stellenweise noch) eine wichtige Rolle. Selbst dort, wo durch menschliche Eingriffe die Wälder der Savannisierung zum Opfer fielen, blieben heilige Wälder bestehen. Die Erhaltung wurde betrieben, weil es sich um rituelle Begräbnisplätze handelte oder um Orte, an denen religiöse Weihen erteilt wurden. In Zambia nahe der Grenze zu Tanzania findet sich in einer Höhe von 135o - 153o m der Siszyawald, der nur einige acres groß ist. Während die ganze Umgebung aus Miombo-Baumsteppen besteht, die aus anthropogenen Bränden hervorgegangen sind, hat der Siszyawald als ritueller Begräbnisplatz seine ursprüngliche Bewaldung behalten (Lind and Morrison 1974). In Südwestafrika wurde Combretum primigenum, ein gutes Nutzholz liefernder Baum, als heiliger Ahnenbaum von den Hereros verehrt (Büsgen 1913).

Genaue Analysen erhaltengebliebener heiliger Wälder zeigen allerdings, daß ihre Zusammensetzung sich zuweilen verändert hat; so haben Cola- und Fruchtbäume sowie der Schibutterbaum (Butyrospermum) ihre Anteile durch menschliche Begünstigungen, wie z.B. Entfernung konkurrierender Pflanzen, vergrößern können.

221.2 Aus jagdlichen Gründen

In der gemäßigten Klimazone spielt die Jagd für die Walderhaltung eine Rolle, wie sie in den Tropen nicht erreicht wird. Immerhin wirkte sich die Jagd als walderhaltender Faktor schon früh aus. In der von 321 bis 21o v. Chr. dauernden Herrschaft der Maurja-Dynastie in Indien waren auf die Erhaltung der stets aus Wald bestehenden Jagdreviere des Kaisers und der 5 Vizekönige besondere Anstrengungen verwendet (s. Kap. 222.).

Bei den islamischen Herrschern, die von ca. 12oo ab rd. ein halbes Jahrtausend Indien regierten, bestand an einer geregelten Forstwirtschaft kein besonderes Interesse. Manche von ihnen pflegten jedoch zu jagen und unterhielten dafür bewaldete Jagdgründe. Auch als im vorigen Jahrhundert Großbritannien den größten Teil Indiens als Britisch-Indien annektierte, blieben in dem restlichen Teil 562 Fürstenstaaten übrig, deren Territorialherrn, zumal soweit sie Mohammedaner waren, zum großen Teil Jäger waren. Jagd, zumal die auf den

Tiger, erforderte Besitz geschlossener Wälder. Brandis berichtete 1871 darüber, daß sich in dem Fürstenstaat Rajputana im Besitz von adeligen Grundbesitzern (Thakurs) gut bestockte Wälder befanden, die planmäßig als Wildreservate erhalten wurden; die benachbarten in britischem Besitz stehenden Gehölze befanden sich dagegen in sehr herabgewirtschaftetem Zustand (Brandis 1871a).

221.3 Aus militärischen Gründen

In der Maurjazeit (321 - 21o v. Chr.) wurden in Indien als beste Grenzen von Königreichen Flüsse oder dichte Wälder angesehen. Es bestand also ein Interesse an geschlossenen Waldungen, in denen die Wege durch Palisaden gesperrt werden konnten. Zwischen dem äußeren Gebirgsfuß des Himalaya und der indischen Grenze erstreckt sich ein über 8oo km langer etwa 4o km breiter Flachlandgürtel, der geographisch ein Teil der Gangesebene ist, politisch aber zu Nepal gehört. Das Terai genannte westlichste Stück des langen Gürtels muß früher auch ganz mit Wald bestockt gewesen sein, aber da das flache Gelände mit die fruchtbarsten Böden von Nepal enthält, ist das meiste davon in landwirtschaftlicher Kultur. Die weiter östlich gelegenen Teile des Flachlandgürtels: Outer Foothills, Bharbar und Dun Valleys, sind dagegen bewaldet. In seinem Buch "Forests of Nepal" sagt Stainton 1972:

" In einigen Teilen scheint es also die überlegte Politik der Regierung von Nepal gewesen zu sein, eine unbevölkerte Zone gegen einen Druck von der Ebene her beizubehalten. J.H. Burkhill stellt fest, daß in einem großen Teil des Raptitals im Süden von Kathmandu von der Regierung zu Anfang des 19. Jahrhunderts planmäßig die landwirtschaftliche Nutzung eingestellt wurde, um eine Barriere von malariaverseuchten Forsten zu bilden, so daß eine Invasionsarmee hier keine Basis finden konnte."

Ein langer Gürtel malariaverseuchten Waldes, der z.T. sogar ergänzt wurde, hat also lange Zeit hindurch die Südgrenze Nepals mit Erfolg gesichert.

222. Geregelte Forstnutzung und Forstwirtschaft in vorkolonialer Zeit

Es ist allgemein bekannt, daß in Indien seit Mitte vorigen Jahrhunderts pflegliche Forstwirtschaft modernster Art eingeführt wurde. Es ist aber fast unbekannt, daß schon mehr als zwei Jahrtausende früher vor allem im nördlichen Indien gesetzliche Maßnahmen zur Walderhaltung erlassen und Verwaltungsorganisationen zur Regelung der Waldnutzung geschaffen wurden.

Bis um die Mitte des letzten vorchristlichen Jahrtausends gab es in Indien keine staatliche Kontrolle über die Wälder; jeder konnte nach seinem Bedürfnis Forstgelände und Forstprodukte nutzen (Chatterjee). Darin trat ein Wandel ein, als sich im Norden Indiens imperialistische Reiche bildete, deren Herrschern bewußt wurde, daß Forsterzeugnisse erwünschte Einnahmequellen bildeten; sie trafen daher Maßnahmen, um eine Art von Staatsaufsicht über die Wälder auszuüben.

Erst unter der Herrschaft der Maurja-Dynastie, die kurz nach dem Einfall Alexanders des Großen in Nordwest-Indien (327 - 325 v. Chr.) begann, kamen die Wälder unter effektive Staatsaufsicht und es wurden Verordnungen für ihre Organisation erlassen.

Die Bevölkerung von Indien gliederte die Wälder in 8 Forest Divisions, zu denen später noch einige weitere kamen. Ihr Gebiet reichte mit großen Unterbrechungen von Kaschmir bis zur Nordgrenze der früheren Präsidentschaft Madras und vom nördlichen Teil der späteren Präsidentschaft Bombay bis Ostbengalen. Sämtliche dieser Forstbezirke waren besonders wichtige, da in allen von ihnen Elefanten vorkamen, die schattige, dichte Wälder beanspruchen. Nach ihrer Zusammensetzung wurden die Wälder in Elefantenwälder und dornige Strauch-Gehölze aufgegliedert. Die Bezeichnung Elefantenwald wurde oft im Sinn von dichter Wald gebraucht.

Erst von 321 v. Chr. ab, dem Gründungsjahr des Maurja-Reiches, ist das Vorhandensein einer Forstbehörde bekannt. Der letzte König der vorhergehenden Dynastie pflegte Bäume aus den Wäldern seines ausgedehnten Königreichs zu verkaufen und betrachtete die Einnahmen als private; dazu bedurfte es noch keiner Forstbehörde.

Die Kenntnisse über eine Forstverwaltung sind dem Staatslehrbuch (Arthaschastra) zu verdanken, das von Kautily, dem Minister eines Vizekönigs, verfaßt ist. Die Maurja-Kaiser, von denen der dritte, Aschoka (269 - 227 v. Chr.), der größte und durch seine in Steinsäulen eingemeisselten Edikte bekannteste ist, ließen die 5 Teile ihres Reiches durch 5 Vizekönige verwalten. Die geschilderte Forstbehörde, die als Forstproduktenverwaltung bezeichnet wurde, war also eine Dienststelle bei einem Vizekönig. Der Leiter dieser Behörde hieß "The Director of Forest Produce". Als seine Aufgaben wurden in dem Staatslehrbuch u.a. genannt:

- Steigerung der Produktivität der Forsten
- Verkauf von Bäumen nach Festlegung des Preises
- Klassifizierung der einzelnen wertvolle Hölzer liefernden Baumarten (vermutlich zur Numerierung und Registrierung)
- Klassifizierung der verschiedenen Arten von Rohr (canes), Bambus, Faserpflanzen, Heil- und Giftpflanzen sowie Pflanzen, deren Blätter als Schreibmaterial benutzt wurden
- Verhängung von Strafen oder Beitreibung von Kompensationen für Forstfrevel.

Bei jeder Forstproduktenbehörde, die in der Hauptstadt jedes Vizekönigreichs bestand, war ein Holzbearbeitungswerk anzulegen, um Hölzer herzurichten, die für die Verteidigung der Stadt benötigt wurden und außerdem solche für den häuslichen Bedarf. Die Städte im Maurja-Reich waren befestigt, und zwar mit Holzpalisaden. Bei drohender Gefahr wurden auch alle Forstwege mit Palisaden gesperrt.

Besonders stark war die unweit der heutigen nordindischen Stadt Patna gelegene kaiserliche Hauptstadt Pataliputra durch Palisaden geschützt. Der Botschafter des Kaisers von Syrien, Megasthenes, der lange in der damaligen Hauptstadt lebte, hat eine aufschlußreiche Schilderung ihrer Befestigungsanlagen gegeben, die ca. 32o v. Chr. errichtet wurden.

"Die Stadt hatte den Umriß eines Parallelogramms von 9 Meilen in der Länge und 1 1/2 Meilen in der Breite. Der Palisadenwall, der überall die Stadt umgab, war ungefähr 21 Meilen lang; er hatte 64 Tore mit Zugbrücken, 57o Wachtürme und zahlreiche Schießscharten."

Über die Konstruktion dieser Palisadenanlage gibt die Ausgrabung des 1915 entdeckten Walls Auskunft. Die aufrechten Säulen haben eine Stärke von 2 Fuß (= 61 cm) mal 1 Fuß und 3 Zoll (= 38 cm); sie waren außen mit hölzernen Planken bedeckt. Zur Zeit der Ausgrabung erhoben sie sich 9 Fuß (= 2,74 m) über die unteren Flurhölzer. Diese lagen ähnlich Eisenbahnschwellen; sie maßen 1o Zoll (= 25 cm) im Quadrat und waren 12 bis 13 Fuß (= 3,66 bis 3,96 m) lang. Die Befestigungsanlagen waren ganz aus dem Holz von Salbäumen (Shorea robusta) erstellt, die aus dem Terai in Nepal stammten. Die Palisaden, Planken und die Fußbodenhölzer sowie die hölzernen Zutaten (Pflöcke, Nägel) hatten jeder Zerstörung während der 228o Jahre widerstanden.

Die Leiter der 5 Forstverwaltungen hatten also nicht nur die Aufgabe, die riesigen Mengen starker Hölzer für die Befestigungen der Städte und Zitadellen heranzuschaffen, sondern sie auf den Holzwerken so bearbeiten zu lassen, daß sie von den Bauleuten verwendet werden konnten.

Für den Außendienst in den Wäldern stand ein großer Stab von Forstwarten("Forest Guards") zur Verfügung. Im Verzeichnis ihrer Aufgaben waren aufgeführt:

- Anlage von Waldwegen, mit denen sie voll vertraut sein sollten, ebenso Wege zu Waldeingängen und -ausgängen.
- Alles, was über die Elefanten in den Wäldern bekannt war, sollten sie wissen. Mit ihrer Kenntnis und Erfahrung sollten sie den Elefantenfängern helfen, unterstützt von den Waldbewohnern und der Grenzpolizei +). Sie sollten sich stets bewußt sein, daß der Erfolg eines Königs auf dem Schlachtfeld zum großen Teil von seinem Elefantenkorps abhing.
  In jedem Elefantenwald gab es einen Superintenden of Elephants, der, wie ein Kommentar zu dem Staatslehrbuch besagt, offensichtlich dem Direktor der Forstproduktenbehörde unterstand. Unter dem Superintendent arbeiteten die Forstwarte als Team. Sie mußten ihm, der der örtliche Forstamtsleiter war, bei der Klassifikation und Registrierung der Forstprodukte, bei der Aufforstung und beim Forstschutz, mit dem sie beauftragt waren, helfen.

+) Es mag hier vermerkt werden, daß Elefantenfang und -zähmung auch heute noch in Indien eine Angelegenheit der Forstverwaltung ist; die Elefantenwirtschaft spielt vor allem in Assam eine große Rolle.

Abgesehen von Privatforsten, die vom König an Brahmanen verliehen waren, galten für die Forsten Anordnungen von Forstgesetzen, die u.a. folgende Regelungen trafen:

- Für alle Zwecke des Forest Department sollten produktive Forsten von unproduktiven unterschieden werden.
- Niemand sollte Stämme von den Holzlagern in den Wäldern ohne Genehmigung der Regierung entnehmen.
- Holzkohlen- und Feuerholzhändlern sowie Besitzer von Menagerien wilder Tiere, die im Wald gefangen waren, mußten die Instruktionen des Superintendenten befolgen.
- Niemand sollte aus irgendwelchen Gründen oder verbrecherischen Motiven im Walde Feuer anzünden.
- Niemand sollte ein Wildreservat ("Wild-life Sanctuary") betreten, was streng bestraft würde.

Detaillierte Wild- und Jagdgesetze, die durch die in Steinsäulen gemeißelten Edikte des Kaisers Aschoka, der Anhänger des Prinzips der Gewaltlosigkeit war, wirksamer wurden, untersagten das Töten bestimmter im Walde lebender Vögel und Tiere.

Zum Schluß der Ausführungen über die Forstnutzung in der Zeit des Maurjareiches seien die 6 Klassen von Forsten aufgezählt:

1. Die für die Herrscher (Kaiser, Könige) reservierten Forsten dienten deren Jagd- und anderen Vergnügungen.
2. Bedeutenden Brahmanen von den Herrschern vermachte Forsten von begrenzter Ausdehnung.
3. Die vor allem Nutzholz liefernden Staatsforsten unter Kontrolle des Leiters der Forstverwaltung.
4. Die Elefantenforsten (sich mit 3. überdeckend).
5. Jagdforsten für den allgemeinen Gebrauch, ebenfalls dem Leiter der Forstverwaltung unterstellt.
6. Dornige Strauch-Gehölze, die trotz ihrer geringeren Bedeutung nicht vernachlässigt werden sollten.

Nach dem Tode des Kaisers Aschoka begann der Verfall des Maurjareiches, das etwa 21o v. Chr. endete. Für die folgenden Jahrhunderte fehlen Nachrichten über die Forstwirtschaft, bis ca. 32o n. Chr. die Gupta-Dynastie ein bis 8oo dauerndes Imperium errichtete und die Forstwirtschaft wieder ins Licht trat. Die Quelle ist ein berühmtes Buch über die Staatskunst von Schukra. Die Kürze der Ausführungen über die Forstwirtschaft veranlaßt Chatterjee anzunehmen, daß die Vorschriften von Kautilya noch bekannt waren und daß es sich bei den Angaben in dem Buch von Schukra nur um Ergänzungen handelte. Diese waren allerdings nicht unbedeutend. Es wurde eine neue Klasse von Forstbeamten geschaffen, die für die Forsteinnahmen verantwortlich waren. Für die Waldwege (oder -schneisen) wurden 3 Klassen verschiedener Breite festgelegt, die die Wälder in 'Ranges', 'Beats' und 'Blocks' aufteilten. Der König wurde angewiesen, in den Dörfern Bäume für häusliche Zwecke zu pflanzen und in den Wäldern andere dort geeignete Baumarten.

Trotz aller Reglementierungen ging die Waldfläche während der Guptazeit jedoch zurück, und eine Anzahl in früheren Schriften erwähnter Forsten verschwand.

3. Forstwirtschaft in kolonialer Zeit

War mit der Darstellung der bis auf geringe Reste erfolgten Ausrottung der Mahagoniarten in den zugänglichen Lagen Mittelamerikas einschließlich der karibischen Inseln ein Beispiel destruktiver Forstbehandlung in kolonialer Zeit gegeben worden, so sollen nachstehend Kolonien des tropischen Bereichs behandelt werden, in denen nicht nur Forstnutzungen erfolgten, sondern auch Walderhaltung und pflegliche Forstwirtschaft betrieben wurden.

Unter tropischen Kolonien werden hier Gebiete verstanden, die von den durchweg nicht in den Tropen gelegenen Kolonialmächten zu wirtschaftlichen, militärischen oder anderen Zwecken annektiert waren, gleichgültig, ob sie als Kolonien oder Schutzgebiete bezeichnet wurden oder ob sie als Provinz einer Kolonialmacht geführt wurden und in deren Parlament vertreten waren. Auch Britisch-Indien gehört hierher, obwohl es als Kaiserreich firmierte und von den übrigen britischen Kolonien getrennt regiert und verwaltet wurde.
Es werden hier nur solche Kolonien behandelt, die zum mindesten auf Teilgebieten bemerkenswerte forstliche Leistungen aufzuweisen haben.

31. Britische Kolonien

311. Britisch-Indien einschließlich Britisch-Burma

Im zweiten Viertel des vorigen Jahrhunderts bestand in Indien und vor allem in Burma Gefahr, daß zumal dem sehr wichtigen und in mancher Hinsicht im Holz dem Mahagoni ähnelnden Teakbaum das gleiche Geschick beschieden würde wie dem Mahagoni. Nachdem 1826 die sehr teakreichen südostburmesischen Provinzen Tenasserim und Martaban britisch geworden waren, wurden trotz aller Bedenken Lizenzen zur Teaknutzung an meist britische Holzhändler als Konzessionäre vergeben. Der Teakeinschlag und -abtransport - auf dem Lande bis zum Wasser meist mittels Elefanten und dann durch Triften und Flößen - wurde in ihrem Auftrag durch einheimische Agenten durchgeführt. Die Konzessionäre zahlten der britischen Verwaltung einen Preis für jeden angelandeten Stamm.

Obwohl von Kalkutta aus immer wieder Sachverständige, vor allem Botaniker, nach Südostburma geschickt wurden, um sich über die Lage in den Teakwäldern zu unterrichten, verschlechterten sich die Verhältnisse ständig. Trotz aller Inspektionen und Berichte mit guten Vorschlägen, die aber nicht zur Durchführung kamen, führte das ohne ausreichende Kontrolle durchgeführte Konzessionssystem dazu, daß die einst so reichen Teakwälder der südostburmisischen Provinzen 1856 zum weitaus größten Teil fast leergeschlagen waren.

In der Ende 1852 in britischen Besitz gekommenen teakreichen Provinz Pegu sollte sich eine Verwüstung der Teakbestände, wie sie in Südostburma erfolgt war, nicht wiederholen. Daher wurden 1853 alle Wälder Pegus zum Regierungseigentum erklärt und ebenso Teak, der unter burmesischer Herrschaft Königsbaum gewesen war, zum reservierten Baum. Der Commissioner von Pegu erhielt auf Veranlassung des Generalgouverneurs Lord Dalhousie von der Zentralregierung Instruktionen, daß niemandem eine allgemeine Erlaubnis erteilt werden dürfte, Holz einzuschlagen. Die Bäume, die zum Verkauf und zur Fällung vorgesehen waren, sollte der Superintendent of Forests markieren; er sollte mit den Einschlag- und Transportunternehmen Verträge abschließen und Stämme auf regierungseigenen Holzlagerplätzen meistbietend versteigern. Da ein schon bald nach der Annektion von Pegu als Superintendent of Forests eingesetzter dendrologisch interessierter Militärarzt den Vorstellungen des Generalgouverneurs glaubte,nicht entsprechen zu können, bat er 1855 um seine Entlassung.

Im gleichen Jahr wandte sich die als Tochter eines englischen Missionars in Indien geborene Frau des Bonner Privatdozenten für Botanik und Pflanzenchemie Dr. Dietrich Brandis (1824 - 19o7) an ihren in Indien lebenden Bruder mit der Bitte, für ihren Mann einen etwa zweijährigen botanischen Forschungsauftrag in Indien zu erwirken. Dieser wandte sich an den Generalgouverneur, der die Stellung des Leiters der Forstverwaltung der Provinz Pegu anbot. Brandis nahm an. Auf seiner Audienz bei Generalgouverneur Dalhousie nannte er als seine Ziele folgende (Brandis 1897):

"1. Die Forsten zu schützen und soweit wie möglich zu verbessern, die Hiebe so zu führen, daß die Bestände nicht in ihrer Produktionskraft gemindert würden, um dadurch dauernd nachhaltige Holzanfälle sicherzustellen.
2. Die Bewohner der Wälder und die Bevölkerung in deren Umgebung zu meinen Freunden und Verbündeten zu machen.
3. Sobald wie möglich einen jährlichen Reinertrag zu erwirtschaften."

311.1 Nachhaltige Teakwirtschaft in Britisch-Burma

Am 16. Januar 1856 trat Brandis seinen Dienst in Rangun an. Die Provinz Pegu war zu über 9o % bewaldet; ihre Waldfläche entsprach etwa der der heutigen Bundesrepublik Deutschland. Durch das Land führende Straßen gab es nicht, nur Pfade zwischen Dörfern. Brandis führte die erstmalig im indisch-burmesischen Raum einem Beamten gestellten Aufgaben mit beeindruckender Schnelligkeit durch: Wenige Tage nach seiner Ankunft hatte er am Rangunfluß ein 2 km langes Gelände als Holzlagerplatz ausgeschieden. In rascher Folge schloß er die Verträge über Teakholzgewinnung und -transport für 1856 ab; im Oktober des gleichen Jahres konnte in Rangun schon die erste große Teakholzversteigerung stattfinden, die gute Erlöse brachte. Besonders schwierig war die Beschaffung von Arbeitselefanten, in die er sich selbst mit Erfolg einschaltete.

Um die nachhaltige Teakwirtschaft betreiben zu können, die er in seinem Programm versprochen hatte, mußte Brandis sich Unterlagen über die in den Wäldern stockenden Teakvorräte verschaffen. Schon Anfang Februar trat er daher eine fast viermonatige Bereisung an.

Bald war ihm bewußt geworden, daß nur ein begrenzter Teil der Waldungen von Pegu Teak enthielt und daß in diesen teakhaltigen Waldungen der Anteil des Teaks vielfach nur 1o % der Bäume betrug. Probeflächen waren daher für eine genaue Ermittlung des Teakanteils nicht geeignet. Brandis erfand eine neue Methode der Teakerfassung, die Streifeninventur (auch Lineartaxation genannt) nach Stammstärkenklassen.

Auf Streifen von genau festgelegter Breite ließ er von den ihn begleitenden Leuten sämtliche Teakbäume aufnehmen, und zwar getrennt nach 4 Stammstärkenklassen; auf einem Elefanten in der Mitte des Streifens reitend, nahm er die Zahlen auf. Aus Breite und Länge der Streifen ergab sich die aufgenommene Fläche. In 19 Arbeitstagen ermittelte er auf 3o Quadratmeilen 2423 hiebsreife lebende Teakbäume der Klasse I von wenigstens 6 Fuß Umfang = 58,2 cm Durchmesser in 3 Fuß vom Boden. Für die anzunehmende Fläche teakhaltiger Wälder in ganz Pegu war danach mit rd. 585 ooo hiebsreifen Stämmen zu rechnen. Da der Zeitraum, in dem die Stämme der Klasse II von 4 1/2 - 6 Fuß die Stärke der Klasse I erreichten, nach damaligem Kenntnisstand 23 Jahre betrug, aber zur Vereinfachung der Berechnungen auf 24 Jahre angesetzt wurde, konnten alljährlich rd. 24 ooo Teakbäume zum Einschlag kommen. Obwohl Brandis nur o,41 % der teakhaltigen Wälder aufgenommen hatte, wurden seine Ergebnisse durch später auf vielfach größeren Flächen durchgeführte Aufnahmen bestätigt.

Über die Bedeutung der Streifeninventur nach Stammstärkenklassen urteilte der Spezialist für Forstinventuren Professor Loetsch in einer brieflichen Mitteilung:

"Das von Brandis angewandte Verfahren ist für die damalige Zeit als revolutionär zu bezeichnen. Es stellt unseres Erachtens nach einen Wendepunkt in der Geschichte der tropischen

Forstwirtschaft überhaupt dar. Die Lineartaxation mit ihren verschiedenartigen Modifikationen ist bis heute noch eine der wesentlichen Grundlagen der Vorratsinventur in tropischen Wäldern."

Noch in seinem Ankunftsjahr legte Brandis am 16. Dezember einen wegen seiner Erstmaligkeit wiederholt nachgedruckten Bericht über die Teakforsten in Pegu vor, der genaue Angaben über die Teakwälder, die durchgeführten und geplanten Maßnahmen sowie die Ausgaben und Einnahmen gab. Angefügt war ein aufschlußreicher Tabellenteil, der u.a. einen Hiebsplan für die nächsten 6 Jahre, aufgeteilt nach den 6 ausgeschiedenen Forest Divisions, enthielt (Brandis 1856). Dem Bericht war u.a. auch eine Forstverordnung beigegeben, von der 7 Jahrzehnte später geschrieben wurde, daß sie die Grundlage für die Forstverwaltung in ganz Indien bildete (Stebbing Vol. I, 1922).

Die Teakwirtschaft in Burma hatte sich zu einem nachhaltigen und rentablen Betrieb entwickelt. Unzufrieden waren nur die Holzhändler, die beim Generalgouverneur (es war längst nicht mehr Earl Dalhousie) es trotz des zähen Widerstandes von Brandis erreichten, daß ihnen Teile der teakhaltigen Wälder als Konzessionsgebiete überlassen wurden. Als der Indienminister in London davon erfuhr, sprach der dem Generalgouverneur eine ungewöhnlich scharfe Mißbiligung aus und bekannte sich unter lobender Erwähnung von Brandis zu der von diesem eingeführten Nachhaltswirtschaft.

Trotz der Beanspruchung durch die Teaknutzung blieb Brandis Zeit für waldbauliche Maßnahmen. Schon 1857 und 1858 führte er einen großen Teakanbau durch. Weit wichtiger aber war, daß er die Möglichkeit erkannte, den Brandrodungswanderfeldbau der Bergstämme zum Teakanbau auszunutzen, indem er sie gegen Prämien veranlaßte, Teaksamen in ihre Bergreisfelder zu säen.

Hieraus hat sich das für die tropische Waldwirtschaft und für die Bevölkerung so nützliche Verfahren des kombinierten land- und forstwirtschaftlichen Anbaus entwickelt, der, z.T. hochmechanisiert, in steigendem Umfang vor allem in Indien angewendet wird.

311.2 Einführung geregelter Forstwirtschaft in Britisch - Indien

Mit dem Auftrag, die Zentralregierung und die indischen Provinzen bei der Einführung der Forstwirtschaft zu beraten, wurde Brandis im November 1862 von Burma abberufen. Am 1. April 1864 wurde er zum ersten Generalforstinspektor bei der Regierung von Indien ernannt.

Sogleich trat er ausgedehnte, meist mehrmonatige Bereisungen in nord- und zentralindische Provinzen an, die er stets zusammen mit den Leitern der Provinzforstverwaltungen, bei denen es sich vorwiegend um beurlaubte Offiziere und um botanisch interessierte Ärzte handelte, durchführte. Gegenstand der Inspektionen waren u.a. die Organisation und Personalausstattung der Forstverwaltung; die Ausscheidung und Markierung der Grenzen von Regierungsforsten, die auch reservierte Forsten (reserved forests) genannt wurden; der Schutz der Wälder gegen Weide und Feuer sowie die Erschließung von Einnahmen. Hinzu kamen Stärkenklasseninventuren von Beständen in Nordindien wichtiger Baumarten wie Salbaum und Zeder. Um die Auswirkungen der ständig wiederkehrenden Waldbrände feststellen zu können, veranlaßte Brandis die Anlage von Versuchsflächen für dauernden Feuerschutz. Eine besondere Aufgabe war die Vorbereitung eines Forstgesetzes für Britisch-Indien, das die Konstituierung von Regierungsforsten und den Erlaß von Forstverordnungen durch die Provinzen regelte; das Gesetz trat 1865 in Kraft.

Im April 1865 trat Brandis, der seit 1859 unter Fieber litt und dessen Frau 1863 gestorben war, einen Europaurlaub an. Er bereiste einen großen Teil der Forsten Deutschlands und Frankreichs, Englands und Schottlands; ferner war er in Österreich und Italien. Anschließend regelte er die Ausbildung von britischen Forstanwärtern für Indien in Deutschland und Frankreich sowie die Fortbildung von bereits in Indien tätigen Forstbeamten auf Europaurlaub. Seinem Antrag entsprechend gewann er die Forstassessoren Dr. Schlich und Ribbentrop für den Forstdienst in Indien +). Im Januar 1867 heiratete er die Tochter eines Bonner Theologieprofessors.

Im April 1867 nach Indien zurückgekehrt, schlug Brandis eine dreistufig nach Verwaltungs-, Betriebs- und Schutzbeamten gegliederte Forstbeamtenschaft vor; der Vorschlag wurde angenommen. Die Beamten der neuen mittleren Stufe, die er Rangers nannte, sollten Fachschulbildung haben.

Im trockenen Punjab, wo Wälder vielfach nur mit Bewässerung wachsen können, setzte Brandis an Stelle zahlreicher zerstreuter, wenig befriedigender Aufforstungen die Konzentration auf wenige Großaufforstungen durch, die nicht der allgemeinen Forstverwaltung, sondern einem ausschließlich damit befaßten Forstbeamten unterstanden. Diese Konzentration hat sich bis heute bewährt. In der Präsidentschaft Bombay, die praktisch keine Forstverwaltung besaß, organisierte er nach einer viermonatigen Bereisung eine funktionsfähige Forstverwaltung. Beispielhaft für viele andere indische Gebiete

---

+) Von den vielen Personen, mit den Brandis in und für Indien zusammenarbeitete, werden hier nur ganz vereinzelte genannt; sie wurden ausführlich in meiner 1975 erschienenen Biographie über Dietrich Brandis behandelt.

regulierte er dabei das Verhältnis von Forstverwaltung und Allgemeiner Verwaltung.

Akut erkrankt, mußte Brandis im Januar 1871 einen erneuten Europaurlaub antreten. Er erholte sich aber rasch und teilte schon im Sommer in Bonn seine grundlegenden Erkenntnisse über die Bedingtheiten der immergrünen und laubabwerfenden Waldformen in Indien durch Niederschläge unterschiedlicher Höhe und Verteilung mit (Brandis 1871b). An einer von ihm entworfenen vierstufigen Regenkarte Indiens - es war die erste überhaupt - belegte er 1872 diese Zusammenhänge.

Noch ehe sein Erholungsurlaub verstrichen war, erhielt Brandis vom Indienminister den Auftrag, eine von einem erkrankten Conservator of Forests begonnene Forstflora von Nordwest- und Zentralindien fertigzustellen. Über 2 Jahre hat er in Kew unter starkem Termindruck an dem umfangreichen Buch gearbeitet, das 1874 erschien.

Sehr beschäftigt haben Brandis während seines über dreijährigen Europaaufenthalts Fragen der Ausbildung der britischen Anwärter für den Forstdienst in Indien, die seit 1867 mit zweieinhalbjähriger Dauer in Deutschland und Frankreich erfolgte. 1871 inspizierte er auf Wunsch des Indienministers alle Ausbildungsstätten einschließlich der Lehrforstämter in Deutschland und Frankreich. Er berichtete wiederholt über seine Befunde und Auffassungen und betonte seit 1872 die großen Schwierigkeiten, die mit der Ausbildung in fremdsprachigen Ländern verbunden seien. Er schlug daher vor, die Ausbildung nach England zu verlegen, was aber abgelehnt wurde.

Das Vorhaben, das ihn seit Ende der 6oer Jahre immer wieder beschäftigte, war der Erlaß eines neuen Forstgesetzes. Das 1878 in Kraft tretende Gesetz berücksichtigte eindeutig ökologische und landeskulturelle, insbesondere bodenpfleg-liche und wasserwirtschaftliche Gesichtspunkte; unter Umständen gab es ihnen Vorrang vor der Holzgewinnung. Das Gesetz traf Vorsorge, daß am Walde berechtigte Einheimische bei den Ablösungen nicht übervorteilt wurden.

Ein Jahr später wurde die Zentrale Forstschule Dehra Dun am Fuße des westlichen Himalaya eröffnet, die besonders für die Ausbildung von Rangers bestimmt war. Sie enthielt auch einige Forschungseinrichtungen und war die Keimzelle der späteren stark ausgebauten ersten Forstlichen Lehr- und Forschungsinstitution der Tropen.

Nach Rückkehr von seinem zweiten Europaaufenthalt ging Brandis daran, für einzelne besonders wichtige Forstbezirke vorläufige Wirtschaftspläne aufzustellen oder doch eingehendere Vorschläge für ihre Bewirtschaftung zu machen. Darunter befanden sich auch die im Trockengebiet von Rajputana gelegenen britischen Exklaven von Ajmer und Merwara. Seine besonderen Maßnahmen verdienen auch heute noch Beachtung bei forstlichen Einwirkungen zur Boden- und Vegetationserhaltung sowie zur Wasserhaushaltspflege in Trockengebieten.

Zu der Behandlung von Forstbezirken und Distrikten kamen die auf erneuten Bereisungen beruhenden Vorschläge für die Forstbewirtschaftung und Forstverwaltung ganzer Provinzen. Für Burma stellte er von 1856 bis 1881 ständig selbst die Wirtschaftspläne aufgrund eigener Ermittlungen auf. Über die Ergebnisse seiner Bereisungen legte er gedruckte, meist auch käufliche, z.T. umfangreiche Berichte vor; insgesamt waren es 15, die er während seines letzten Indienaufenthalts herausbrachte.

Die letzte und schwierigste Aufgabe, die Brandis in Indien gestellt wurde, war die der Regelung des Forstwesens in der

Präsidentschaft Madras, die weder eine geordnete Forstverwaltung noch eine Forstgesetzgebung besaß. Die sich ständig ausbreitende Waldverwüstung auf den Gebirgen im Westen der Präsidentschaft führte nicht nur dort zu Bodenschäden, sondern gefährdete auch die Wasserversorgung der sehr ausgedehnten Trockengebiete im mittleren und östlichen Teil der Präsidentschaft. Nach heftigen Auseinandersetzungen zwischen dem Generalgouverneur von Indien und dem Gouverneur von Madras wurde beschlossen, Brandis nach Madras zu schicken, um über ihn zu versuchen, zu einer Einigung zu kommen. Nach einer viermonatigen Bereisung traf sich Brandis 1882 mit 2 Kommissionen zu Verhandlungen, die verhältnismäßig schnell sowohl bei dem Forstgesetz wie bei dem Aufbau der Forstverwaltung zur Übereinstimmung führten.

311.3 Abschließendes Wirken D. Brandis' für die forstliche Entwicklung in Indien von Europa aus

Am 21.1.1883 beendete Brandis seinen Dienst in Indien und fuhr nach Bonn, wo er bis Ende der 9oer Jahre seinen ständigen Wohnsitz hatte. Er veröffentlichte mehrere waldgeographische Darstellungen und Vergleiche der Waldvegetation größerer Räume, darunter eine noch weiter ausgearbeitete Aufgliederung des indisch-burmesischen Raums in niederschlagsbedingte Waldvegetationsgebiete. Über mehrere im indisch-burmesischen Raum wichtige Gehölzfamilien, darunter über die sehr schwierigen Dipterocarpeceen, erarbeitete er heute noch nicht überholte Monographien. Hinzu kamen zahlreiche dendrologische Mitteilungen und natürlich auch forstliche Veröffentlichungen, darunter umfangreiche aus zusammenfassender Schau. Eine umfassende Bibliographie der von Brandis verfaßten und mit ihm in Zusammenhang stehenden Veröffentlichungen befindet sich in der Biographie über Brandis (Hesmer 1975).

Da die seit 1885 in England ausgebildeten britischen Forstanwärter dort nur wenig Gelegenheit zu Übungen im Walde und keine beim Holztransport hatten, übernahm es Brandis, den Studierenden nach dem Abschluß des Studiums auf Exkursionen in Europa die notwendige praktische Ausbildung zu verschaffen.

Von 1888 bis 1896 hat er fast alljährlich in Deutschland, Österreich und in der Ostschweiz mit den britischen Studenten zunächst dreimonatige Exkursionen durchgeführt und dann später, nachdem sie auf preußischen Forstämtern eine fünfmonatige, ebenfalls von ihm organisierte Lehrzeit verbrachten, einmonatige Touren.

Ende der 90er Jahre setzte der jetzt schon 75jährige Brandis zu seinem botanischen Hauptwerk "Indian Trees" an. Nach vorbereitenden Arbeiten in Bonn ging er für 6 Jahre nach Kew, um dort und in London die großen Herbarien und die Bibliotheken auszuwerten.

Im November 1906 lag das Buch vor, das 4400 Arten behandelte. Es erlebte rasch 3 Auflagen; ein Reprint erschien 1971.

Im unabhängigen Indien wurde aus Anlaß des hundertjährigen Jubiläums der Forstwirtschaft vom Forest Research Institute in Dehra Dun 1961 eine zweibändige Festschrift herausgegeben; sie enthält zahlreiche Anerkennungen für Brandis, dessen Name der in dem Werk am häufigsten genannte ist. Am Schluß eines ausschließlich ihn würdigenden Abschnitts - eine Ehrung, die in der Festschrift nur Brandis zuteil wurde - heißt es:

"Was, so mag gefragt werden, waren die Eigenschaften dieses Mannes, der die Fähigkeit besaß, gegen heute schwer verständliche Widerstände das Werk durchzuführen, das er sich selbst vorgenommen hatte. Die Antwort ist: starke Begeisterung und unbegrenzte physische Ausdauer, verbunden mit beruflicher Integrität und unstillbarem Wissensdurst. Er überzeugte seine Vorgesetzten und spornte seine Untergebenen an. Brandis war wirklich der Gründer der Indischen Forstwirtschaft. Anläßlich der Hundertjahrfeier der Forstwirtschaft in Indien grüßen wir Forstleute ihn und erweisen ihm unsere ehrerbietige Huldigung."

311.4 Nachwirkungen der von Brandis eingeführten Forstwirtschaft in Britisch-Indien

Die ungestörte Entwicklung der von Brandis in Britisch-Indien eingeführten Forstwirtschaft in markierten Forstreservaten, das Weiterbestehen der Forstverwaltungsorganisation und die weitere Gültigkeit der von ihm veranlaßten Forstgesetzgebung wurden dadurch begünstigt, daß seine beiden 1866 in Deutschland für den Forstdienst in Indien gewonnenen, forstlich voll ausgebildeten Mitarbeiter Schlich und Ribbentrop seine Nachfolger im Amt des Generalforstinspektors wurden (Schlich von

1881 - 1885, Ribbentrop von 1885 - 1900). Selbstverständlich wurden Neuerungen eingeführt, aber im wesentlichen lief der Forstbetrieb in den von Brandis gelegten Bahnen.

Die Nachwirkungen von Brandis auf die indische Forstwirtschaft wurden bei den später wiederholt gezogenen Bilanzen der forstlichen Entwicklung sichtbar (Schlich 1922; Ribbentrop 1900). Die Fläche der reservierten Forsten wurde für 1898 mit 81 124 Quadratmeilen = 21 Millionen ha angegeben und für 1914 mit 103 003 Quadratmeilen = 26,7 Millionen ha. Die Markierung von Grenzen reservierter Forsten im Gelände, auf die Brandis immer wieder gedrungen hatte, hatte offensichtlich gute Fortschritte gemacht, denn 1898 waren 241 046 km Grenzen von insgesamt 365 714 km markierungsbedürftigen bereits markiert.

Die Erstellung von Betriebsplänen für die Forsten hatte stark zugenommen. Generalforstinspektor Dr. Schlich hatte 1884 die Errichtung eines Forsteinrichtungsamtes (Working-Plans Branch) erreicht und auch die Anordnung bewirkt, daß die Betriebspläne der Zustimmung des Generalforstinspektors bedurften. Allein in der Präsidentschaft Bengalen, also in den dem Generalgouverneur unterstellten Provinzen, wurden 1899 5,2 Millionen ha Wald = zwei Fünftel aller reservierter Forsten nach Betriebsplänen bewirtschaftet. 1920 waren in Britisch-Indien bereits für 59 520 Quadratmeilen = 15,4 Millionen ha Wald Betriebspläne aufgestellt.

Für den Feuerschutz, den Brandis sowohl für die Forst- wie für die Wasserwirtschaft für so wichtig hielt, wurden nach Ribbentrop (1900) zuletzt jährlich mehr als 300 000 Rupien ausgegeben. 1914 waren von 249 364 Quadratmeilen Wald 45 591 = 11,8 Millionen ha ganzjährig für die Viehweide gesperrt und 6699 Quadratmeilen = 1,7 Millionen ha während bestimmter Jahreszeiten.

Die Fläche an "regulären" Aufforstungen - also ohne solche außerhalb des Waldes und auf bestellten Brandrodungsflächen - war in Britisch-Indien bis 19oo auf rd. 4o ooo ha angewachsen.

Das von Brandis entwickelte und von ihm und seinen Nachfolgern geförderte Verfahren des kombinierten Anbaus von Teak mit Bergreis auf Brandrodungsfeldern fand immer stärker Anwendung. 1895 waren in Burma bereits 35 551 acres = 14 398 ha auf diese Weise mit Teak bestockt. 1897 schrieb Brandis:

"Die Karenen sind allmählich dabei, ihre nomadischen Bräuche aufzugeben, sie errichten Dauerreisfelder in den Tälern und nach Terrassierung der Hügel legen sie Gärten und Fruchtbaumhaine an. Das Geld, das sie beim Holzeinschlag und durch Teakpflanzung verdient haben, macht es ihnen möglich, Vieh zu kaufen und so allmählich in der Zivilisationsstufe zu steigen. Die Einführung systematischer Forstwirtschaft hat sich sehr nützlich für diese wilden Waldstämme ausgewirkt."

Generalforstinspektor Rippentrop stellte im Jahr 19oo, als bereits 52 ooo acres = 21 o6o ha befriedigende Teakbestände im kombinierten Anbau angelegt waren, fest, daß die dabei eingesetzten Karenen sich von bisher ausgesprochenen Waldschädigern zu loyalen Mitarbeitern der Forstverwaltung entwickelt hätten. Nach Schlich (1922) waren bis 1914 Aufforstungen mit landwirtschaftlichen Mitanbauten in Britisch-Indien 87 83o acres = 35 571 ha angelegt worden, davon allein 76 142 acres = 3o 838 ha in Burma. Von 192o bis 193o vergrößerte sich nach H.R. Blanford (1956) die Fläche der gelungenen kombinierten Teakanbauten in Burma von 32 ooo auf 48 ooo ha.

Der Anbau mit Landwirtschaftsgewächsen ist für Burma bis heute das normale Kulturverfahren für Teak geblieben und wird auch für andere Baumarten angewendet. Er breitete sich von Burma nach Indien und von dort weiter in mannigfachen Abwandlungen auf die im britischen Kolonialbesitz stehenden Länder aller Tropen aus.

Die finanziellen Erträge aus den Staatsforsten waren ständig gestiegen. Im Wirtschaftsjahr 1919/20 betrugen die Roheinnahmen der Staatsforstverwaltung 52,2 Millionen Rupien und die Reineinnahmen 21,9 Millionen Rupien.

Die Erfüllung der stark gestiegenen Aufgaben erforderte eine Vermehrung des forstlichen Personalbestandes. Im Staatsdienst waren 1900 eingesetzt:

200 Forstverwaltungsbeamte
437 Rangers
1.226 Deputy Rangers und Foresters
8.533 Guards

Zu der Verbesserung des Ausbildungsstandes der einheimischen Forstbediensteten trug die von Brandis ins Leben gerufene Zentrale Forstschule Dehra Dun erheblich bei; bis 1898 wurden von der Forstschule insgesamt 343 Zeugnisse für Rangers und 105 für Teilnehmer an Kursen in hindustanischer Sprache ausgestellt. 1906 wurde die Forstschule in Imperial Forest College umbenannt, das weiter der Rangerausbildung diente. Gleichzeitig wurde ein Forest Research Institute mit 6 planmäßigen Forschungsstellen für Waldbau und Betriebsregelung, Zoologie und Botanik sowie Wirtschaftslehre und Chemie eingerichtet. Vor und nach dem Ersten Weltkrieg wurden für die Lehr- und Forschungseinrichtungen große Bauten in der Umgebung der Stadt Dehra Dun errichtet. 1926 begann, wenn auch mit Unterbrechung und in geringem Ausmaß, die Ausbildung von Forstverwaltungsbeamten für den Indischen Forstdienst in Dehra Dun. Daneben blieb dort bis heute die getrennt geführte Rangerschule als 'Northern Forest Rangers College'.

Ebenso wie der Ausbau der Forstverwaltung und die Ausbildung des Forstpersonals in Indien nach dem Tod von Brandis in seinem Sinne weitergeführt wurden, geschah dies im vegetationskundlichen Bereich. Auf seinen Arbeiten aufbauend, erschien 1921 das dreibändige Werk "The Silviculture of Indian Trees" von R.S. Troup, Professor der Forstwirtschaft in Oxford, der vorher im Indian Forest Service tätig gewesen war. Darauf folgte 1936 der umfassende "Preliminary Survey of the Forest Types of India and Burma" von H.G. Champion, damals Silviculturist, Forest Research Institute, Dehra Dun, und später Professor der Forstwirtschaft an der Universität Oxford und Direktor des Commonwealth Forestry Institute.

Viel Unterstützung erhielten die forstlich wenig entwickelten britischen Kolonien von Angehörigen des Indischen Forstdienstes, die sich entweder nur kürzere Zeit als Gutachter oder für längere Tätigkeiten dort aufhielten.

Schlich führt 1922 folgende Länder auf (S. 47): Süd-, West- und Ostafrika, Australien, Britisch-Honduras, Ceylon, Malaiische Staaten, Mauritius, Neuseeland, Sudan, Zypern.

312. Südafrika

Fast gleichzeitig mit Britisch-Indien begannen Mitte des vorigen Jahrhunderts in der britischen Kapkolonie Bestrebungen, Walderhaltung und Forstwirtschaft einzuführen. Für rd. 15o Jahre war das Kapland jedoch schon im Besitz der Niederlande gewesen, in deren Territorium die Niederländisch-Ostindische Kompanie wirtschaftete. In dieser Zeit waren in Südafrika Leute der Kompanie an Holzhauerposten plaziert, deren Aufgabe das Fällen, Aufarbeiten und der Transport von Nutzholz war, das für Zwecke der Kompanie in Kapstadt und Umgebung benötigt wurde; die Holzhauer unterstanden den Landdrosten. Daß die Einschläge nicht immer einwandfrei, aber auch nicht ganz unkontrolliert erfolgten, geht aus Bekanntmachungen der Kompanie von 1786, 1788 und 1792 hervor, in denen die Aufmerksamkeit der Behörden auf die Verhinderung forstlicher Unregelmäßigkeiten und Mißwirtschaft gelenkt wurde (Phillips 1963). Die jetzt zum Nationalmonument erklärte Ruine eines sehr großen Gebäudes, das 1788 als Holzlager der Niederländisch-Ostindischen Kompanie in der Plettenberg-Bay (ca. 5oo km östlich von Kapstadt) in Betrieb genommen wurde, zeigt das Ausmaß der Holzwirtschaft in holländischer Zeit an.

Die imposantesten und früher holzwirtschaftlich wichtigsten Baumarten des südafrikanischen subtropischen Waldes sind die Yellowwods (Podocarpus elongatus, falcatus und thunbergii). Die Laubbäume und der Strauchunterstand sind durchweg immergrün und haben den Charakter von subtropischen Lorbeergehölzen. Arten mit wertvollem Holz sind: Ocotea bullata (Stinkwood, ein früher viel exportiertes Holz), Ptaeroxylon utile (Sneezewood, Nießholz), Apodytes dinudiata (White Pear), Olea laurifolia (Black Ironwood), Buxus macowani (Cape Box) u.a. (Schlich 1922, S. 2o7/2o8). Die Wälder, von denen die meisten inzwischen vernichtet wurden, stockten vor allem in den südlichen Bergländern Südafrikas in Schluchten, steilen Tälern und nach der See gerichtten Bergflanken. (Schlich 1922, S. 2o7). Nach starken Waldverlusten während der Kolonialzeit betrug die Fläche der einheimischen, aber gewiß nicht mehr unberührten Wälder 1918 nur noch 2361 Quadratmeilen = 6115 Quadratkilometer, gleich 0,5 % der Landesfläche (Schlich 1922, S. 2o6).

18o6 traten die Briten die Herrschaft am Kap an. Das Jahrhundert war von Auseinandersetzungen mit den sich nach Norden zurückziehenden holländischen Buren erfüllt. 191o schloß die britische Regierung Transvaal, den Oranje-Freistaat, Natal und die Kapkolonie zur Südafrikanischen Union als Dominium zusammen, das sofort die innere Autonomie erhielt und sich bis zum Ende des ersten Weltkriegs zum unabhängigen Staat entwickelte.

Bald nach der 1806 erfolgten Übernahme des Kaplandes durch die Briten wurde ein "Inspector of Government Lands and Forests" ernannt, der sich aber um seine zweite Aufgabe nur wenig kümmerte.

Der Governor bestimmte auf Anregung der Admiralität die Reservierung eines Waldgeländes für Regierungszwecke. In der Proklamierung wurde ferner die Abstellung der derzeitigen waldverwüstenden Praktiken gefordert. J. Phillips schrieb in seiner 1963 erschienenen Forstgeschichte Südafrikas: "Von 1826 bis 1846 waren fast alle Wälder in Vergessenheit geraten, außer denen, aus denen das Holz gestohlen wurde." Später schrieb er: "'Laissez faire' war der Geist der Forstpolitik in der Periode 1821 - 1855."

Ernsthafte Bestrebungen zur Walderhaltung und geregelter Waldnutzung setzten erst ein, als Hauptmann Christopher Harison 1856 zum ersten Conservator der Kronforsten ernannt wurde; fast 4 Jahrzehnte lang war er in verschiedenen Gebieten Südafrikas tätig. Sein Bestreben war zunächst, den Verkauf von Waldflächen aus Regierungsbesitz zu verhindern oder doch zu mindern. Von einem Komitee, das vom 'Cape House of Assembly' 1874 gebildet wurde, um die Forstverhältnisse zu untersuchen, wurde der Vorschlag gemacht, daß der Wald in kleinen Losen an arme Leute verkauft werden sollte; ein Preis je acre wurde vorgeschlagen.

Es war ferner das Bestreben von Harison, die Holzeinschläge zu konzentrieren, um sie besser überwachen zu können; auch sollte statt der laufenden Holzverkäufe alljährlich jeweils nur ein großer Verkauf vorgenommen werden. Die Wälder sollten zur Vermeidung illegaler Hiebe gesperrt werden. Die Handhabung von Lizenzen und des Verrechnungswesens wurden genau geregelt.

Trotz allem ging der Abbau der Wälder weiter. "... we are now mining our forests instead of farming them" schrieb Harison in seinem Jahresbericht 1867/68 (Phillips 1963).

Die oft sehr starken Podocarpus-Bäume machten den Holzbauern beim Fällen und Transport Schwierigkeiten. Um diese zu überwinden, wurden auf eine Lizenz 25 % mehr gegeben, wenn das Holz bona fide von einem starken Baum stammte. Harison meinte 1923, daß das vielleicht der Grund sein, daß sich so wenige dieser majestätischen Bäume in den Wäldern fänden.

188o wurde Comte de Vasselot, ein fachlich ausgebildeter französischer Forstverwaltungsbeamter als erster Superintendent of Woods and Forests nach Südafrika berufen, wo er bis 1891 wirkte. Zwischen Harison und dem Grafen entstanden bald Differenzen in den forstlichen Auffassungen.

1883 kam ein britischer studierter Forstmann nach Südafrika, der dort fast 2 Jahrzehnte wirkte: D.H. Hutchins (185o - 192o), später Sir und Chief Conservator. Hutchins war zunächst in Indien eingesetzt, wo ihn Brandis 1882 für einige Monate beurlauben ließ, damit er für seine Planungen genaue Ermittlungen der Zuwachsleistungen von Eucalyptus globulus auf den Nilgiris durchführte. Da er das hochtropische Klima in Indien schlecht vertrug, ließ er sich 1883 in die Kapkolonie versetzen, wo er zunächst als Conservator beim Cape Forest Service tätig war. Nach dem Rücktritt von Harison übernahm er 1888 dessen Conservancy, bis er 1892, nachdem der Vertrag mit Comte de Vasselot nicht verlängert worden war, nach Kapstadt versetzt wurde. Phillips (1963) schrieb über Hutchins:

"Hutchins versuchte viel. Sehr an exotischen Baumarten und ihrer Einführung in den Wald und "fynbos" (Gebüsch) interessiert und eine ausgedehnte Korrespondenz mit der forstlichen Welt führend, war er in der Lage, Saatgut von zahlreichen Gattungen und Arten von vielen Teilen der Erde zu Versuchszwecken zu erhalten. Obwohl die Kenntnis, die Hutchins von den einheimischen Wäldern besaß, nicht tief war, verdient er Anerkennung für die frühesten Pflegehiebe (improvement fellings) im großen Stil und für seine Versuchsunterpflanzungen mit exotischen Baumarten.

In vielfacher Hinsicht war Hutchins der Vater der Idee, daß Südafrika mehr von der Pflanzung exotischer Bäume abhänge als von den langsamwüchsigen einheimischen Wäldern auf beschränktem Areal. Hierfür verdienen sein Name und sein Andenken große Achtung in der Forstgeschichte Südafrikas."

In dem Nachruf, der 1921 auf Hutchins erschien, wurde gesagt, daß die Fläche, die in Südafrika auf seine Veranlassung mit exotischen Baumarten bepflanzt wurde, 73 ooo acres = ca. 3o ooo ha betrug.

Der Anbau von exotischen Baumarten vollzog sich sehr rasch. Nachdem um 188o die Anlage von Gold- und Diamantengruben einsetzte, war der Anbau von Koniferen, in erster Linie Kiefern, sowie von Eucalyptus dringend, um die kostspieligen Importe von Gruben-, Bahn- und Bauholz sowie von Papier aus Überseee zu vermindern. Heute führt Südafrika Zellstoff aus.

Wie richtig Hutchins mit seinen Auffassungen lag, zeigt die von Persson 1974 mitgeteilte Bilanz, in der es von den einheimischen Wäldern in Südafrika heißt, daß sie keine wirtschaftliche Bedeutung hätte. Dagegen wurde die mit exotischen Baumarten bepflanzte Fläche für 1971 mit 1 o25 ooo ha angegeben; sie ist inzwischen auf über 1,1 Millionen ha gestiegen. 1969 entfielen von den 959 ooo ha Pflanzbeständen Südafrikas 471 ooo ha auf Kiefern und andere Koniferen, 29o ooo ha auf Eucalyptus und 191 ooo ha auf Gerberakazien. Nach World Wood (1976 No. 6, S. 65) wurden 1975 in Südafrika 28 575 ha mit Bäumen bepflanzt.

Eine besondere Entwicklung nahm der um 1864 oder 1865 in Natal beginnende Anbau der im südöstlichen Australien beheimateten Gerberakazie, deren Rinde lufttrocken einen Gerbstoffgehalt von über einem Drittel des Gewichts aufweist. Der Name der Gerberakazie ist im englischen Sprachbereich wegen ihrer dunklen Rinde Black Wattle. Die wissenschaftliche Benennung hat dagegen viele Schwierigkeiten bereitet.

Black Wattle wurde seit langem nach Willdenow entweder als Acacia decurrens (Wendl.) Willd. var. mollis Lindl. oder als Acacia mollissima Willd. bezeichnet. S.P. Sherry vertritt in seiner 1971 erschienenen Monographie "The Black Wattle" die Auffassung, daß diese Bezeichnungen nach den Nomenklaturregeln unkorrekt sind und daß die richtige Beschreibung und Benennung erst 1925 von De Wildemann als Acacia mearnsii De Wild. erfolgte; kurioserweise geschah dies an einem in Ostafrika verwilderten Akazienexemplar.
In der Frühzeit des Anbaus in Deutsch-Ostafrika wurden zuweilen Samen von Acacia dealbata (Silver Wattle), Ac. melanoxylon (Blackwood) und Ac. pycnantha (Golden Wattle) bestellt und geliefert, von denen die ersten beiden keine Gerbstoffe enthalten und die dritte wesentlich weniger als Black Wattle.

Der sich in Natal konzentrierende Gerberakazienanbau dehnte sich lange Zeit hindurch ständig aus, wie die folgenden Zahlen belegen.

Nach einem Bericht des deutschen Forstmanns Schöpflin für 1891/92 gab es damals in Natal im Besitz einer Privatgesellschaft eine Gerberakazienanlage von 5oo - 6oo ha (Brandis 1894).
1897 betrug die Anbaufläche in Natal 6ooo ha, 19o8 48 ooo ha und 1914 79 ooo ha (Zimmermann 193o).

192o waren bereits 126 36o ha mit Gerberakazien bepflanzt, davon 97 2oo ha in Natal.
1969 waren in Südafrika 191 ooo ha mit Gerberakazien bestockt (Persson 1974).

An Exporten von Erzeugnissen der Gerberakazie aus Südafrika wurden genannt:

Nach einem Bericht des deutschen Konsulats in Durban vom 2.2.1912 wurden 191o nahezu 46 ooo t an Gerbrinde von Durban ausgeführt. "Von dieser Ausfuhr geht nach hiesiger fachkundiger Schätzung etwa 4/5 nach Deutschland." Ein Bericht vom 12.6.1912 gab als Export für 1911 von Durban aus 49 4o7 t an. Von dieser Menge gingen nach Informationen des Konsulats etwa 7/8 nach Deutschland. Dieser hohe Anteil des Exports nach Deutschland soll in der Statistik nicht zum Ausdruck kommen, weil die britischen Schiffe zunächst nach London fuhren und dann weiter nach Hamburg; die ganze Gerbrindenladung ist aber auf London gebucht (Akten des Kaiserl. Gouvernements von Deutsch-Ostafrika betr. Akazien Vol. III, S. 1o3 u. 1o5).
Nach Schlich (1922, S. 2o9) wurden 1919 bereits 62 ooo t Tannin exportiert.

313. Schaffung der Grundlagen des Forstwesens im Britischen Empire

Bald nach Ende des Ersten Weltkriegs, in dem die Versorgung mit Bau- und Grubenholz in Großbritannien nur knapp dem Zusammenbruch entging, wurde durch Gesetz (Forest Act 1919) eine 'Forestry Commission' aus 8 vom König ernannten Mitgliedern (Forestry Commissioners) gebildet (Schlich 1922, S. 111). Ihre Aufgabe war die Förderung der Interessen der Forstwirtschaft, insbesondere die Entwicklung der Aufforstung und der Holzversorgung in Großbritannien. Es mag hier vermerkt werden, daß die Aktivitäten der Kommission entscheidend dazu beitrugen, die Holzversorgung Englands bis zum zweiten Weltkrieg zu verbessern.

Die Kommission beschränkte ihre Aufgaben aber keineswegs nur auf das Mutterland. Eine ihrer ersten Aufgaben war, eine 'British Empire Forestry Conference' zu organisieren, zu der Delegierte aus allen Teilen des Empire eingeladen wurden. (Schlich 1922, S. 47 u.). Den Einladungen waren Fragebögen beigefügt, nach deren Disposition genaue Angaben über die forstlichen Verhältnisse aller Teile des Empire gemacht werden sollten. Diese Auskünfte sollten Unterlagen für die Erarbeitung einer Forstpolitik im Britischen Empire liefern. 34 Auskünfte gingen ein, die 517 Foliodruckseiten füllten. Auszüge daraus enthält Schlich's Manual of Forestry, Vol. I. Forest Policy in the British Empire, 4. Ed., London 1922.

Die 192o in London mit 43 Delegierten aus allen Erdteilen tagende British Empire Forestry Conference nahm mit einer Ausnahme alle Entschließungen einstimmig an, z.B. daß, wo es noch nicht geschehen sei, Forstgesetze oder Forstverordnungen erlassen werden sollten; daß geeignetes Forstgelände für ausschließlich forstliche Zwecke reserviert werden sollte und zahlreiche andere Empfehlungen. Der einzige Tagespunkt, der durch eine Kommission besonders behandelt wurde, betraf die Frage, ob das forstliche Studium an einem Forstinstitut oder an einer Universität erfolgen sollte; sie wurde zugunsten der Universität entschieden (Schlich 1922, S. 59).

Die Konferenz beschloß, alle 2 Jahre in einem anderen Land zu tagen. Gleichzeitig wurde ein 'Imperial Forestry Bureau' und eine 'Empire Forestry Association' konstituiert, Einrichungen, die auch heute noch als Commonwealth-Institutionen nützliche Arbeit leisten. Die Association gibt seit 1921 die 'Commenwealth Forestry Review' heraus, die forstliche Themen der Commonwealthländer behandelt.

314. Kenia

Kenia enthält ausgedehnte Hochländer in 15oo bis 2ooo m Höhe und darüber, die von einzelnen erloschenen Vulkanen überragt werden (Mt. Kenia, 5194 m). Die wertvollsten Forsten stocken in den Bergländern: Juniperus procera und mehrere Arten von Podocarpus. Von dem Riesenwacholder (African Pencil Cedar), der das beste Nadelholz liefert, sagt Wimbush 1957: "Der Baum ist sehr verbreitet,und die Versorgung mit Stammholz ist reichlich." Von Podocarpusarten, unter denen P. gracilior und milanjianus die wichtigsten sind, heißt es ebenda (S. 63): "Eine ungefähre Schätzung von 1941 ergab, daß in zugänglichen Lagen nicht weniger als 25 Millionen cubic feet Stammholz vorhanden waren, davon etwa 15 Millionen Podocarpus gracilior." Als wirtschaftlich wichtigste einheimische Laubbaumart in Kenia wurde Olea welwitschii angeben (Logie a. Dyson 1962). Die einheimischen Laubwälder, die zum großen Teil an Berghängen stocken, bereiten der Fällung und dem Abtransport erhebliche Schwierigkeiten (Persson 1974, S. 76).

Leider wachsen, wie ausgedehnte Anbauversuche ergaben, die einheimischen Nadelbäume langsam; außerdem treten bei Podocarpus gracilior Verdrehungen bewirkende Pilzschäden und bei Juniperus procera Befall durch einen Kernholzbohrer auf (Commonwealth For. Review 1971, Golden Jub. Number, S. 138), so daß sie für den Anbau keine Rolle mehr spielen. Dafür haben sich mexikanische Baumarten (Pinus patula und Cupressus lusitanica) sowie die kalifornische Pinus radiata sehr bewährt. Das Verdienst, diese Anbauten veranlaßt zu haben, kommt D.E. Hutchins zu, der, nachdem er fast 2 Jahrzehnte in Südafrika gewirkt hatte, nach der Jahrhundertwende in Britisch-Ostafrika tätig wurde. Auf Grund von meteorologischen Überlegungen hielt er mexikanische Nadelbäume für das ostafrikanische Hochland aussichtsvoll. 19o6 brachte er in Nairobi eine mit Maschine geschriebene Denkschrift "Forests and climate of Mexico and Central America" heraus. 19o9 erstellte er mehrere Denkschriften, z.T. für das Parlament, über dieses Thema. In einem 1914 im Druck erschienenen Beitrag "Mexican Forest Flora in South Africa. Extension of the Mexican Forest Flora to the Plateau Country of South Africa" wies er auf gute Erfolge mit Pinus patula hin sowie auf Aussichten für mexikanische Zypressen.

In dem Bericht für die 192o tagende British Empire Forestry Conference hieß es aus Kenia, daß Pflanzungen in den Staatsforsten erfolgten und daß große Baumschulen für schnellwüchsige exotische Baumarten errichtet wurden; die Pflanzen wurden zum Kostenpreis an Interessenten abgeben. Außerdem erfolgten Beratungen.

Das Ergebnis dieses planvollen Vorgehens ist, daß nach Persson (1974) 1967 folgende Anbauten in den Staatsforsten von Kenia bestanden:

Exotische Zypressen	54 300 ha
" Kiefern	54 600 ha
Andere exotische Koniferen	9 100 ha
Exotische Koniferen insgesamt	118 000 ha
Einheimische Koniferen	4 600 ha
Koniferen insgesamt	122 600 ha
Einheimische Laubhölzer	4 500 ha
Exotische Laubhölzer	10 700 ha

Die Regierungsprogramme sehen jährliche Anbauten von 6000 ha Nadelbäumen vor (je 45 % davon Kiefern und Zypressen).

Private Anbauten auf Farmen erreichten 141 000 ha.

Die Nadelholzanbauten, die vor allem in Höhenlagen zwischen 1500 und 2300 m erfolgen, wurden in Kenia zum größten Teil im dort 'shamba' genannten kombinierten land- und forstwirtschaftlichen Anbau durchgeführt (Hesmer 1966).

Da Gefahr besteht, daß die einheimischen Nadelbäume von den exotischen verdrängt werden, ist es sehr zu begrüßen, daß die alten Bestände von Riesenlebensbäumen, die Höhen bis 40 m und Durchmesser von 1 1/2 m erreichen und die zu den eindrucksvollsten Gebirgswäldern Afrikas gehören, zum Teil unter Naturschutz gestellt wurden, z.B. die oft mit Podocarpus unterstellten Bestände am Keniaberg.

315. Nigeria

Der Regenwaldgürtel, der sich, vom Atlantik durch Mangroven und Süßwassersümpfe getrennt, im Süden Nigerias ursprünglich geschlossen, aber auch heute noch auf ausgedehnten Flächen 80 bis 160 Kilometer breit parallel der Küste hinzieht, genießt einen besonderen Ruf wegen seines Gehalts an Werthölzern, von denen die als afrikanisches Mahagoni bezeichneten Meliaceegattungen Khaya und Entandrophragma wegen ihrer Schönheit und guten technischen Eigenschaften besonders geschätzt wurden und werden. Hinzu kommen wertvolle Konstruktionshölzer wie Lovoa trichiloides (klaineana Dibetou) und Guareaarten sowie als Schälhölzer Terminalia superba (Limba) und Triplochiton scleroxylon (Abachi).

Landeinwärts schloß sich an den immergrünen Regenwald Anfang der 2oer Jahre noch ein Gürtel von hohen geschlossenen, in Anpassung an eine ausgeprägte Trockenperiode laubabwerfenden Wäldern an. Dieser Waldgürtel enthielt, zumal längs Flüssen, wertvolle Hölzer, ist aber inzwischen stark abgenutzt und erscheint auf der Vorläufigen Karte der Vegetationszonen Nigerias von 1953 (Maßstab 1: 3 Millionen) als Anthropogene Savanne mit Waldresten (Derived Savanna Zone with relict Forest). Die immergrünen und die hohen geschlossenen laubabwerfenden Wälder werden in Afrika öfter als Hochwälder oder dichte Wälder zusammengefaßt (high oder closed forests; forêts denses).

Mit der 19o3 erfolgten Ernennung des aus dem Indischen Forstdienst kommenden H.N. Thompson zum Conservator of Forests wurde der Nigerian Forest Service installiert. Thompson blieb während der nächsten 26 Jahre die beherrschende Figur in der westafrikanischen Forstwirtschaft des britischen Bereichs (Thompson, H.N., 1926). Es mag vermerkt werden, daß er darauf drang, die Baumarten nicht mit wechselnden lokalen Namen, sondern mit einheitlichen wissenschaftlichen zu bezeichnen.

Eine Besonderheit von Nigeria (und Ghana) war, daß es fast keine oder keine Staatsforsten gab, in Nigeria 192o 1,43 %. Der übrige Wald war im Besitz von Körperschaften (Kommunen, Regionen, Stämmen u.a.) <u>(Schlich 1922, S. 311)</u>.

Während des ersten Jahrzehnts bestand die Hauptaufgabe von Conservator Thompson in der Kontrolle der Mahagoniexploitation. Nach dem ersten Weltkrieg wurde dann die Ausgliederung von Waldflächen dringend, die als reservierte Forsten zur ständigen ausschließlichen forstlichen Bewirtschaftung bestimmt waren. Thompson war die Bedeutung der reservierten Forsten von Indien her bekannt. In Nigeria machte ihre Bildung dadurch besondere Schwierigkeiten, daß sie nicht ohne die Zustimmung der Eigentümer gebildet werden konnten (Schlich 1922, S. 313). Alle möglichen Widerstände waren daher zu überwinden, ehe die Pläne für die Forstreservate aufgestellt werden konnten, die nach wie vor im Eigentum der einheimischen Besitzer blieben, an die die Einnahmen aus den Nutzungen abgeführt wurden (Commonwealth Forestry Review 1971, Golden Jub. Number, S. 141; Schlich 1922, S. 313). Insgesamt waren 1974 an reservierten Forsten ausgegliedert: ca. 2 Millionen ha im Hochwald und 7 - 7,7 Millionen ha im Gebiet der locker mit Gehölz bestockten Savannen; insgesamt belaufen sich die Forstreservate in Nigeria auf etwa ein Zehntel der Landesfläche (Roche 1974, S.179). Für die Bereitstellung von Exporthölzern spielen auch die Einschläge aus nichtreservierten Hochwäldern, die Anfang der 7oer Jahre auf 2,5 Millionen ha geschätzt wurden, eine erhebliche Rolle. Sie sollen damals etwa die Hälfte der Exporthölzer geliefert haben. Auf die Dauer werden wahrscheinlich nur die reservierten Forsten übrigbleiben (Persson 1974, S. 85/86). World Wood (1975) schätzt die Fläche der commercial forests 1975 auf 2 o27 ooo ha.

Die Hoffnung, daß sich die nigerianischen Regenwälder nach dem Aushieb der wertvollsten Exporthölzer selbst ergänzen würden und daß nach einem längeren Zeitraum eine erneute Nutzung möglich sein würde, stellte sich als Irrtum heraus (Commonwealth Forestry Review 1971, Golden Jub. Number, S.141).

Mitte der zwanziger Jahre war man sich klar darüber geworden, daß Forstkulturen nötig waren, wenn neue Bestände heranwachsen sollten.

Um Anregungen für die Aufforstungen zu erhalten, bereiste der Waldbaureferent des Forstdepartements von Nigeria, J.D. Kennedy, - gewiß auf Veranlassung von Conservator Thompson - zahlreiche Waldgebiete Britisch-Indiens. Er wurde besonders von den dortigen Erfolgen des kombinierten land- und forstwirtschaftlichen Anbaus beeindruckt und war überzeugt, daß dieser sich auch in Nigeria bewähren würde.

Bereits 1927 wurden in Sapoba (Benin Forest Division, Western Provinces) planmäßig kombinierte Anbauten gestartet, die sehr erfolgversprechend verliefen und bald erheblich ausgedehnt wurden. In Sapoba entwickelte sich ein einmaliges Versuchszentrum für kombinierte Anbauten mit verschiedenen einheimischen und exotischen Baumarten, und zwar zum erheblichen Teil auch solchen, die Werthölzer liefern sollten, z.B. Entandrophragma- und Khayaarten, Lovoa trichiloides, Nauclea diderichii, Terminalia ivorensis, Cedrela und Teak. Besondere Berücksichtigung fand der Anbau schnellwüchsiger Baumarten wie Triplochiton scleroxylon (Abachi). Ebenso wie mit verschiedenen Baumartenmischungen wurde mit verschiedenen Landwirtschafts- und Plantagengewächsen experimentiert.

Über die beim kombinierten land- und forstwirtschaftlichen Anbau angewandten Verfahren, die Organisation und die erzielten Ergebnisse habe ich nach 1963 und 1965 durchgeführten Bereisungen einen ausführlichen Bericht gegeben (Hesmer 1966), aus dem nachstehend einige kurze Abschnitte die erzielten Fortschritte zeigen.

"Die holzwirtschaftlich so wichtigen Wälder in der Benin Division waren und sind Besitz des Benin Council, für den sie durch die Benin Division der Staatsforstverwaltung bewirtschaftet werden+). Ein Viertel davon hatte bereits den Status von Forstreservaten. 1935, also im gleichen Jahr, in dem sich abzeichnete, daß die Holzwirtschaft sich in Sapele, wo ein großes Sperrholzwerk errichtet wurde, sehr entwickeln würde, erklärte sich der Benin Council, der aus seinen Wäldern hohe Einnahmen bezog, bereit, weitere 1000 Quadratmeilen = 259 000 ha Wälder zu Forstreservaten zu machen unter der Bedingung, daß jährlich 1000 acres = 405 ha für die landwirtschaftliche Hackbaubestellung im Zuge des kombinierten Anbaus zur Verfügung stünden.

Die Bedingungen dafür waren im Beningebiet gut, da nicht nur die Ausscheidung der Forstreservate, sondern auch die vielen Gummi- und Ölpalmenplantagen das für den Hackbau verfügbare Land beschränkten. Die Farmer lernten es außerdem bald schätzen, daß ihnen alljährlich ein Stück guten Waldlandes anstelle des sonst nur verfügbaren, vielfach übernutzten und verarmten Bodens zur Verfügung gestellt wurde und fügten sich im allgemeinen in den Betrieb ein. Im Wege des kombinierten Anbaus war es möglich, bis Ende 1960 im Bereich der Benin Division des Forstdienstes 3960 ha Forstkulturen mit sehr geringen Kosten anzulegen. Inzwischen wurden dort umfangreiche neue Flächen in gleicher Weise aufgeforstet. Die sehr guten Erfolge mit dem kombinierten Anbau im Beningebiet in Mittelwestnigeria

---

+) Zu den Aufgaben der Forstverwaltung gehören in Nigeria vor allem Betriebsregelung, Waldbau und Wegebau, nicht dagegen der Holzeinschlag, der, allerdings unter Kontrolle der Forstverwaltung, vom Holzkäufer durchgeführt wird.

veranlaßten seine Anwendung außer in vielen anderen Forsten im größeren Umfang auch in Ostnigeria."

Die Aufforstungsfortschritte im laufenden Jahrzehnt veranschaulichen die nachstehenden Angaben:

Auf dem 1973 in Ibadan abgehaltenen FAO-Seminar "Shifting Cultivation and Soil Conservation in Africa" hielt der Professor für Forstwirtschaft und Leiter der Forstabteilung der Universität Ibadan, L. Roche, einen Vortrag: "The practice of Agri-Silviculture in the Tropics with special reference to Nigeria". In diesem den kombinierten land- und forstwirtschaftlichen Anbau befürwortenden Referat wurde mitgeteilt, daß in den südlichen Staaten jährlich 8000 ha Naturwald abgetrieben und zusammen mit landwirtschaftlicher Bestellung mit schnellwüchsigen Baumarten aufgeforstet würden.
Persson (1974) gibt für 1967 folgende Aufforstungsflächen an, ohne zu sagen, daß sie vorwiegend aus kombinierten Anbauten hervorgegangen sind:

Kiefern	12 ha
Andere Koniferen	10 ha
Eukalyptus	3 480 ha
Teak	7 490 ha
Andere Laubbäume	24 600 ha
	35 592 ha

Der ungewöhnlich große Anteil anderer Laubbäume neben Teak und Eukalyptus ist für die Aufforstungen in Nigeria typisch. Für 1970 gibt Persson schon 69 630 ha Aufforstungen an, davon 54 930 ha in der Hochwaldzone. Nach World Wood (1975 No. 8, S. 62) wurden 1974 13342 ha aufgeforstet.

Es ist bemerkenswert, daß die Art der Aufforstungen in Nigeria, die in der kolonialen Zeit begannen und nach der 196o erreichten Unabhängigkeit fortgeführt wurden, stark durch Einwirkungen aus Indien beeinflußt wurden.

316. Trinidad

Eine der kleinsten britischen Kolonien, die vor der Orinocomündung liegende Insel Trinidad nebst der dazugehörigen kleinen Insel Tobago, hat verhältnismäßig früh besondere forstliche Beachtung und Förderung erfahren.

1887, zwei Jahre bevor die beiden britischen Inseln verwaltungsmäßig vereinigt wurden, besuchte E.D.M. Hooper vom Indian Forest Service, der vorher schon Britisch-Honduras inspiziert hatte, Tobago. 19oo wurde der ebenfalls dem Indischen Forstdienst angehörige F. Lodge aufgefordert, Trinidad zu bereisen. Auf dessen Bericht hin soll die Forstwirtschaft auf der Insel eingeführt worden sein. 19o1 wurde G.S. Rogers, der auch aus Indien kam, zum ersten Forstbeamten der Kolonie ernannt. Zwei weitere später auf Trinidad eingesetzte Forstbeamte erhielten ihre Ausbildung in Indien.

192o erarbeitete Rogers ein umfassendes Gutachten über die Forsterhaltung. Das Forstreservierungsprogramm, das daraufhin anlief, endete auf Trinidad 1961, ein Jahr vor der 1962 erreichten Unabhängigkeit, und auf Tobago 1965; 344 ooo acres = 139 32o ha, die 28 % der Landflächen ausmachten, wurden für landeskulturelle und forstliche Zwecke gesetzlich zu reservierten Forsten erklärt.

1913 wurde Teak von Burma aus Tenasserim eingeführt. Im größeren Umfang wurde Teak ab 1928 angebaut (Marshall 1934). Auch mit dem Anbau des dringend benötigten Nadelholzes wurde begonnen.

Nach Persson (1974) bestanden 1971 folgende Anbauten:

Teak	7 65o ha
Pinus caribaea	3 45o ha
örtliche Baumarten	53o ha
	11 63o ha

Nach World Wood (1975, No. 8,S. 54) waren 1974 13 832 ha aufgeforstet.

32. Französische Kolonien: Elfenbeinküste

321. Waldnutzungen

Von den ehemaligen französischen Kolonien lagen die forst- und holzwirtschaftlich wichtigsten im humiden tropischen West- und Zentralafrika. Von ihnen hat die Elfenbeinküste als die an wertvollen Holzarten reichste und Europa zunächst gelegene seit langem in Nutzung und Behandlung eine besondere Rolle gespielt, die sich nach der 196o erhaltenen Unabhängigkeit noch verstärkt hat.

Die frühere Kolonie ebenso wie der jetzige Staat Elfenbeinküste hat die ungefähre Form eines Quadrats, dessen südliche Seite in etwa 5° nördlicher Breite die Atlantikküste bildet. Die südliche niedrige knappe Hälfte des 322 463 km^2 großen Landes liegt im Gebiet der humiden hohen, dichten Wälder, die um die Jahrhundertwende 15 bis 16 Millionen ha bestockt haben, von denen 1966 noch 9 Millionen ha vorhanden waren (Persson 1974 u. F. Schmithüsen 1977). Diese niederschlagsreiche Waldzone liefert die internationalen Handelshölzer, während die spärlicheren Gehölze der die gute nördliche Hälfte des Landes einnehmenden Savannen der örtlichen Nutzung dienen. Die Bevölkerung der Elfenbeinküste wird für 1965 mit 3,8 Millionen angegeben, für 1977 mit 5 Millionen.

Das reichliche Vorkommen von wertvollen als Mahagoni bezeichneten Rothölzern aus den zur Familie der Meliaceen gehörenden Gattungen Khaya und Entandrophragma führte schon im vorigen Jahrhundert zu Exporten nach Europa. Am begehrtesten für die Möbelherstellung war und ist Khaya ivorensis, die von den Franzosen als Acajou und von den Engländern als African Mahogany bezeichnet wird; von der Gattung Entandrophragma wird die Art cylindricum besonders geschätzt, die von den Franzosen Sapelli und von den Engländern Sapele Mahogany genannt wird.

Der Export von Mahagoni aus der Elfenbeinküste betrug 189o 2ooo t und stieg bis zum 1. Weltkrieg auf 4o ooo t (Schrader 1957). Die Kosten für Werbung und Transport waren während der früheren Zeit, als nur Mahagonibäume genutzt wurden, sehr hoch.

Zon & Sparhawk geben 1923 an, daß Mahagoni in der Elfenbeinküste kaum 1 Prozent der Stämme oder 1 - 2 je 12 acres = rd. 5 ha ausmachte. Wenn zum Rücken eines Mahagonistammes eine 1/4 Meile lange, 13 Fuß breite Schneise angelegt werden mußte, waren die Kosten natürlich sehr hoch. Der Preis für "cabinet woods" betrug, wenn nur einzelne Bäume geschlagen waren, in dem bei Abidjan gelegenen Hafen Grand-Bassam 19 Dollar je Tonne. Zon & Sparhawk stellen dann eine Rechnung auf, um wieviel billiger das Mahagoniholz zum Hafen geliefert werden könnte, wenn es im Zuge von Kahlschlägen gewonnen würde.

Das ist zwar im Zuge forstlicher Maßnahmen noch nicht eingetreten, wohl aber wurde die Holznutzung bis gegen Ende der Kolonialzeit auf eine Reihe von Baumarten ausgedehnt, was die Einschläge erhöhte. 1958 berichtete Conservateur Bergeroo-Campagne, daß in der Elfenbeinküste 6o Jahre nach Beginn der Holzexploitationen von 2oo großen und mittleren Baumarten nur 2o - 25 Arten verwertet würden, daß aber von diesen wiederum nur 12 regelmäßig in den Büchern der Exporteure erschienen.

1955 betrug die Exploitation 321 ooo m^3 und der Export an Rundhölzern 2o8 ooo m^3; die entsprechenden Zahlen lagen im Jahre der Unabhängigkeit 196o bei 1 oo3 ooo bzw. 823 ooo m^3. Ein Höhepunkt wurde 1969 mit 4 276 ooo bzw. 3 327 ooo m^3 erreicht (Borchert 1972). 1973 wurden in Elfenbeinküste allein 1 1o9 ooo m^3 des weißen leichten Abachiholzes (Triplochiton sceleroxylon) eingeschlagen (Erfurth 1976).

Nutzungen auf Exporthölzer, die sich je ha auf nur 7 bis 1o m^3 beliefen (F. Schmithüsen 1977), und selbst mehrfach höhere zerstörten die Wälder noch nicht. Durch die mit den Holzexploitationen verbundenen Wegeerschließungen wurde aber die vom Brandrodungsfeldbau lebende Bevölkerung angezogen und konzentrierte dann durch die Brände die Vernichtung der verbliebenen Wälder, die noch viel wertvolleres Holz enthielten. Selbstverständlich wurde auch außerhalb der Exploitationsgebiete im großen Ausmaß Brandrodungsfeldbau betrieben.

Ein weiterer Anlaß zu Rodungen war die Anlage von Plantagen für Exportprodukte. Obwohl nur die südliche Hälfte der Elfenbeinküste genügend Niederschlag für Kakao und Kaffeplantagen erhält, stand die Elfenbeinküste 197o in der Welternte bei Kaffee an dritter und bei Kakao an vierter Stelle (Esdorn u. Pirson 1973). Während Kakaoplantagen schon vor dem ersten Weltkrieg angelegt wurden, sich zunächst aber nur zögernd ausbreiteten, genügten nur 5 Jahre (1949 - 1954), um die ganze Waldzone mit Kaffeepflanzungen zu durchsetzen (Lutz 1971). In jüngster Zeit hat sich die Elfenbeinküste auf Kosten des Waldes zum größten Bananen- und Ananaserzeuger Afrikas entwickelt.

322. Forstdekret von 1935

Die verschiedenartigen Nutzungen und Behandlungen der Wälder der Elfenbeinküste und anderer französischer westafrikanischer Kolonien machten gesetzliche Regelungen nötig. So wurden seit 19oo mehrere Forstverordnungen erlassen, darunter 1912 ein 'Décret sur le régime forestier en Côte d'Ivoire'. Am 4.7.1935 wurde durch den Präsidenten der Republik sowie den Minister für die Kolonien und den Justizminister für die französischen Besitzungen von Senegal bis Dahomey, darunter auch für die Elfenbeinküste, ein 'Décret relatif au régime forestier de l'Afrique Occidentale Francaise' gezeichnet. Über dieses Dekret, an das sich alle danach für französische, auch außerafrikanische Kolonien erlassene Forstverordnungen weitgehend anlehnten, schrieb Dr. F. Schmithüsen von der FAO in Rom 1976 in einer detaillierten Darstellung der Forstgesetzgebung im damals französischen Westafrika:

" Das von der französischen Verwaltung erlassene Forstrecht regelte zum erstenmal den gesamten Bereich der Waldwirtschaft nach einheitlichen forsttechnischen Gesichtspunkten. Es brachte wesentliche Verbesserungen und war - entsprechend dem damaligen Stand der Forstorganisation und dem Umfang der Holznutzung - ausreichend und angemessen. Es hat bis heute die Grundzüge der Forstgesetzgebung in den frankophonen Ländern Westafrikas wesentlich beeinflußt."

Aus dem verhältnismäßig umfangreichen Text des Dekrets von 1935 zog Schmithüsen eine siebenteilige Gliederung aus und brachte sie in seiner Veröffentlichung zum Abdruck. Ihre Überschriften lauten:

1. Allgemeine Bestimmungen
2. Gliederung der Waldfläche
3. Regelung der gewohnheitsrechtlich verankerten Nutzungs- und Rodungsrechte der einheimischen Bevölkerung
4. Regelung der kommerziellen Holznutzung
5. Rechte der Privatwaldeigentümer
6. Unterstützung der Aufforstung von Stammesverbänden und Privaten
7. Forststrafrechtliche Bestimmungen

Da die Gliederung Anklänge an das Forstgesetz für Britisch-Indien von 1878 (The Indian Forest Act, 1878) als möglich erscheinen ließ, bat ich Dr. Schmithüsen um Überlassung des vollen Textes des Dekrets von 1935, der die Vermutung des Bestehens von Beziehungen zwischen beiden Gesetzeswerken sehr wahrscheinlich machte. Von allem anderen abgesehen, dürfte es kein Zufall sein, daß die beiden Formen des Staatswaldes im britisch-indischen Gesetz und im französischen Dekret mit den gleichen Bezeichnungen erscheinen.

Von den als Staatseigentum betrachteten Wäldern der Elfenbeinküste (domaine forstier) wurden die aufgrund von Erlassen ausschließlich und dauernd für forstliche Zwecke bestimmten Teile als 'forêts réservées' bezeichnet, was den 'reserved forests' des indischen Gesetzes entspricht. Die übrigen Wälder, die noch nicht zu Forestreservaten klassifiziert waren, dies aber vielleicht später wurden und die daher eines bestimmten Schutzes bedurften, wurden als 'forêts protégées' bezeichnet, das den 'protected forests' des indischen Gesetzes gleichkommt. Sowohl in den 'forêts réservées', wie in den 'forêts protégées' konnten unbewaldete Flächen, die erst später bewaldet werden sollten, enthalten sein. Dr. Schmithusen drückte seine Auffassung von der Relation beider Gesetzeswerke brieflich so aus:

"Hier läßt sich vermutlich mit Sicherheit eine Beziehung zwischen indischer und westafrikanisch-frankophoner Forstgesetzgebung nachweisen, da das Konzept einer ständigen Waldfläche, die nicht identisch ist mit der tatsächlich von Bäumen bestockten Fläche, dem Forstrecht des französischen Mutterlandes, so weit ich weiß,nicht bekannt war."

Bald nach dieser Mitteilung erhielt ich aus der 1909 in Paris erschienenen "Première étude sur les bois de la Côte d'Ivoire" von Aug. Chevalier die endgültige Bestätigung, daß unmittelbarer Kontakt zwischen den beiden führenden Forstbotanikern und Forstmännern in Indien und im tropischen Afrika, Dietrich Brandis und August Chevalier, bestand. A. Chevalier schrieb 1909:

"Ende des Jahres 1905 beschäftigte ich mich damit, alle Arten zu ordnen, die ich auf dieser ersten Forschungsreise gesammelt hatte und nahm Beziehungen mit Personen auf, die mich bei meinen künftigen Forschungen aufs nützlichste anleiten konnten.

Im Königlichen Garten von Kew hatte ich das Glück, mit Sir Dietrich Brandis zusammenzutreffen. ... Dieser Gelehrte war der Organisator des Forstdienstes im Indischen Empire, dessen Direktor er lange Zeit war; er war gewiß der Mann, der die tropischen Hölzer am besten kannte. Mit einer Gefälligkeit, die ich nie vergessen werde, informierte mich Sir Brandis über die Methoden, die er bei der Inventur und dem Studium der asiatischen Wälder anwandte sowie bei der Bearbeitung seiner Forstflora von Indien, die er soeben abgeschlossen hatte."

Wie sehr Chevalier, der inzwischen zum Membre de l'Institut und Président de l'Académie d'Agriculture de France avancierte, Brandis später noch schätzte, geht auch daraus hervor, daß er im Vorwort des 1949 von Aubréville veröffentlichten Buches "Climats, Forêts et Désertification de l'Afrique Tropicale" diesen mit Brandis verglich. Er schrieb:

"Ich kann nicht anders, als das Werk, das er im tropischen Afrika vollendete, mit dem zu vergleichen, das in Indien in der zweiten Hälfte des 19. Jahrhunderts Sir Dietrich Brandis, der große Forstmann und Botaniker verwirklichte, der die forstliche Bewirtschaftung dieses riesigen Landes leitete und dem man die klarste Einsicht in unsere forstlichen Kenntnisse des tropischen Asiens verdankt und den Kipling in einem seiner Bücher als den Herrn des Dschungels und der Forsten bezeichnete." (s. Hesmer 1975, S. 278).

Daß sich Chevalier, wie er weiter schrieb, für Französisch-Westafrika eine vom Geiste Dehra Duns, wo Brandis in Indien die erste Forstschule der Tropen geschaffen hatte, inspirierte große Forstlehranstalt wünschte, zeigt nochmals das Nachwirken des von Brandis in Indien geschaffenen Beispiels.

Das französische Forstdekret für Westafrika von 1935 gab die Prozedur an, die durchzuführen war, um Wäldern den Charakter von Forstreservaten zu verleihen. Die Klassifizierungskommission (commission de classement) bestand aus dem Kreiskommandanten als Präsidenten und dem Chef des Forstdienstes sowie dem Häuptling oder einem Notablen jedes interessierten Dorfes als Mitgliedern. Die Kommission, die in der Kreishauptstadt tagte, hatte die Aufgabe, etwaige Nutzungsansprüche von Eingeborenen, die den Wald belasteten, festzulegen. Im Fall einer Einigung gingen die Vorschläge der Kommission über den Stellvertretenden Gouverneur zur Entscheidung an den Generalgouverneur. Bei Zustimmung war ein entsprechender Erlaß im 'Journal officiel de l'Afrique occidental francaise' und dem Amtsblatt der betreffenden Kolonie zu veröffentlichen;durch die Verwaltung des Kreiskommandanten war dieser den interessierten Dörfern zur Kenntnis zu bringen. Falls die Eingeborenen mit der Regelung nicht einverstanden waren, konnte binnen eines Monats Einspruch am Verwaltungssitz eingelegt werden. Wörtlich heißt es dann weiter:

"Die Widersprüche sind in einem am Verwaltungssitz zu führenden Register aufzunehmen. Die Einsprüche können direkt (bei gemeinsamer Übereinstimmung) durch die Reservierungskommission geregelt werden; erfolgt dies nicht, so müssen die Einspruchserhebenden ihre Forderungen vor die zuständigen Gerichte bringen, indem sie bei dem Verfahren der grundbuchrechtlichen Absicherung, das die Verwaltung in diesem Falle so rasch wie möglich für die umstrittenen Gebiete anstrengen wird, mitwirken. Die oben genannte Frist von einem Monat schließt die in den zur grundbuchrechtlichen Absicherung bestehenden Texten vorgesehenen Fristen nicht aus."

In seinen Grundzügen ähnelt das französische Dekret dem indischen Forstgesetz. In diesem waren die Formalitäten des Verfahrens der Reservierung einschließlich des Berufungs- und Revisionsverfahrens jedoch detaillierter und für die Berechtigten entgegenkommender geregelt. Von den mit den Regelungen beauftragten Beamten, insbesondere von den Forest-Settlement-Officers, waren bestimmte Qualifikationen vorgeschrieben. Wo zur Befreiung der Forstreservate von schädlichen Nutzungen durch die Bevölkerung Austausch von Gelände, Grenzverlegungen, Verlagerungen von Nutzungen oder ähnliches erwünscht war, hieß es im Gesetz wiederholt, daß Lösungen gefunden werden sollten, die den Nutzungsberechtigten wirklich zusagten ('reasonably convenience for the purpose of the claimants'). Dieses Verständnis für die Belange der Einheimischen in Indien war eine besondere Eigenart des Inspector General of Forests Dietrich Brandis, der in den Verhandlungen für das indische Forstgesetz sich gegen Juristen durchsetzte, die in den Waldnutzungen der Eingeborenen nur in freiem Ermessen der Regierung stehende Gefälligkeiten sahen. Brandis setzte durch, daß sie als einklagbare Rechte galten, denen in zutreffendem Ausmaß zu entsprechen war und die dann von den Berechtigten in korrekter Weise auszuüben waren. Dieses faire Zusammenwirken von Forstverwaltung und Bevölkerung hat sich in den englisch sprechenden Kolonien, die die Institution der Forstreservate übernahmen, vielfach so günstig ausgewirkt, daß die reservierten Forsten bis heute nicht nur respektiert, sondern auch überzeugt bejaht werden.

In den französisch sprechenden Kolonien haben die 'forêts reservées' eine solche allgemeine Zustimmung nicht gefunden und daher auch nicht solche Erfolge erzielt wie in den englisch sprechenden Gebieten. Ein Beispiel dafür ist auch die Elfenbeinküste, wo Schmithüsen (1976) das Dekret abschließend so beurteilt:

"Zusammenfassend läßt sich sagen, daß sich die damaligen forstrechtlichen Bestimmungen im wesentlichen darauf beschränkten, die Beziehungen der einheimischen Bevölkerung zum Wald zu regeln. Man versuchte, durch die Definition der Nutzungsrechte sowie durch die Ausscheidung von reservierten Waldungen, in denen diese Rechte weitgehend genehmigungspflichtig oder gänzlich untersagt waren, die Grundlage für die Walderhaltung zu schaffen. Sehr ausführliche Vorschriften bestanden außerdem über die möglichen Forsteelikte, die Strafverfolgung und das forstpolizeiliche Strafverfahren mit dem Ziel, den forstlichen Schutzbestimmungen den entsprechenden Nachdruck zu verleihen. Für unsere heutigen Begriffe völlig unzureichend waren die Bestimmungen zur Regelung von Waldbewirtschaftung und Lenkung der kommerziellen Holznutzung - also Bereiche der Forstgesetzgebung, denen nicht in erster Linie eine repressive, sondern eine planerisch gestaltende Aufgabe zukommt. Dieser Mangel zeigte sich schon sehr bald, und man versuchte, das Forstrecht durch zahlreiche Ausführungsbestimmungen und Verwaltungsanordnungen entsprechend zu ergänzen."

323. Auswirkungen des Dekrets und Forschungsarbeiten in Elfenbeinküste

Fast 2 Jahrzehnte nach dem Erlaß des Forstdekrets von 1935 hat Aubréville, damals 'Inspecteur Général des Eaux et Forêts Outre-Mer', 1954 in einem Bericht "Politique Forestière Outre-Mer" die Auswirkungen der forstpolitischen Maßnahmen in den französischen Überseegebieten beschrieben. Er schildert zunächst die Entwaldung und Savannisierung. Von der ganzen Bevölkerung, die die Waldzonen bewohnte, wurde auf Millionen Hektar weiterhin Brandrodungsfeldbau betrieben, der in humiden Gebieten den Wald durch wertloses Gebüsch und in Gebieten mit einer ausgesprochenen Trockenperiode durch Savannen ersetzte, die alljährlich in der Trockenzeit von Feuer durchlaufen wurden.

Im französisch sprechenden Afrika umfaßten die klassifierten Staatswälder 1954 13 297 ooo ha, davon 3 864 ooo ha in der Elfenbeinküste. Wegen ungenügenden Personals konnten jedoch Maßnahmen sowie deren Überwachung und Schutz gegen Buschfeuer nur sehr unvollkommen durchgeführt werden. Die Politik der Klassifizierung, so klagt Aubréville, stößt in bestimmten Territorien auf Unverständnis der Bevölkerung und ihrer Repräsentanten, die darin nur eine Behinderung der freien Bewegung in den Wäldern sehen, die seit der Steinzeit praktiziert wurde. Eine anhaltende Werbeaktion, die Verständnis für den Nutzen wecken sollte, den Bäume und Wälder der Bevölkerung brachten, war mit Baumfesten und Aufklärung im Schulunterricht im Anlaufen.

Aubréville schloß seine forstpolitischen Ausführungen mit der Feststellung, es sei zu wünschen, daß die Politik, die die derzeitigen Dekrete zur Walderhaltung inspiriert habe, durch ein juristisch solides, engverbundenes Ganzes in der Form eines Gesetzes konsolidiert würde, das mehr Kraft haben würde als einfache Dekrete, wie sie seit mehr als 25 Jahren erlassen wurden.

Wenige Jahre später erhielt Aubréville, der inzwischen die Alterspensionierungsgrenze erreicht hatte und als "Membre de l'Académie des Sciences Coloniales" zeichnete, die Möglichkeit, sich durch ausgedehnte Forschungsreisen ein unmittelbares Bild von den damaligen forstlichen Verhältnissen der Elfenbeinküste zu machen, wo er von 1925 bis in die 3oer Jahre tätig gewesen war, die er aber 2 Jahrzehnte lang nicht mehr gesehen hatte. In seinem 1957 und 1958 erschienenen Forschungsbericht "A la Recherche de la Forêt en Côte d'Ivoire" schrieb er:

"Der Wald der Elfenbeinküste existiert immer noch, aber man muß ihn suchen, und das ist nicht immer einfach. Bald wird man das Flugzeug benötigen, um ihn zu entdecken.
Die Entwaldung geht offensichtlich von den Straßen aus. Die Eröffnung einer Straße in einem wilden Wald ist das Ende dieses Waldes. Wenn die Bevölkerung ziemlich dicht wird, dehnen sich die Kahlflächen in die Tiefe aus und der gesamte

Wald wird fast gleichzeitig auf seiner ganzen Fläche verschlungen. Es genügt ein Jahrzehnt, um ein Urwaldmassiv total zu entblößen."

Keine der französischen Kolonien ist so früh und so intensiv Gegenstand forstwissenschaftlicher Bearbeitung gewesen wie die Elfenbeinküste. 19o9 gab der Botaniker und Afrikaforscher A. Chevalier das erste ein Land der französischen Tropen dendrologisch bearbeitendes Werk, das Buch "Les Bois de la Côte d'Ivoire" heraus sowie 19o7, 19o8 und 191o die "Novitates florae africanae". In diesen Veröffentlichungen wurden unter anderem auch die bald so bekannt werdenden Handelshölzer z.T. erstmals beschrieben und benannt; verschiedene von ihnen tragen an den wissenschaftlichen Namen das Signum "A. Chev." als Zeichen seiner Autorschaft (Aubréville 1959; K.G. Dahms 1979). Als Beispiele seien genannt: Tieghemella africana (Douka), Tieghemella heckelii (Makaré), Khajaivorensis (Acajou), Lophiraprocera (Azobé), Mansonia altissima (Mansonia), Terminalia ivorensis (Framiré).

Die 193o einsetzenden Veröffentlichungen forstwirtschaftlicher und forstbotanischer Art von Aubréville befaßten sich bis 1936 vorwiegend mit Themen dieses Landes. Sie erreichten einen Höhepunkt in der 1936 herausgebrachten Flore Forestière de la Côte d'Ivoire, die 1959 in einer zweiten revidierten dreibändigen Auflage erschien. Mit diesem Werk erhielt die Elfenbeinküste eine umfassende dendrologische Bearbeitung. Die sehr zahlreichen trefflichen Zeichnungen des Werkes hat Aubréville zum weitaus größten Teil selbst angefertigt.

In der eben erwähnten Veröffentlichung 'A la Recherche de la Forêt en Côte d'Ivoire' hat Aubréville die dichten Wälder der Elfenbeinküste aufgrund der Analysen zahlreicher Forsttypen in 2 Hauptformationen aufgeteilt:

- halblaubabwerfende humide dichte Forsten mit Malvaceen und Ulmaceen;
- humide dichte Forsten von immergrünen Leguminosen.

In der mit zahlreichen Karten der Areale von Baumarten, -familien und -formationen ausgestatteten pflanzengeographischen und -soziologischen Arbeit behandelt er deren ökologische Bedingtheiten sowie die Probleme der seltenen Arten und der Endemismen.

Zu weiteren Untersuchungen, in denen Aubréville ganz Afrika oder größere Teile dieses Erdteils unter den verschiedensten Fragestellungen bearbeitete - floristische, waldkundliche und waldwirtschaftliche, vorgeschichtliche und geschichtliche sowie Probleme der Savannisierung und Desertifikation - wurde die Elfenbeinküste, wo immer es angebracht war, berücksichtigt. Zu diesen Arbeiten kamen die anderer Wissenschaftler, wie z.B. der in 3 Bänden von 1950 bis 1960 herausgekommene 'Atlas des Bois de la Côte d'Ivoire' von D. Normand, der vor allem auf der Holzsammlung von A. Chevalier fußte.

Die seit 1947 vierteljährlich und später alle zwei Monate herausgegebene Zeitschrift 'Bois et Forèts des Tropiques' bot die Möglichkeit, Erkenntnisse und Erfahrungen mitzuteilen. Themen der Elfenbeinküste werden darin oft behandelt. 1950 nahm das Centre Technique Forestier Tropical, zu dem auch eine große Holzabteilung gehört, unweit von Paris in Nogent-sur-Marne seine Tätigkeit auf. (Centre Techn. For. Trop. 1960; Morellet 1973). Von der Anstalt wurden auch die Elfenbeinküste betreffende Themen wie die Anreicherungspflanzungen veröffentlicht (Bergeroo-Campagne 1958).

Die Anreicherungspflanzungen (plantations d'enrichissement) sind sehr nützliche waldbauliche Maßnahmen. In den reich gemischten hohen Wäldern wurden nur bestimmte Baumarten eingeschlagen. Nach einer solchen Nutzung ist der Wald verarmt, was durch Anreicherungspflanzungen, bei denen wertvolle Baumarten eingebracht werden, ausgeglichen werden soll. Die Pflanzung erfolgt meist auf schmalen Schneisen von 1o m Reihenabstand und einem Pflanzenabstand in der Reihe von 3 m. Mit solchen Anreicherungspflanzungen wurde zuerst in Elfenbeinküste begonnen, und zwar Anfang der 3oer Jahre. Aubréville gab 1954 an, daß in der Elfenbeinküste bis dahin auf 14 ooo ha Anreicherungspflanzungen mit Acajou (Khaya ivorensis), Niangon (Tarrietia utilis) und anderen Wertholzarten durchgeführt wurden. Für 1957 gab Bergeroo-Campagne (1958) die Fläche der Anreicherungspflanzungen mit 3o ooo ha an. Als ich 1967 die Anreicherungspflanzungen in der Elfenbeinküste im Nationalpark von Banco, der früheren Réserve forestière du Banco, und an anderen Stellen besuchte, machten die einige Jahrzehnte alten Anlagen einen gelungenen Eindruck.

Zu den Anreicherungspflanzungen kamen in Elfenbeinküste noch 11 ooo ha Naturverjüngungen. Diese waldbaulichen Leistungen sind an sich nicht besonders beeindruckend. Sie werden aber beachtenswert, wenn man berücksichtigt, daß sie abgesehen von einigen Tausend ha Naturverjüngungen in Kamerun und von alljährlich, wegen der geringen Mittel aber nur in kleinem Maßstab vorgenommenen Aufforstungen in den Trockengebieten von Senegal, Sudan und Togo, nach Angaben von Aubréville bis 1954 die einzigen im ganzen tropischen französischen Kolonialreich durchgeführten waldbaulichen Maßnahmen waren.

Die Kolonie Elfenbeinküste zeichnete sich innerhalb des französischen Kolonialreichs durch größere waldbauliche Aktivitäten gegenüber anderen Kolonien aus. Die wissenschaftliche Bearbeitung erreichte, besonders durch die Forschungen von A. Chevalier und A. Aubréville, höchsten Stand.

Bedauerlicherweise war der Forstdienst in der Elfenbeinküste aber personell nur sehr schwach besetzt und außerdem unvollständig organisiert. In seinem Nachruf auf Chevalier schrieb Aubréville (1956b):

"A. Chevalier forderte auch die Errichtung eines tatkräftigen Corps von einheimischen Forstleuten, die in einer afrikanischen Institution ausgebildet würden, die von Dehra Dun in Indien inspiriert wäre."

Aubréville führte aus, daß es dazu nötig wäre, die Forstschule von Banco bei Abidjan in eine große Forstschule für das französische Westafrika umzuwandeln. Hätte es in der Elfenbeinküste eine den Rangern des indischen Forstdienstes entsprechende ausgebildete Klasse exekutiver Forstbediensteter gegeben, so hätte den Forstdekreten, die die Wälder schützen und die Forstwirtschaft fördern sollten, eher Wirksamkeit verschafft werden können.+)

Besonders nachteilig wirkte es sich auch für die Zukunft aus, daß bloße Holzexploitation ohne Zukunftsplanungen betrieben wurde. In dem letzten Jahrfünft der Kolonialzeit und im ersten der 196o erreichten Unabhängigkeit verminderte sich die Waldfläche im Durchschnitt alljährlich um 3oo ooo ha. Im gleichen Ausmaß und in jüngster Zeit in noch größerem vollzog sich die Waldvernichtung bis heute weiter. In 1977

+) Es mag hier vermerkt werden, daß an der Ecole Nationale des Eaux et Forêts in Nancy 19o2 ein zweijähriges Kolonialstudium aufgenommen wurde (Zeitschr. f. Forst- u. Jagdwesen 19o2, S. 634 u. 19o3, S. 652) veröffentlichten forstpolitischen Überlegungen zur Tropenwaldnutzung in der Elfenbeinküste schrieb Dr. F. Schmithüsen von der FAO in Rom:

" Eine Verlangsamung dieser Entwicklung - oder gar eine Tendenzwende - ist nicht zu erkennen. Offizielle Schätzungen gehen davon aus, daß selbst bei erheblichen Anstrengungen - bei der Bodennutzungsplanung, der Neugliederung von Forstreserven sowie der Waldvermarkung - langfristig höchstens eine Fläche von 3 Mio ha an Naturwäldern erhalten werden kann."

33. Niederländische Kolonien: Java

331. Land, Bevölkerung und Geschichte

Schon 6 Jahre bevor der Botaniker Brandis 1855 von Deutschland nach Britisch-Indien berufen wurde, um die bedrohten teakhaltigen Wälder der Provinz Pegu zu retten und in geordnete Bewirtschaftung zu überführen, erhielten die beiden deutschen Forstverwaltungsbeamten Nemnich und Mollier von dem niederländischen Kolonialminister die Aufforderung, die Wälder Javas, von denen vor allem die ebenfalls gefährdeten Teakwälder von größter Wichtigkeit waren, zu bereisen und Vorschläge für die Einführung eines geregelten, nachhaltigen Forstbetriebs zu machen (Nemnich 1896).

Die Insel Java erstreckt sich um den 7. Grad südlicher Breite 1060 km von Ost nach West, ist aber nur 55 bis 195 km breit; ihre Fläche beträgt 126 730 km^2, also gut die Hälfte der BR Deutschland. Die vor allem aus Kalken, Mergel und vulkanischen Ablagerungen hervorgegangenen Böden sind zum großen Teil sehr fruchtbar, was zu einer dichten Besiedlung mit intensivem, oft mit bewässerten Terrassen arbeitendem bäuerlichen Landbau sowie zu ausgedehnten von Europäern bewirtschafteten Plantagen führte. Auf der Mittelachse der Insel finden sich viele Vulkane, von denen 14 über 3000 m hoch und 17 noch tätig sind. Westjava erhält das ganze Jahr über hohe Niederschläge (Bogor 4226 mm). Mittel- und Ostjava haben eine durch trockene Ostwinde bedingte etwa fünfmonatige Periode geringer Niederschläge; hier stocken die Teakwälder, deren Fläche nach dem Jahresbericht Ende des Jahres 1900 653 300 ha betrug und Ende 1916 721 818 ha (Nirschl 1920). Die Zunahme ist vor allem durch genauere Erhebungen bedingt. Die Gesamtbewaldung einschließlich der Wildholzwälder (s. Kap. 335.) wurde 1916 mit rund 2 900 000 ha angegeben, doch waren darin auch wohl sehr devastierte Gehölze und Ödländer enthalten. 1905 wurde Java von 30 Millionen Menschen bewohnt; 1961 waren dort bereits 63 Millionen Einwohner.

Die Insel Java zog schon früh zahlreiche Völker zwecks Handels und Missionierung sowie zu Eroberungen an. Bereits in vorchristlicher Zeit brachten Inder Hinduismus und Buddhismus sowie den Anbau von bewässertem Reis nach Java und bildeten viele Jahrhunderte lang dort Staaten. Der Islam, der seit dem 13. Jahrhundert zunächst durch Kaufleute in Erscheinung trat, missionierte dann auch und gründete Fürstentümer. Die größte Volksgruppe auf Java bilden die mongoliden, den Malaien ähnliche Javanen, die Moslems sind. Die ersten Europäer auf Java waren Portugiesen, die vom Anfang des 16. Jahrhunderts an Faktoreien errichteten. Ende des 16. Jahrhunderts folgten Holländer und Briten. 1602 wurde die Niederländisch-Ostindische Kompanie gegründet, die alle vorhandenen Faktoreien übernahm. Die Kompanie war zwar eine private Handelsgesellschaft, hatte aber öffentlich rechtlichen Charakter; sie hatte die Befugnis, Verträge zu schließen und Truppen anzuwerben. Nach Vertreibung der Engländer kamen sämtliche der großen Sundainseln als Niederländisch-Indien in holländischen Besitz. 1619 wurde die Stadt Batavia (heute Djakarta) als Verwaltungszentrum für die holländischen Besitzungen gegründet. Ähnlich wie in Britisch-Indien der Ostindischen Kompanie Wirtschaft und Verwaltung übertragen wurden, wirkte in Niederländisch-Indien für fast 2 Jahrhunderte die Niederländisch-Ostindische Kompanie, bis sie 1798 Bankrott machte und aufgelöst wurde. Ihre Besitzungen und Befugnisse wurden von der niederländischen Regierung übernommen, in der für Java das Kolonialministerium in Den Haag zuständig war; die Verwaltung wurde weiter von Batavia aus von einem Generalgouverneur geführt.

Die Holländer überließen die mittlere und untere Landesverwaltung den Javanern. Java war in 17 Provinzen (Residentien) eingeteilt, die von holländischen Residenten verwaltet wurden. Die Provzinzen waren in Regentschaften aufgeteilt, an deren Spitze je ein javanischer Regent stand; bei diesen Regenten handelte es sich nicht um Fürsten, sondern um Beamte. Jedem Regenten war ein holländischer Assistent-Regent beigeordnet. Die Regentschaften waren in Distrikte aufgegliedert, die von Javanern geleitet wurden (Junghuhn 1857). Gegen Ende der napoleonischen Zeit wurde Java von 1811 bis 1816 von Großbritannien annektiert. Im vorigen Jahrhundert erfolgten wiederholt Aufstände gegen die niederländische Herrschaft. Im Zweiten Weltkrieg besetzten die Japaner, denen die Niederländer den Krieg erklärt hatten, Niederländisch-Indien. Nach Kriegsende fanden noch Auseinandersetzungen zwischen Holländern und Einheimischen statt, bis 1949 das ehemalige Niederländisch-Indien als Indonesien die Unabhängigkeit erhielt.

332. Teakwälder

Im Gegensatz zu Indien sowie Burma und Thailand, wo der Teak von Natur aus nur einen Bruchteil der Bestockung teakhaltiger Wälder ausmacht, kommt der Teak auf Java stark vorherrschend oder in Reinbeständen vor. Dies hat wohl Anlaß zu der Auffassung gegeben, Teak sei auf Java nicht heimisch, sondern in frühgeschichtlicher Zeit aus dem indischen oder hinterindischen Raum eingeführt worden. In einer 1912 in München erstellten Dissertation "Die künstliche Verjüngung des Djati" (Teak) von ten Oever ist dieser der Meinung, daß der Teakwald auf Java höchstwahrscheinlich aus Pflanzungen hervorgegangen ist, die buddhistische Mönche zur Bildung "Heiliger Haine" an zahlreichen Orten vorgenommen hätten. Von diesen Pflanzungen aus habe sich der Teak dann langsam auf natürlichem Wege ausgebreitet. 1924 teilte der holländische Oberförster T. Altona in der Zeitschrift Tectona mit, daß der Teak von Indien, wo er im Hinduglauben eine große Rolle spiele, nach Java gebracht worden sei, und zwar sollten nach einer mündlichen Überlieferung indische Mönche um 2oo n.Chr. junge Teakpflanzen in Bambusröhren per Schiff von Indien nach Java gebracht haben.

Daß Teak in Indien im Hinduglauben eine große Rolle spielt, ist nicht zutreffend. In dem Buch von Gupta 1971 über Pflanzenmythen und Traditionen in Indien, in dem viele verehrte und mit Mythen verbundene Baumarten behandelt werden, ist Teak überhaupt nicht genannt und in dem Buch 'Culte de l'Arbre dans l'Inde Ancienne' von Viennot 1954, in dem noch mehr Baumarten aufgeführt werden, wird Teak nur einmal sehr kurz erwähnt. Ich habe in Indien, wo heilige Bäume oft bei Tempeln stehen, dort niemals Teakbäume gesehen. Zwar berichtete Brandis 1897 über Teak als eine der Baumarten in heiligen

Hainen in Indien südlich Merwara; vermutlich handelt es sich aber um von Moslems verehrte Haine (s. Kap. 221.11). Wie Dr. C.C. Hofseus angibt (Beiheft z. Tropenpflanzer 19o7, S. 378), soll in Siam Teak dort "formationsbildend" auftreten, wo früher buddhistische Tempel standen oder jetzt noch stehen.

Um die neueren Auffassungen über die Natürlichkeit oder Künstlichkeit des Teakvorkommens in Java zu erfahren, habe ich bei den mit den forstlichen und pflanzengeographischen Verhältnissen Javas vertrauten Wageninger Professoren Bekking und Hellinga angefragt. Beide teilten mit, daß die Vegetationsverhältnisse für ein natürliches Vorkommen des Teaks auf Java sprechen.

Professor Becking, der 1928 eine umfangreiche Darstellung der Teakkultur (Djaticultuur) auf Java veröffentlicht hat, hielt zwar, wie er mir am 3.9.1969 schrieb, den Transport von jungen Teakpflanzen von Indien nach Java für eine reine Fabel, er glaubte aber Beweise dafür zu haben, daß Teak auf Java von den Hindus, die dort ja über ein Jahrtausend herrschten, schon früh angebaut sei. Er schrieb darüber:

"Wohl ist es sicher,daß die Hindu's sehr viel Teak auf Java angebaut haben. Sie haben aber den Teak nicht angepflanzt bei ihren Tempeln, dafür waren ganz andere Holzarten benützt. Die Hindus wohnten in ihren Teakplantagen. Überall wo ausgedehnte Teakwälder auf Java vorkommen,sind Reste der Hindukultur mitten im Wald gefunden, wie Bauten aus typischen großen Ziegelsteinen, goldene Buddha's, Ringe und dergleichen. Die Pflanzungen sind meist nach bestimmten heiligen Vorschriften angelegt. Ich glaube, daß die Hindu's den Teak aus ökonomischen Gründen angebaut haben, nämlich zur Erlangung von Holz für ihre Schiffe. Auch im Gebirgswald auf Java haben die Hindu's den Anbau von bestimmten Holzarten gefördert, z.B.

von Altingia excelsa wegen des Harzes für die Bereitung von Weihrauch. Die Hindu's haben einen großen Einfluß ausgeübt auf die Namen der javanischen Holzarten, viele tragen Sanskrit-Namen."

In einem weiteren Brief vom 16.11.1969 schrieb mir Becking:

"Sie fragen, ob es außer den archäologischen Hinweisen auch schriftliche oder sonstige Belege gibt, daß die Hindu's auf Java Teak angebaut haben? So viel ich weiß sind wohl einige Sanskrit Aufzeichnungen auf Lontar-Palmblättern (Borassus flabellifer) bewahrt geblieben. Weiter sind auch in uralten Teakwäldern noch eigentümliche Pflanzverbände zu erkennen. Auch die historischen Namen der Ortschaften sind dafür ein Beweis."

Die Auffassung von Becking ist also, daß Teakanbauten auf Java schon lange vor Ankunft der Holländer erfolgten, aber nicht mit Saat- und Pflanzgut aus Indien oder Hinterindien, sondern mit javanischem.

Die Mischbaumarten der Teakwälder auf Java sind nicht solche, die den Teakwäldern einzeln oder gruppenweise beigemischt sind. Sie kommen nicht auf normalen Teakstandorten vor, sondern stocken dort, wo Quellen hervortreten, in Senken und an der oberen Grenze des Teakgebiets in meist immergrünen kleinen Beständen bis zu mehreren ha. Von ten Oever (1912) werden 29 solcher Mischbaumarten aufgeführt. Da mir eine Anzahl davon aus Indien und Burma bekannt war, habe ich in Troup's "Silviculture of Indian Trees" nachgezählt, wieviel der 29 javanischen Mischbaumarten auch in Indien und Burma vorkommen; es sind 19. Danach besteht also eine enge Artenverwandtschaft, und es ist eigentlich nicht einzusehen, weshalb dazu nicht auch der Teak gehören könnte. Es erhebt sich außerdem die Frage, welche Baumarten denn auf den großen Bodenflächen, auf denen kein Quellwasser und keine Senkenfeuchtigkeit während der ausgesprochenen Trockenzeit eine zusätzliche Wasserversorgung bewirken, hätten stocken können. Auf diesen großen Flächen konnten nur Baumarten gedeihen, die alljährlich eine ausgesprochene Trockenzeit nicht nur ertrugen, sondern für die eine solche mit Laubabfall verbundene Trockenperiode eine Lebensnotwendigkeit war. Da die großen Trockenflächen außerdem alljährlich von natürlichen oder anthropogenen Feuern überlaufen wurden, die den Jungwuchs der meisten Baumarten abtöten, konnten darauf nur Baumarten hochkommen, deren Jungwuchs vom Feuer zwar geschädigt, aber wenigstens zum Teil nicht abgetötet wird. Eine solche Baumart, deren oberirdische Triebe unter Umständen alljährlich zurückgebrannt werden, bis es ihnen in Jahren mit ausnahmsweise günstiger Witterung und nur schwachen oder gar ausfallenden Bränden gelingt, über die Höhe der Bodenfeuer hinauszuwachsen, ist der Teak. Nachdem ihm dieses gelungen ist, besitzt Teak den Vorteil, rasch hochzuwachsen und dann in unbewirtschafteten Naturwäldern ein Alter bis zu 35o Jahren und darüber zu erreichen. Dagegen besitzt der Teak für die Verbreitung seiner Früchte und Samen keine besonderen Einrichtungen; eine rasche Ausbreitung von einzelnen gepflanzten Beständen aus durch natürliche Verjüngung über große Landstriche erscheint daher unwahrscheinlich.

Von den natürlichen 3 Teakarealen liegen 2 nördlich des Äquators: das eine im südwestlichen Indien und das andere in Hinterindien mit Schwergewicht in Burma und Thailand. Das dritte, südlich des Äquators liegende natürliche Teakgebiet beschränkt sich im wesentlichen auf Java; es ist bzw. war in historischer Zeit vom hinterindischen Teakgebiet durch einen etwa 17oo km breiten Regenwaldgürtel getrennt. Unter den Klima- und Bewaldungsverhältnissen der jüngeren Zeit wäre es für den lichtbedürftigen Teakbaum nicht möglich, von seinem hinterindischen Areal aus die Sperre des dunklen immergrünen Regenwaldes auf der Halbinsel Malakka zu passieren und zu den ihm zusagenden Klimagebieten auf Java zu gelangen. Es ist aber durchaus vorstellbar, daß dies in früheren Abschnitten der Waldgeschichte möglich war, z.B. als im Tertiär und Pleistozän globale Verschiebungen der Klimagürtel stattfanden und während der Eiszeiten starke Absenkungen des Meeresspiegels die Strömungen beeinflußten. Nach den Ergebnissen von Pollenanalysen spielten sich im tropischen Ostafrika noch im jüngeren Pleistozän starke Klimawechsel und ihnen entsprechende Vegetationsveränderungen ab, die in Westuganda Spannen zwischen Halbwüsten und Wäldern umfaßten (Lind and Morrison 1974, S. 2o1). Es ist daher wohl nicht abwegig, auch in Südostasien entsprechende Klima- und Vegetationswechsel mit Arealverschiebungen in Betracht zu ziehen.

333. Teakbehandlung und -nutzung in holländischer Zeit

Alle Teakwälder auf Java wurden von den Holländern zu Staatswald erklärt. Bereits der erste holländische Gouverneur, General Jan Pieterszoon Coen, erließ im Jahre 162o ein Dekret zur Schonung der Teakwälder (Berkhout 19o9).

Der Bedarf an dem sehr haltbaren, pilz- und termitenresistenten Teakholz stieg mit der Übernahme der Insel durch die Holländer enorm. Es wurde vor allem für den Schiffbau benötigt; kein anderes asiatisches Holz ist so für Schiffe, die in tropischen Gewässern fahren, geeignet wie Teak; auch die Werften wurden aus Teakholz gebaut. Für Handels-, Lager- und Wohnhäuser, für Zucker- und Indigofabriken sowie Tabakschuppen wurde viel Teak benötigt; die Tischler, Wagenbauer und

Böttcher verwendeten bevorzugt Teakholz. Die Dachbedeckung für Europäerhäuser bestand üblicherweise aus Teakschindeln; da das dafür verwendete Abfallholz nicht reichte, wurden ganze Bäume gefällt und zu Schindeln verarbeitet. Für Brückenbau und Straßenpflasterung wurde viel Teakholz verbraucht; später kam die Verwendung von Teakholzschwellen für die Eisenbahnen hinzu. Für Befestigungsanlagen wurde viel Teakholz benötigt; so wurden für die Fundierung der Festung Willem I im Sumpfgebiet von Ambarawa allein 5o ooo Balken verwendet (Nirschl 192o).

Für das Jahr 181o wurden folgende Teakhölzer gewonnen: 33 ooo Balken, 13 1o7 leichtes Schiffbauholz, 2o ooo Palisaden, 78 ooo Dauben für Viktualienfässer, 27 ooo Dauben für Pulverfässer, 77 ooo Dachschindeln u.a. (Nirschl 192o).

Der Bedarf der holländischen Verwaltung wurde über die javanischen Regenten gedeckt, die Fällung, Aufarbeitung und Transport durch ihre zu Frondiensten verpflichteten Untertanen durchführen ließen. Die Verwaltungskosten und Einnahmen der javanischen Regenten wurden mit durch Teakholzverkäufe finanziert.

An Günstlinge wurden z.B. folgende Exploitationen abgegeben:

- 184o 3ooo ha
- 1854 34oo ha (auf 1o Jahre)
- 1856 46oo ha (auf 15 Jahre)
- 1858 25oo ha (auf 15 Jahre)

Von der erstgenannten Konzession mußte ein Fünftel, von den übrigen ein Drittel der geschlagenen Holzmasse an die Regierung als Bezahlung abgegeben werden, der Rest verblieb den Kontraktnehmern zur freien Verfügung.

Die Verknappung des Teakholzes, zumal an leichter zugänglichen Stellen, veranlaßte Forderungen zur Einführung geregelter Bewirtschaftung der Teakwälder und erwirkte erste Maßnahmen. 1904 schilderte der Botaniker an der Forstakademie Hann. Münden, Professor Büsgen, der 1902 das Reichsstipendium für einen Forschungsaufenthalt am Botanischen Garten in Buitenzorg erhalten und sich dann mit den Forstverhältnissen auf Java vertraut gemacht hatten, die Vorgänge folgendermaßen:

"Da machte 1799, also ein Jahr nach Auflösung der Kompanie, der Gouverneur von Ostjava, Dirk van Hogendorp, in seinem Bericht über den damaligen Zustand der niederländischen Besitzungen in packender Sprache darauf aufmerksam, welchen Schatz man in den Teakwäldern besitze, wenn sie in sachkundiger Weise bewirtschaftet und genutzt würden. Erst unter dem noch heute im Andenken der Javanen lebenden (Generalgouverneur) Marschall Daendels (1801 bis 1811) aber kam eine Art von Forstverwaltung zu Stande, indem er zu Samarang ein aus einem Generalinspekteur nebst Sekretär und 5 Beisitzern bestehendes Verwaltungskollegium für die Teakwälder einsetzte. Den ersten Versuch mit forstlichen Fachleuten scheint der Generalgouverneur Rochussen gemacht zu haben, der 1847 von der niederländischen Regierung die Entsendung fachmännisch gebildeter Forstmänner aus Deutschland erbat. 1849 siedelten dann drei Deutsche aus dem ehemaligen Herzogtum Nassau nach Java über, zwei Forstbeamte und ein Landmesser, die mit der Aufsicht über das, was in den Teakwäldern geschah, mit der Kartierung und dem Entwurf einer Einteilung derselben, daneben auch mit der Anlage von Abfuhrwegen und Wasserwerken betraut wurden. Einem dieser Männer, Mollier, glückte es, 1854 in Rembang an Stelle der regellosen Ausbeutung parzellenweise Hauungen einzuführen, die sich zu dauernden Einrichtungen gestalteten. Freilich blieb daneben das alte System auch noch in Kraft, soweit es nicht infolge völliger Verwüstung der Wälder von selbst aufhörte."

Mit der beginnenden Kartierung und Aufgliederung der Forsten sowie der planmäßigen Konzentrierung der Teakeinschläge anstatt regelloser Eingriffe an Orten der bequemsten Nutzung war wenigstens an einer Stelle der richtige Weg eingeschlagen worden, was nun auch an den zahlreichen anderen nötig war.

Der dafür notwendige personelle Ausbau der Forstverwaltung auf Java erfolgte zunächst nur zögernd, dann ab 1865 und besonders gegen die Jahrhundertwende zwecks Durchführung erlassener Gesetze rascher. Bis zum Ersten Weltkrieg waren nach Mammen (1964) 15 deutsche Forstverwaltungsbeamte im Forstdienst auf Java eingesetzt; einer davon, Seubert, war dort 4o Jahre sehr erfolgreich tätig und brachte es bis zum Inspekteur. 1857 wurden die ersten 4 holländischen Forstleute, die in Karlsruhe studiert hatten, angestellt; von 1855 bis 1865 wurden 13 holländische Landwirte zur forstlichen Ausbildung nach Karlsruhe gesandt. Später erfolgte das forstliche Studium eine Zeitlang in Eberswalde. Zuletzt erhielt Wageningen eigene forstliche Dozenten, und zwar 1891 - 1899 nur einen, später zwei und "seit einigen Jahren" (von 192o aus gesehen) drei. Praktische Lehrzeiten legten die holländischen Anwärter für den Forstverwaltungsdienst auf Java zeitweilig in Preußen und Sachsen ab.

19o3 gab es auf Java, abgesehen von dem nicht mitgezählten untersten Personal, 142 Forstbedienstete +).

+) Eine weitere Personalaufstellung nach dem Stande von 1916 findet sich auf S. 141. Diese und andere neuere Angaben bis in die Zeit des Ersten Weltkrieges sind vor allem dem bayerischen Forstmeister Nirschl zu verdanken, der von 19o9 ab als Oberförster in der Forsteinrichtung und Verwaltung auf Java tätig war. Ein anschließender längerer Aufenthalt als

Austauschkriegsgefangener in Wageningen, wo ihm die gute Bibliothek der Land- und Forstwirtschaftlichen Hochschule und andere Unterlagen zur Verfügung standen, ermöglichten ihm die Ausarbeitung seiner 192o erschienenen sehr inhaltsreichen Schrift "Die Forstwirtschaft in Niederländisch Indien", der auch eine gute Karte der Waldungen auf Java beigegeben ist.

An der Spitze stand der in Batavia ansässige Hauptinspekteur, der bei dem Direktor des Departements des Inneren ressortierte. Das ihm unterstellte Personal gliederte sich in das Forstverwaltungspersonal und die "Forsteinrichtungsbrigade", eine Arbeitsteilung, die sich bewährt hat. Die Einrichtungsbeamten hatten die Aufgabe, definitive Betriebspläne für die Teakwälder zu entwerfen und die dazu nötigen Vermessungen und sonstigen Vorarbeiten, insbesondere auch die Markierung der Grenzen im Gelände, durchzuführen.

Dem Hauptinspekteur unterstanden 2 Inspekteure, von denen einer die Einrichtungsbrigade leitete und der andere im Auftrag des Hauptinspekteurs das Verwaltungspersonal zu kontrollieren hatte, ohne diesem über seinen Auftrag hinausgehende Vorschriften machen zu können.

Den beiden Inspekteuren folgten dienstrangmäßig 33 Oberförster (Houtvester), von denen 27 mit der Verwaltung von Teakforsten beauftragt waren. Zunächst wurden Teakforsten einzelner Distrikte vorläufig eingerichtet und verwaltet. Es wurde 1897, bis die erste voll eingerichtete Oberförsterei in Verwaltung genommen wurde; 1908 waren insgesamt erst 11 definitiv eingerichtet (Berkhout 1909). 3 der Oberförster gehörten der Einrichtungsbrigade an, einer war dem Hauptinspekteur insbesondere zur Regelung der Erbpachtsangelegenheiten beigegeben+) und einer war am Botanischen Garten in Buitenzorg als Leiter einer besonderen Abteilung zur botanischen Untersuchung der javanischen Waldbäume eingesetzt; von zahlreichen Reisen über die ganze Insel brachte er ein großes Material zusammen, das er mit dem Systematiker des Botanischen Gartens zu Buitenzorg bearbeitete.

+) Holländer konnten bis 250 ha auf 75 Jahre in Erbpacht zur Anlage von Plantagen erhalten. Bei Rodungen mußten die Wälder in bestimmten Abständen von Gewässern und Brunnen erhalten bleiben.

Das Fällen von Teakbeständen erfolgte früher vielfach als Frondienst der Bevölkerung. Ab 1865 wurde die Ausschreibung der Einschlagsflächen zwecks Durchführung der Hiebe durch private Unternehmer angeordnet, die bezahlte Arbeiter einzustellen hatten.

Eine Aufgliederung der Teakwälder in solche, die unter geregelte Verwaltung gestellt wurden und andere, bei denen dies nicht der Fall war, bewährte sich nicht, da die letztgenannten Wälder, die vor allem den lokalen Bedarf decken sollten, der Vernichtung entgegen gingen, ohne die Teakwälder unter geregelter Verwaltung zu entlasten. 1875 wurden daher alle Teakwälder unter geregelte Verwaltung gestellt und ein entsprechendes Polizeireglement veröffentlicht.

Über die aus Javanern gebildete Forstpolizei konnte die Forstverwaltung nur im Einvernehmen mit der allgemeinen Verwaltung verfügen. Wenig befriedigend waren auch die Verhältnisse der untersten Klasse der Forstbediensteten, der Forstwarte, bei denen es sich um ausgediente holländische Soldaten ohne jede Fachausbildung handelte. Ihre sehr niedrige Besoldung machte sie, deren Aufgabe der Schutz der Wälder war, nicht besonders pflichteifrig.

Die Betriebsregelung in den Teakwäldern geschah nach deutschem Muster. Die Betriebspläne wurden für 1o Jahre aufgestellt. Bei der Betriebseinrichtung wurden Jagen (Fächer) von 2o - 5o ha ausgeschieden, die für die ganze Oberförsterei durchlaufend numeriert wurden; sie konnten nötigenfalls in Unterabteilungen mit gleicher Bestockung aufgeteilt werden. Zu dem geschaffenen Wegenetz kamen in geeigneten Revieren Waldeisenbahnen, von denen es Ende 1916 bereits 856 km gab.

Die Einschläge erfolgten um die Jahrhundertwende zu einem geringeren Teil, nämlich in definitiv eingerichteten Forsten, in Regie der Forstverwaltung, die das angefallene Holz öffentlich versteigerte. Sonst wurden die Einschläge unter Aufsicht der Forstverwaltung durch Unternehmer - meist Chinesen -, die das zu vierkantigen Balken aufgearbeitete Holz nach den im Kontrakt für die einzelnen Stärkenklassen vereinbarten Preisen übernahmen.

Von dem erzeugten Teakholz wurden in der Kolonialzeit nur geringe Mengen exportiert. 19o2 wurden 16o 258 Festmeter Nutzholz und 38o 648 Raummeter Brennholz eingeschlagen; davon wurden nur 13 444 Festmeter ausgeführt, alles andere wurde im Lande verbraucht. Der Bedarf an Teakholz und die dafür auf Java erzielten Preise waren so hoch, daß wenig Anreiz zu Exporten bestand. Der Reingewinn der Forstverwaltung auf Java betrug 19o2 1 635 847 Gulen (Büsgen 19o4).

Der weitere personelle Ausbau der Forstverwaltung auf Java kommt in folgenden Zahlen nach dem Stande von 1916 zum Ausdruck (Nirschl 192o).

Hauptinspekteur, Vorstand des gesamten Forstwesens

In der Forstverwaltung waren auf Java eingesetzt:

4 Inspekteure
47 Oberförster
11 Aspiranten und Adjunkte
272 Förster und Lehrlinge
4o8 Forstwarte (Mantri)
664 Waldwärter

In der Forsteinrichtung waren beschäftigt:

1 Inspekteur
19 Oberförster und Aspiranten
11 Förster und Lehrlinge

9 Landmesser
25 Meßgehilfen

Die Fortschritte in der Forsteinrichtung lassen die folgenden Zahlen für den 1. 1.1917 erkennen (Nirschl 192o):

Teakwaldfläche 721 819 ha

Davon nicht reserviert nur	32 753 ha
Davon definitiv eingerichtet	2o3 o21 ha

Zahl der Oberförstereien 4o

334. Teakkultur

Ebenso wie in Indien bereitete auch auf Java die Anlage von Teakbeständen zunächst Schwierigkeiten. Die Teakkultur war Gegenstand wiederholter Streitigkeiten, die selbst in den Kammerverhandlungen in Holland eine Rolle spielten (Büsgen 19o4). Versuche mit Naturverjüngung befriedigten ebenso wenig wie Stockausschlagbetrieb. Auf Java wurde Teak zunächst breitflächig gesät, was sehr starke Abgänge durch Bodenverwilderung zur Folge hatte. Auch den Saaten auf Plätzen und selbst den Pflanzungen darauf wurde durch die üppige Bodenflora, zuma das Allang-Allang-Gras (Imperata cylindrica), stark zugesetzt.

Eine Wende in der Teakkultur auf Java leitete der Oberförster W. Buurman ein, der seit 1871 in den Forstdistrikten Tegal und Pekalongan Teakkulturen mit landwirtschaftlichem Mitanbau in der Absicht durchführte, die Teakkulturen dadurch zu verbilligen und zu verbessern+). Buurman hatte damit gute Ergebnisse, die aber nur wenig bekannt wurden. 1881 wurde er in die Residentschaft Semarang versetzt, wo er den mit Landwirtschaftsgewächsen kombinierten Teakanbau in großem Umfang durchführte. 1-83 berichtete er in einer Broschüre "De Djaticultuur" über sein Verfahren der Teakkultur, das sich dann allgemein einführte. Verschiedene Autoren haben Berichte darüber veröffentlicht (u.a. Seubert 1897, Büsgen 19o4, Nirschl 192o, Becking 1928, Hesmer 197o). Hier soll das Verfahren kurz an Hand einer Veröffentlichung geschildert werden, die Buurman in holländischer Sprache verfaßt hat und die dann in englischer Übersetzung 1892 in der Zeitschrift 'The Indian Forester' erschien, für deren Leser der Bericht gewiß von besonderem Interesse war, weil in Britisch-Indien einschließlich Burma auf Veranlassung von Brandis bereits seit etwa 4 Jahrzehnten Teakanbau ebenfalls

---

+)Der Anbau von Landwirtschaftsgewächsen in Teakkulturen wurde bereits in einem Forstreglement von 1865 gestattet. Anlaß dazu war, wie einleitend darin gesagt wurde, der Mangel an bestellbarem Land für die dichte Bevölkerung (Becking 1978).

In dem geplanten Forstreglement, das dann 1865 erlassen wurde, war auch eine Anleitung zu Teakkulturen vorgesehen. Der erste Entwurf hierzu wurde von den beiden deutschen Forstleuten v. Rößler und Mollier 1858 dem Direktor der Forstschule in Karlsruhe, Prof. Dr. Klauprecht, zur Begutachtung geschickt. Dieser gab der Pflanzung den Vorzug vor der Saat und empfahl die Waldfeldbaumethode. Die endgültige Anleitung von 1865 enthielt jedoch die Anordnung, daß soviel als möglich natürliche Verjüngung angewendet werden solle und daß für künstliche Verjüngung die Erlaubnis des Generalgouverneurs notwendig sei.

mit dem Anbau von Landwirtschaftsgewächsen kombiniert vorgenommen wurde.

Buurman schrieb, daß auf den aufzuforstenden Flächen, auf denen der Teakbestand abgeschlagen und das Holz abtransportiert worden war, im September und Oktober die Stellen, wo Teak angebaut werden sollte, von allen Unkräutern und Sträuchern gesäubert wurde. Baumstümpfe wurden durch darauf gehäuften Schlagabfall, der in Brand gesetzt wurde, getötet, damit sie keine Schößlinge austrieben. In 3 m voneinander entfernten Reihen wurden dann nicht unnötig große Pflanzlöcher in 1 m Abstand ausgehoben; auf mäßigen Böden waren die Abstände in den Reihen auf 1 1/2 bis 3 m zu vergrößern. Zur Auspflanzung wurden, wenn sie zur Verfügung standen, gesunde einjährige Wildlinge, die nicht mehr als 4 Blätter haben sollten, benutzt; sie sollten ausgehoben werden, sobald der Regen im November oder Dezember einsetzte. Die Löcher waren bei der Auspflanzung mit der Hand mit Erde zu füllen und anzudrücken. Auf nassen Stellen sollten die Reihen so weit aufgehöht werden, daß der Boden genügend trocken war. An die durchgeführte Teakpflanzung schloß sich eine Bearbeitung des Bodens zwischen den Reihen an, der von Unkräutern und Gesträuch zu reinigen war. Der Abfall sollte entfernt oder in den Boden gebracht werden, um als Dünger zu dienen. Sobald der Grund vorbereitet war, erfolgte das reihenweise Ausbringen der verschiedenen Arten von Landwirtschaftsgewächsen, Gemüsen und eventuell auch Gehölzen zwischen den Teakreihen. Alle Pflanzarbeiten sollten bis Mitte Januar beendet sein.

Sobald die Teakpflanzen und die Landwirtschaftsgewächse eine Höhe von 2o - 25cm erreicht hatten, wurde neue Erde aufgebracht. Die Reihen wurden sorgfältig unkrautfrei gehalten bis die Erntezeit heranstand. Nach der Ernte wurden die Stengel und Halme längs der Teakreihen ausgelegt, die davon Nutzen zogen. Darauf wurde der Boden zwischen den Teakreihen erneuert und für die zweite landwirtschaftliche Bestellung fertig gemacht; auch später waren die Teakpflanzen und landwirtschaftlichen Gewächse regelmäßig anzuerden. Diese Arbeiten dauerten bis zum Oktober. Auf normalen Böden erfolgte nur ein Jahr lang landwirtschaftlicher Mitanbau. Wenn alle Arbeiten termingerecht durchgeführt wurden, konnte damit gerechnet werden, daß die Teakpflanzen im Juni 1 1/2 m hoch waren und die kommende Trockenzeit überstehen würden.

All diese Arbeiten wurden mit Vertragsfarmern durchgeführt, denen die landwirtschaftlichen Erträge zustanden; sie erhielten außerdem einen vereinbarten Betrag, der mit einem Vorschuß und dann in 3 Raten jeweils nach Abschluß eines Arbeitsganges in Gegenwart von Zeugen ausgezahlt wurde. Je besser der Farmer nach seinem Garten schaut und ihn pflegt, schrieb Buurman, um so höher sind seine eigenen Erträge und der Nutzen für die Teakpflanzen. Da ein Kontraktant durchschnittlich nur 1/2 bis 1 Hektar bestellen und pflegen konnte, waren auf den großen Schlägen wie auch heute noch eine Menge von Leuten tätig.

Die durch die harten Schalen der Teakfrüchte behinderte Keimung der darin befindlichen Samen konnte durch Anlegen von Bodenfeuern zu Beginn der Trockenzeit im Juli und August, die die Schalen der abgefallenen Früchte etwas rösteten und aufspringen ließen, gefördert werden, so daß mehr Wildlinge ankamen. Das absichtliche Anlegen von Bodenfeuern nur zur Keimungsförderung war aber selten, da die benachbarte Bevölkerung ohnehin zu dieser Jahreszeit Bodenfeuer in den Teakwäldern anzulegen pflegte.

Im Gelände, in dem es keine fruchtenden Teakbestände gab, die Wildlinge liefern konnten, mußten Baumschulen angelegt werden. Um die Keimung des für dieses gesammelte Saatgut zu fördern, wurden die Teakfrüchte mit einer einen halben Fuß (= 15 cm) dicken Schicht von Allang-Allang-Gras bedeckt, das in Brand gesetzt wurde. Um zu verhindern, daß das Saatgut verbrannte, sollte die Masse ausgeschüttelt werden, bis die Asche kalt war. Das angekohlte Saatgut sollte dann angefeuchtet und gleich feucht in der Baumschule 3 Zoll tief eingesät werden. Es wurden dann noch ins einzelne gehende Erfahrungen über die zweckmäßige Behandlung in den Baumschulen und bei der Ausbringung der Pflanzen gegeben.

Für die Wahl der mitanzubauenden Landwirtschaftsgewächse wurden auf Grund gemachter Erfahrungen folgende Empfehlungen gegeben:

Als erstes sollte gleich nach der Teakpflanzung Mais gesät werden, dann sollte Tabak folgen, der guten Boden beansprucht. Für geringe Böden wurde die Euphorbiacee Jatorpha besonders empfohlen. Auch Erdnuß (Arachis hypogaea) war geeignet, da ihr üppiges dichtes Laub Unkräuter zurückhält. Zu Rhicinus communis, der von den Javanern viel angebaut wird, wurde für den Anbau mit Teak nicht geraten, weil er wenig Pflege benötigt und daher Gefahr bestand, daß auch der Teak nicht genügend gepflegt würde. Tapioka (Manihot esculenta) überschattet leicht die Teakpflanzen und war daher nur in genügendem Abstand anzubauen.

Büsgen zähle 19o4 noch eine Anzahl weiterer Pflanzen auf, die auf Java mit Teak angebaut wurden: Bergreis, Indigo, Sesam, Baumwolle, spanischer Pfeffer, Bohnen und die sich zu einem kleinen Baum auswachsende Leguminose Sesbania grandiflora, mit der versucht wurde, dem Wuchern von Allang-Allang-Gras entgegen zu treten.

Die mit Teak bepflanzte Fläche nahm nach der Entwicklung geeigneter Anbauverfahren, insbesondere des bis heute fast ausschließlich angewandten kombinierten land- und forstwirtschaftlichen Anbaus, rasch zu.

Nach Becking (1928) waren auf Java bis 1865 13 o94 ha Teak angebaut und bis 1926 insgesamt 251 122 ha. Eidmann gibt 1932 eine Teakfläche von 77o ooo ha an. Die japanische Besatzung während des Krieges, die folgenden Auseinandersetzungen zwischen Holländern und Javanern sowie die inneren Auseinandersetzungen im unabhängigen Indonesien haben die Teakwaldfläche gewiß vermindert. Bei einem Besuch auf Java 1966 wurde mir eine künstlich angelegte Teakfläche von ca. 5oo ooo ha angegeben. Persson gibt 1974 für 1967 576 ooo ha Teakpflanzungen an und für 1972 774 ooo ha, bezeichnet diese Zahlen aber als sehr ungewiß und sagt, daß die meisten Schätzungen niedriger lägen.

Das Anbauverfahren beim Teak war 1966 immer noch kombinierter Anbau, nur wurde auf den von mir besuchten Flächen statt Pflanzung Saat angewendet, wobei 4 - 5 Teaknüsse je Platz eingebracht wurden, deren Stielansatz stets nach unten gerichtet sein sollte. Der landwirtschaftliche Mitanbau wurde meist 2 Jahre hindurch vorgenommen. Außerdem wurden dem Teak zur Bodenpflege und zwecks zusätzlicher Brennholzerzeugung unterständig bleibende Leguminosenbäume beigepflanzt, und zwar in erster Linie Lauceana glauca und Acacia villosa.

Von den Teakbeständen, die aus der Zeit vor der Mitte vorigen Jahrhunderts beginnenden Teakkultur stammten, sah ich 1966 einen der angeblich letzten Bestände, der gerade gefällt worden war. Der Umtrieb künstlich angelegter Teakbestände beträgt je nach Bodengüte 8o - 12o Jahre.

335. Wildholzwälder

Neben den Teakwäldern gibt es auf Java die meist immergrünen sogenannten Wildholzwälder, die größere Flächen als die Teakwälder bestocken. Sie wurden 1916 auf 2 181 000 ha geschätzt (Nirschl 1920). Davon waren 1 265 000 ha dauernd zu erhaltende Wildholzwaldungen, von denen jedoch erst die Hälfte genau vermessen und abgemarkt war. In den Wildholzwaldungen sind auch wertvolle Baumarten enthalten, wie z.B. die bis 86 m hoch werdende sehr gradschaftige Altingia exclesa, ferner Schima noronhae, Michelia velutina, Castanopsis- und Podocarpusarten, Lagerstroemia flos reginae, Cedrela febrifuga, Pterocarpus indicus u.a. In höheren Gebirgslagen kommen vor allem in Ostjava Casuarinen in fast reinen Beständen vor. Die Wildholzwälder der Gebirge haben erhebliche Bedeutung für die Wasserwirtschaft. Die Regierung hatte daher aus landeskulturellen und holzwirtschaftlichen Gründen in einem Reglement von 1874 entschieden, daß auch Wildholzwaldungen unter geregelte Verwaltung gestellt werden könnten; 1884 erschien eine nähere Anweisung, um einen Teil von ihnen als "in Stand zu haltende Wildholzwälder" auszuscheiden. Das oberste Drittel bis Viertel der Wälder an den vielfach steilen Vulkanhängen wurde nach dem Gesetz von 1890 unter absoluten Schutz gestellt. Hier wurden auch Wiederaufforstungen vorgenommen.

Aus den nicht in Stand zu haltenden Wildholzwäldern hatten die Umwohner die wertvollen Baumarten schon vor der Jahrhundertwende ausgeraubt; übrig geblieben war ein dichtes Gewirr von niedrigen Bäumen, Sträuchern, Lianen und "kolossalen Kräutern". Im Unterschied zu den Teakkulturen wurden die Anbauten von anderen Baumarten als Wildholzkulturen bezeichnet. Dazu gehörten auch die mit dem auf Java heimischen Palisander (Dalbergia latifolia).

An fremdländischen Baumarten wurde schon im vorigen Jahrhundert Mahagoni (Swietenia macrophylla) angebaut. Als Schädling darauf nannte Büsgen 1904 eine Motte, deren Raupe die Triebe aushöhlt, worauf ihr Gipfel abstirbt und die Bäume ein besenartiges Aussehen bekommen; also auch auf Java gab es schon Hypsipyla-Befall an Swietenia. Als Gegenmittel wurde Zwischenpflanzung von Erythrina empfohlen, die der Schmetterling dem Mahagoni vorziehen soll.

Der Anbau des südamerikanischen Fieberrindenbaums (Cinchona), der in verschiedenen Arten zu Beginn der 50er Jahre vorigen Jahrhunderts in den Botanischen Garten in Buitenzorg gelangte, kam vorwiegend in von der Forstverwaltung unabhängigen Plantagen zum Anbau, wurde aber auch von dieser bei Wiederaufforstungen im Bergland verwendet, wo er bis in 2000 m Höhe gedeiht. In den Wildholzwäldern waren bis 1915 insgesamt ungefähr 19 000 ha aufgeforstet.

336. Forstliche Ausbildung und Forschung

Zur Ausbildung als Oberförster waren Studien zunächst in Deutschland, später in Wageningen zu absolvieren (s. Kap. 333.). Für den mittleren Forstdienst, dessen Aufgaben und Ausbildung nicht so klar umrissen waren, wie etwa die der Rangers in Britsich-Indien, bestanden weder in Holland noch auf Java besondere Forstschulen.

Die Ausbildung fand an Landbauschulen statt. Auf Java gab es in Buitenzorg (heute Bogor) eine Middelbare Landbouw School, an der Land- und Forstwirte ausgebildet wurden. 1939 wurde von dieser Schule zur Ausbildung der Förster eine Middelbare Boschbouw School abgetrennt, die in Madiun (Mitteljava) ihren Sitz hatte. Die Absolventen der beiden Schulen konnten an der Hoger Land en Boschbouw School in Wageningen weiter studieren.

1918 wurde die höhere land- und forstwirtschaftliche Schule in Wageningen zur wirklichen Hochschule mit Promotionsrecht erhoben; sie verlieh den Titel eines Ingenieurs = Diplomingenieurs, der Voraussetzung für die höhere Forstlaufbahn war.

Während die forstliche Ausbildung keine hervorragenden Besonderheiten aufwies, erfüllte die Niederländisch-Indische Forstliche Versuchsanstalt (Boschbouwproefstation) höchste internationale Ansprüche. Über die Errichtung, Organisation und Leistungen der Versuchsanstalt, die in Buitenzorg ihren Sitz hatte, gab der hessische Forstassessor Dr. F.E.Eidmann, der von 1931 - 1935 als Assistent an der Versuchsanstalt tätig war, 1932 einen eingehenden Bericht, aus dem nachstehend einiges mitgeteilt wird.

Bald nach der Jahrhundertwende wurden Stimmen aus der Praxis und Verwaltung laut, die zur Klärung der zahllosen Fragen, die mit der zunehmenden Intensivierung des Forstbetriebs auftauchten, die Errichtung eines forstwissenschaftlichen Instituts befürworteten. Daraufhin erhielt Oberförster Beekman 19o9 von der Regierung den Auftrag zu einer etwa zweijährigen Reise, um die forstlichen Verhältnisse und vor allem das forstliche Versuchswesen in Ländern mit entwickelter Forstwirtschaft zu studieren. Er besuchte zahlreiche europäische Länder sowie Japan und die Vereinigten Staaten. Nach Rückkehr nach Java begann Beekman mit vorbereitenden Arbeiten, die mit der 1913 erfolgenden Gründung der Boschbouwproefstation ihren Abschluß fanden. Direktor wurde Beekman, der allerdings 192o einen Ruf nach Wageningen annahm.

Die Versuchsanstalt war nicht nur für Java zuständig, sondern für ganz Niederländisch-Indien, dessen Bewaldung auf 12o Millionen ha geschätzt wurde. Sie arbeitete mit folgenden 7 Fachabteilungen:

- Botanisch-Holztechnische Walderforschung einschließlich Herbar
- Technologie
- Ertrags- und Zuwachsforschung
- Teakkulturuntersuchung
- Teaknaturverjüngung
- Forst-Hydrologie
- Wildholzbetrieb

Von den sehr zahlreichen Versuchs- und Forschungsvorhaben können nur einige genannt werden; zunächst Beispiele für Probeflächeanlagen:
- Zur Erfassung der geographischen Verbreitung der Bäume und der Art ihres Vorkommens und ihrer Behandlung führte eine Aufnahmebrigade in Niederländisch-Indien eine Inventur durch, bei der 1ooo m lange und 1o m breite Streifen genauest aufgenommen wurden; 1932 gab es 35oo solcher Probebahnen.
- Zur Aufstellung von Ertrags- und Massentafeln sowie vergleichende Durchforstungsuntersuchungen für Teak wurden sehr zahlreiche Probeflächen angelegt. Massentafeln wurden auch für verschiedene andere Baumarten aufgestellt.
- Besondere Bedeutung hatte die Arbeit der Abteilung für Teakkultur; etwa 25o Probeflächen hatten Teak als Hauptholzart mit den verschiedensten sonstigen Baumarten als Mischhölzer. 49 Flächen galten Unterbauversuchen. An Teakkulturfragen wurden u.a. bearbeitet: Pflanzverbände, Zwischenpflanzungen, Düngung und besonders intensiv Teaksaatgutfragen.

Dr. Charles Coster, der die Teakkulturabteilung leitete, begnügte sich bei seinen Untersuchungen nicht mit Stammessungen, sondern führte auch sehr intensive Ermittlungen an der Bewurzelung durch. Die Untersuchungen im Gelände wurden durch physiologische Experimente, vor allem solche über Wurzelatmung, ergänzt. Die Ermittlungen ergaben, daß Teak sehr flachwurzelnd und für die Wurzelatmung eine der sauerstoffbedürftigsten Baumarten Niederländisch-Indiens ist. Baum- oder Straucharten, die ebenfalls flachwurzelnd und sauerstoffbedürftig sind, bilden daher Konkurrenten des Teaks, die dessen Wuchsleistungen wesentlich mindern. Von den verschiedenen dem Teak versuchsweise beigemischten Baumarten übte Mahagoni (Swietenia macrophylla) die ungünstigste Einwirkung aus. Der in Südamerika beheimatete, im tropischen Asien von Gartenanbauten her weithin verwilderte Strauch Latana camara - ebenso wie Teak zu den Verbenaceen gehörend- übte starke Wuchsminderungen auf Teak aus; die Ursache liegt in seiner Flachwurzeligkeit und seinem sehr großen Sauerstoffbedürfnis. Der auch aus Amerika stammende kleine Leguminosenbaum Leucaena glauca, der Teakanbauten vielfach beigemischt wird, wurzelt dagegen tiefer als Teak und konnte bei einem Versuch dreimal so lange als Teak ohne Sauerstoff aushalten (Eidmann 1935). Leucaena ist daher für den Teak im Wurzelraum kein Konkurrent. Wo sie im Jungwuchsstadium den Teak zu überwachsen droht, kann sie leicht zurückgestutzt werden. Als Stickstoffsammler düngt Leucaena den Boden, von dem sie durch ihre Beschattung Vergrasung und andere Verunkrautung zurückhält.

Der Abteilung Forst-Hydrologie kam in einem Lande, in dem die Gebirgswälder für den Wasserhaushalt des Landes, insbesondere für die gleichmäßige Wasserversorgung der zahllosen bewässerten Reisfelder, lebenswichtig sind, besondere Bedeutung zu. Glücklicherweise konnte ein Versuchsgelände von 15oo ha Größe gefunden werden, das 35oo - 4ooo mm Niederschlag erhielt und mit Regenwald bestockt war. Das Gelände umfaßte das gesamte Quellgebiet zweier kleiner Flüsse, die nach ihrem Zusammenfluß in ein Tal münden, das 5o ooo ha bewässerte Reisfelder versorgt. Das ganze Gebiet war durch die topographische Abteilung des Forsteinrichtungsdienstes genauest unter Erfassung der letzten kleinen Quelle aufgenommen worden. Selbstregistrierende Regenmesser und Pegel stellten Niederschläge und Abfluß fest. Wenn diese nach etwa 7 Jahren ausreichend erfaßt waren, sollten im Einzugsgebiet eines Flusses 2oo ha kahlgeschlagen und längere Zeit offengehalten werden. Unterhalb der Kahlschlagstelle sollte der Schlamm aufgefangen und wöchentlich festgestellt werden.

Der Wildholzabteilung, die sich mit den Problemen aller nicht aus Teak gebildeten Wälder zu befassen hatte, war ein räumlich riesiges sowie waldkundlich umd waldbaulich sehr mannigfaltiges Gebiet übertragen. Die Anzucht von Industriehölzern zur Herstellung von Papier, Streichhölzern u.a. sowie die Gerbstofferzeugung gehörten auch zu ihren Aufgaben.

Die Ergebnisse der forstlichen Versuchsanstellungen wurden teils in kurzen, teils in buchförmigen Mitteilungen veröffentlicht. Seit 19o8 erschien monatlich die forstliche Fachzeitschrift "Tectona".

337. Zusammenfassung

Die unter Einsatz einer größeren Zahl von akademisch ausgebildeten holländischen und daneben deutschen Forstwirten ebenso entschieden wie planmäßig vorgenommene Einführung eines forstlichen Nachhaltsbetriebs in der Teakwirtschaft auf Java seit der Mitte des vorigen Jahrhunderts und die Ersetzung überalterter, ungepflegter Teakgehölze durch mit entwickelter waldbaulicher Technik geschaffene wertvolle Teakwälder stellen Leistungen dar, die in den Tropen nicht oft ihresgleichen finden. Diese Erfolge haben es letzten Endes auch bewirkt, daß die Teakwälder trotz allen Rodungsdrucks einer starken Überbevölkerung ihr Gelände im wesentlichen behaupten konnten. Der zunehmende Schutz und die begonnenen Wiederaufforstungen in den Wildholzwäldern der Berglagen versprachen günstige Auswirkungen auf die Deckung des Holzbedarfs und die Regelung des Wasserhaushalts. Die Ergebnisse der nach dem Ersten Weltkrieg anlaufenden Forschungsarbeiten der Forstlichen Versuchsanstalt in Buitenzorg (Bogor) gaben für die Teakwirtschaft und darüber hinaus gesicherte Grundlagen für Entscheidungen, wie z.B. in der Mischbestands- und Unterstandsgestaltung, die über Java hinaus internationale Beachtung gefunden haben.

34. Japanische Kolonien: Formosa

341. Geschichte. Bewaldung

Nach dem Chinesisch-Japanischen Krieg mußte China 1895 Formosa+) an Japan abtreten, das damit eine tropische Außenbesitzung kolonialen Charakters erhielt; nur von 1942 - 45 hatte Formosa den Status eines Teils des japanischen Staates. Die 35 961 km^2 große dem chinesischen Festland vorgelagerte Insel reicht von 21°45' n. Br. bis 25°38'; die nordsüdliche Länge beträgt 448 km, die größte Breite 144 km. Ein sich durch die ganze Insel von Süd nach Nord ziehendes bis fast 4000 m hohes Gebirgsland nimmt den Osten und die Mitte der Insel ein. Im Westen ist ihm eine 8000 km^2 große Küstenebene vorgelagert; nach den anderen Richtungen sind die Küstenebenen nur schmal.

Die Jahresdurchschnittstemperatur beträgt im Süden 25°, im Norden 21°. Formosa ist, abgesehen von dem mittleren Teil des

---

+) Während der japanischen Zeit wurde in der Literatur vor allem der portugiesische Name für die Insel gebraucht, nachher meist die einheimische Bezeichnung Taiwan.

westlichen Flachlandes, wo nur 2ooo mm fallen, niederschlagsreich. Der durchschnittliche jährliche Regenfall beträgt 43oo mm. Die höchsten Niederschläge von 1o 95o mm fallen an einem Hang, der nach der südöstlichen See gerichtet ist. Die starken Sommerregen bringt der Südostmonsun, die Winterregen der Nordwestmonsun (Passatwind). Formosa wird besonders im Südosten von Taifunen heimgesucht, die vor allem von Juli bis September einbrechen.

Taiwan war den Chinesen bereits in den ersten nachchristlichen Jahrhunderten bekannt. Die Besiedlung der ursprünglich nur von protomalaiischen Stämmen bewohnten Insel durch südchinesische Bauern begann erst im späten 17. Jahrhundert. Die Chinesen verdrängten die Urbevölkerung, die bis in unser Jahrhundert Kopfjagd betrieb, aus dem Flachland in das Gebirge. Nach dem Zweiten Weltkrieg kam Taiwan zurück an China. Als 1949 die chinesische Kuomintang-Regierung sich nach Taiwan zurückzog, folgten zahlreiche Anhänger. Die Bevölkerung betrug 1977 16,8 Millionen Einwohner; die Insel gehört heute zu den am dichtesten bevölkerten Gebieten der Erde.

In der Zusammensetzung der Wälder weist Formosa vor allem Ähnlichkeiten mit Südchina und Südjapan auf; zum Teil sind die Baumarten die gleichen oder nahe verwandt. Zu den Baumarten auf den Philippinen bestehen ebenfalls Beziehungen, wenn auch nur geringere; so kommt Acacia confusa, die auf Formosa Bedeutung hat, nur dort und auf den Philippinen vor (Li, Hui-Lin 1963). Dagegen hat die wichtigste südostasiatische Baumfamilie, die der Dipterocarpaceen, die von Ceylon bis zu den Philippinen in Hunderten von Arten vorkommt, auf Formosa keine Vertreter.

Die Bewaldung Formosas weist eine klare vertikale Gliederung auf, die Eschenlohr+) 1934 folgendermaßen wiedergab:

1. Küstengehölze, vorwiegend aus Pandanus
2. Aus devastiertem Regenwald hervorgegangenes Gebüsch, das bis etwa 600 m reichte.
3. Immergrüner Regenwald bis 1700 m (nicht selten auch bis 1900 m und darüber). In den artenreichen Wäldern sind Fagaceen, Lauraceen und Myrtaceen vorherrschend. Wichtigster Baum ist der Kampferbaum. In diesem Waldgürtel sowie etwas darunter und darüber kommt oft die auch in China, Korea und Japan verbreitete Quercus variabilis vor, eine laubabwerfende Eiche, die am unteren Stamm Kork bildet, der sie bei Waldbränden schützt; bei Bränden in Mischbeständen bleibt öfter allein die ostasiatische Korkeiche übrig, deren Kork auch genutzt wird.
4. Nadel- und Laubmischwälder in Lagen von 1700 m bis 2600 m, die zu den ergiebigsten Formosas gehören. Ihr Wert wird durch den Gehalt an Nadelhölzern bestimmt, von denen am wichtigsten die folgenden sind:

+) Dr. Hanns Eschenlohr, der Dozent für Forstwirtschaft an der Universität Kanton war, machte eine Studienreise durch Formosa, über deren Ergebnisse er 1934 berichtete. Vor ihm bereiste Dr. Amerigo Hofmann, k.k. Oberforstkommissär und Professor des forstlichen Bauwesens an der Universität Tokio, 1909 Formosa; er veröffentlichte seine Eindrücke u.a. in seinem 1913 erschienenen Buch "Aus den Waldungen des fernen Ostens."

Chamaecyparis formosensis+) und obtusa sowie Taiwania cryptomeroides und Libocedrus formosana.

5. Reine Nadelwaldungen bestocken die Hochlagen von 26oo bis ca. 36oo m. Hier bilden 2 Tannenarten ausgedehnte Plenterbestände, je eine Tsuga und Fichte kommen vor sowie 2 Kiefern. Die höchsten Lagen nimmt Juniperus squamata var. morrisonicola ein, der vor allem als dichtes Gebüsch vorkommt, aber auch baumförmig und dabei in 34oo m Höhe Wuchsleistungen bis 24 m erreicht.

Bei Eschenlohr ist 1934 eine Gesamtwaldfläche von 1 83o 8oo ha angegeben, was 51 % der Inselfläche entsprechen soll. Diese "Waldfläche" enthält aber neben eigentlichem Wald viel Gebüsch und Grasland, wie die nachstehende Aufgliederung zeigt:

	ha
reiner Nadelwald	2o2 9oo
Nadel-Laubmischwald	151 3oo
reine Laubwaldungen einschl. Gebüsch	741 9oo
Bambusgehölz	2 1oo
Gras- und Aufforstungsland	732 6oo

Welche Bedeutung dem Nadelwald zukam, kommt u.a. darin zum Ausdruck, daß seine Fläche nur 19 % der gesamten Waldfläche betrug, sein Derbholzvorrat aber 51,8 %.

+) Chamacyparis formosensis soll ein Alter von 6ooo Jahren erreichen und wäre damit der am ältesten werdende Baum der Erde.

342. Kampfernutzung

Der durch Destillation aus dem Holz des Kampferbaums gewonnene Kampfer war seit altersher ein begehrter Rohstoff. Cinnamomum camphora, eine Lauracee, war in Südchina und Südjapan sowie auf Formosa beheimatet, wo der Baum seine größten Vorkommen hatte. Durch den Übergang von Formosa an Japan erhielt dieses ein Monopol, das sich in Preissteigerungen auswirkte. Auf Formosa, wo die Chinesen schon 186o eine Monopolverwaltung für Kampfer errichtet hatten (Shioya 1967) verfuhren die Japaner 1899 ähnlich (Eschenlohr 1934).

In den Jahren vor 19o6 hielt sich die Kampferproduktion Formosas ziemlich konstant auf 4 1/2 Millionen lbs. und 1925 beliefen sich die Einnahmen des Kampfermonopols auf einen Betrag, der 14 Millionen Reichsmark entsprach. Allein Deutschland importierte 19oo für 6 Millionen Mark Kampfer (Tropenpflanzer 19o7, S. 331).

Noch im 16. Jahrhundert erstreckten sich nachgewiesenermaßen reich mit Kampferbäumen durchsetzte Waldungen bis in die Niederungen, wo sie unter dem waldzerstörerischen Vorgehen der chinesischen Siedler so gut wie verschwunden sind (Eschenlohr 1934). Als Japan Formosa übernahm, war der Kampferbaum nur noch im Bergland, und zwar besonders im mittleren und nördlichen, in größerem Umfang vertreten. Die Kampferbäume, die mit zu den stärksten Laubbäumen gehören, kommen nicht bestandsweise, sondern verstreut vor, höchstens 6 bis 1o je ha. Die Gewinnung des Kampfers erfolgte, wie Hofmann (1913) berichtete, in primitiven Öfen, wobei die Baumstämme in kleine Späne zerschnitten und einer trockenen Destillation unterzogen wurden.

Die Schwierigkeiten bei der Kampfergewinnung bestanden in der ständigen Bedrohung der chinesischen Waldarbeiter durch die malaiischen Kopfjäger. Auch der Anschluß an Japan führte hier keine rasche Änderung herbei.

Hofmann hatte Gelegenheit, eine Kopfjägersiedlung zu besuchen. Er schrieb: "Ich zählte Menschenköpfe, Wildschweinschädel und Hirschgeweihe an die Hunderte, die im 'Junggesellenheim' und in der Hütte des Häuptlings aufgespeichert waren."
Das Kapitel über Formosa beendete Hofmann mit der Feststellung, daß der permanente Kriegszustand an der Grenze des Eingeborenengebiets vorläufig noch fortdauerte. Eschenlohr war 3 Jahrzehnte später der Meinung, daß die Kopfjägerei durch das Geraufe um den Kampferbaum erst so recht in Übung kam.
Bei der Gewinnung von Waldgelände, das besonders reich mit starken Kampferbäumen bestockt war, wurde vor grausamen Methoden nicht zurückgeschreckt. Eschenlohr berichtet, daß Chinesen Eingeborene zu Verkaufsverhandlungen in ihre Dörfer lockten, mit Reiswein bewirteten und dann erschlugen.
Der besondere Haß der Kopfjäger gegen die in ihre Siedlungsgebiete vordringenden Chinesen kam auch darin zum Ausdruck, daß Schädel von Chinesen zehnmal so hoch bewertet wurden wie solche von Japanern.

Trotz aller Behinderungen nahmen die Kampferbaumbestände ständig ab. Eschenlohr schrieb 1934, daß Kampferbäume mancherorts schon stark auf enge, unerschlossene Schluchten und unzugängliche Steilhänge zurückgedrängt seien. "Wirklich wertvolle alte Bäume, denn der Kampfergehalt steigt mit zunehmendem Alter beträchtlich, finden sich fast nur noch in den von wilden Kopfjägerstämmen besiedelten Räumen." Diese Räume waren damals aber immer noch nicht ganz unbedeutend.
Der Derbholzvorrat an Kampferholz wurde 1955 mit 2 544 ooo fm angegeben, was 1,4 % des gesamten Derbholzvorrats entspricht (Weltforstatlas 1957).

Nach der Statistik nahm der Kampferexport seit Beginn der 3oer Jahre ab. Darin kommt einmal die forstschreitende Minderung der Kampferbaumvorräte zum Ausdruck und zum anderen die in den 3oer Jahren sich einführende Verwendung von synthetischem Kampfer.

343. Holznutzung

Größere Nutzholzeinschläge zum Export erfolgten auf Formosa erst einige Jahrzehnte nach der Übernahme durch die Japaner. Professor Hofmann war auf seiner 19o9 durchgeführten Reise, die das Gebirge im Norden wegen der Kopfjäger mied und nur die Mitte des Landes bei Mount Morrison erfaßte, sehr beeindruckt durch die starken Bäume von Chamaecyparis formosensis, von denen der stärkste mindestens 25o fm Derbholz hatte; der massenreichste Bestand wies 24oo fm je ha auf. Über größere Holznutzungen konnte Hofmann noch nichts berichten.

Als Dr. Eschenlohr in den 3oer Jahren seine Bereisung durchführte, konnte er u.a. die Ausbeutung eines besonders wertvollen Nadelholzgebiets mit modernsten Transportanlagen besichtigen.

Im Bereich der 23oo m hoch gelegenen Forststation Arisan, die 4o Meilen von Kagi entfernt lag, befand sich ein Wald, der ein geschlossenes Areal von rund 11 ooo ha bedeckte, ein vollkommen urtümliches Waldgebiet, das sich durch einen besonderen Reichtum vielhundertjähriger und tadellos gewachsener Chamaecyparisstämme auszeichnete. Eine Kommission hatte allein den Ertrag an Chamaecyparisstämmen auf 2 718 72o m^3 geschätzt. Für den Abtransport des Holzes war die Anlage einer Waldbahn nötig, über die Eschenlohr (1934) berichtete:

"Die dabei zu überwindenden Schwierigkeiten waren ungeheuer. Schon die Vermessungsarbeiten haben manchen Beamten, die sich zur Einmessung der Trasse oft an Strickleitern über die jäh abstürzenden Steilhänge herablassen mußten, das Leben gekostet. Beim Bau der Bahn vollends waren die, durch Steinschläge und Abstürze verursachten Verluste so schwer, daß die beschäftigten Arbeiter scharenweise ausrissen und nur durch Anwendung von Gewalt zur Fortsetzung der Bauarbeiten veranlaßt werden konnten. Insgesamt mußten 72 Tunnel gebohrt und 65 Brücken errichtet werden, um die, an den steilsten Stellen in Spitzkehren bergan führende Trasse, die auf Zweidrittel der Gesamtstrecke eine Steigung von 1 : 2o zu überwinden hat, von dem wenige Meter über dem Meeresspiegel liegenden Kagi auf 24oo m Höhe zu führen. Die Bahn ist damit die steilste und höchste des gesamten japanischen Reiches und des ganzen 'Fernen Ostens' überhaupt."

Es mag noch hinzugefügt werden, daß sich am Auslauf der Arisaner Waldbahn bei Kagi "ein ganz neuzeitlich eingerichtetes Sägewerk befindet, das das größte seiner Art im ganzen japanischen Reiche darstellt."

344. Aufforstungen

Dem Leser der vorstehenden Schilderung einer Großexploitation stellt sich die Frage, wann und wie die Wiederaufforstung der Kahlschläge erfolgte. Eschenlohr gab sofort die Antwort:

"Ich habe bei meinem stundenweiten Streifen durch den Wald von Arisan keinen noch so jungen Schlag gesehen, der dem Hieb auf dem Fuß folgend, nicht wieder aufgeforstet worden wäre."

Dagegen wurde von Eschenlohr bemängelt, daß die Wiederaufforstung von eingeschlagenen Nadelwaldbeständen ausschließlich mit Nadelhölzern erfolgte, und zwar stark vorwiegend mit der auf Formosa von Natur aus nicht vorkommenden Cryptomeria japonica, die in Reinbeständen angebaut wurde. Eschenlohr fürchtete, daß Cryptomerienreinbestände stärker durch Brände und Insektenschäden gefährdet seien und daß, wenn auch in der ersten Generation noch nicht wahrnehmbar, mit Sicherheit ein Rückgang der Bodenkraft eintreten würde.

3o Jahre nach Dr. Eschenlohr habe ich Taiwan 1963 bereist und dabei meine Aufmerksamkeit besonders auf die Cryptomerien gerichtet, die mir schon von Japan her, das ich den Vorzug hatte, ein halbes Jahr forstlich zu bereisen, gut bekannt war. In Japan,wo die Cryptomerie die am meisten angebaute Baumart ist, wird sie nicht nur normalerweise in reinen Beständen angebaut, sondern vielfach auch in einklonigen, was leicht möglich ist, da sie sich gut durch Stecklinge vermehren läßt. Der wiederholte Reinanbau wird beim Anbau auf geeigneten Standorten nicht abgelehnt+); in Kitayama bei Kioto werden Cryptomerien, die Holz besonders hoher Qualität liefern, seit vielen Jahrhunderten in Reinbeständen angebaut.

+) Die Cryptomerie ist jedoch nicht geeignet, überall angebaut zu werden. Das Taiwan Forestry Bureau empfiehlt in seiner 1966 erschienenen Schrift "Forestry of Taiwan" bei ihrem Anbau folgende Standortsbegrenzungen einzuhalten:

Höhengürtel im Norden der Insel	8oo - 18oo m
" in der Mitte der "	1ooo - 2ooo m
" im Süden der "	12oo - 22oo m

Der Boden soll tiefer sandiger Lehm sein, das Klima humid (8o-9o%), der Regen mehr als 17oo mm. Anbau soll nur auf den regenreicheren Ost- und Nordhängen erfolgen. Wo die verhältnismäßig hohen Nährstoffansprüche, die Cryptomeria hat, nicht erfüllt sind, wird in Japan in großem Umfang die mit geringeren Böden zufriedene Chamaecyparis obtusa angebaut, die sowohl in Japan wie Formosa natürlich vorkommt.

Auf Taiwan fand ich die vielen in japanischer Zeit angelegten Cryptomerienreinbestände in bester Verfassung. Die Zuwachsleistungen waren sehr befriedigend; bei wüchsigen Beständen erreichte der Durchschnittszuwachs Leistungen zwischen 3o und 35 fm je Jahr und Hektar.

Welche Baumarten und in welchem Umfang sie in der japanischen Zeit angebaut wurden, ist nicht bekannt; die vorhandenen Angaben haben keine genügenden Aussagewerte.

Der Weltforstatlas gibt auf Blatt China, Korea, Taiwan 1957 an, daß von 19oo bis 1941 3oo ooo ha aufgeforstet wurden. Persson gab für den Stand von 1968 an, daß abgesehen von Bambus, 235 ooo ha künstlich angelegte Forstbestände vorhanden waren, davon 97 ooo ha Nadelbäume und 139 ooo ha Laubbäume; bei den letzten handelt es sich hauptsächlich um Acacia confusa, die in nachjapanischer Zeit angebaut wurde. Wahrscheinlich waren aber auch einige Anbauten von Kampferbäumen darunter, mit deren Anlage 1912 begonnen wurde (Shioya 1967).

Wenn auch genaue schriftliche Belege über die japanischen Aufforstungen nicht verfügbar sind, so beweisen die geschaffenen Bestände dem Besucher, daß die Japaner bestrebt waren, den aus früheren Zeiten noch vorhandenen Ödländern nicht noch weitere hinzuzufügen, sondern vielmehr neue versprechende Baumbestände an Stelle der genutzten zu schaffen.

Daß die Japaner schon früh die Absicht hatten, forstliche Erkenntnisse auf Formosa zu gewinnen und zu verwerten, ergibt sich daraus, daß die japanische Regierung 1911 die Forstliche Hauptversuchsanstalt in der Hauptstadt Taipei (heute Taipeh) errichtete und ihr alle Unterstützung als Zentrum zum Studium der tropischen Forstwirtschaft gab. 1919 wurde eine Höhere Forstschule ebenfalls in Taipei gegründet. Anbauversuche mit zahlreichen Baumarten aus den Bereichen aller Tropen zeigen, daß die Interessen weit gespannt waren.

35. Deutsche Schutzgebiete in Afrika

Die Deutschland für tropenforstliche Betätigung gesetzte Zeit umfaßte nur die kurze Spanne vom letzten Jahrzehnt vorigen Jahrhunderts bis zum Beginn des Ersten Weltkriegs. Bei der forstlichen Behandlung kam dem Waldschutz und der Waldschaffung sowie der Forsteinrichtung neben der Waldnutzung besondere Bedeutung zu.

Oberste Behörde der Schutzgebiete war von 1894 bis 19o7 die Kolonialabteilung des Auswärtigen Amtes in Berlin, anschließend das Reichskolonialamt mit einem Staatssekretär, der dem Reichskanzler unterstand. An der Spitze der 4 afrikanischen Schutzgebiete - Deutsch-Ostafrika, Kamerun, Togo und Deutsch-Südwestafrika- standen Gouverneure.

Eine botanische Betreuung erfolgte durch die 1891 gegründete Botanische Zentralstelle für die Kolonien am Botanischen Garten und Museum in Berlin, die 19o2 mit dem Garten und Museum nach Berlin-Dahlem verlegt wurde; Leiter war Dr. A. Engler, dem seit 1889 das Ordinariat für Botanik an der Universität Berlin übertragen war.

351. Deutsch - Ostafrika

351.1 Land, Forstorganisation, Waldschutz

Nach Abschluß des Vertrages, in dem England und Deutschland ihre Interessensphären abgrenzten, übernahm die deutsche Regierung am 2o.11.189o die Hoheitsrechte in Deutsch-

Ostafrika. Der Sitz des Gouverneurs war Daressalam. Regionalbehörden waren die Bezirksämter, deren Zahl am 1. Januar 19o3 zwölf betrug. 1892 kam der erste Forstmann nach Deutsch-Ostafrika, dem andere, die vor allem Gutachten erstellten, folgten. Für die in Deutsch-Ostafrika tätigen Forstleute gab es zunächst keine Planstellen; sie waren zumeist bei Bezirksämtern eingesetzt. Anfang des Jahrhunderts entschloß sich Gouverneur Graf Goetzen, "einen forstlichen Apparat größeren Stiles" einzuführen und berief als dessen Leiter den früheren sächsischen Forstassessor Eckert, der von 1892 bis 1897 auf Java in der Forsteinrichtung tätig gewesen war und 19o3 hauptamtlich angestellt wurde. Eckert leitete etatmäßig die Verwaltung des Forstbezirks Daressalam; 19o5 wurde er außerdem zum kaiserlichen Oberförster und Referenten beim Gouvernement und 19o6 zum Regierungs- und Forstrat ernannt. Er hatte nicht nur alle forstlichen Gouvernementsaufgaben zu erledigen, sondern bis zur Schaffung eines landwirtschaftlichen Referats auch noch dessen Aufgaben. 19o9 kehrte Eckert nach Deutschland zurück; ihm folgte der frühere badische Forstassessor und spätere kaiserliche Oberförster bzw. Forstrat Dr. Holtz in seinen forstlichen Ämtern (Schöpffer 19o8; Mammen 1964).

Nach Inkrafttreten der Waldschutzverordnung vom 1o.9.19o4 empfahl Eckert dem Bouverneur, 6 Forstbezirke zu bilden, die mit je einem Forstverwaltungsbeamten und mehreren Förstern besetzt werden sollten, deren Dienststellen als Forststationen bezeichnet wurden. Die Personalausstattung von 6 Forstbezirken erwies sich indessen als zu hohe Kosten verursachend und so wurde sie 1911/12 auf je eine Forstverwaltung in Daressalam, in Wilhelmstal (Lushoto, Usambaragebiet) und in Mohoro (am Rufijidelta) reduziert (Gieseler 1912). Jede Forstverwaltung war für eine Reihe von Bezirksämtern zuständig. Mammen führte

1964 für die Zeit von 1892 bis 1914 insgesamt 32 deutsche Forstwirte, zum weitaus größten Teil Forstverwaltungsbeamte, namentlich auf. Bei Beginn des Ersten Weltkriegs bestand das Forstpersonal aus 5 Forstverwaltungsbeamten und 14 Förstern sowie 123 einheimischen Waldwärtern (Büsgen 1913).

19o2 begann im Auftrag des Gouverneurs Graf von Goetzen der Ausbau des in 9oo m höhe in Ostusambara großzügig geplanten Biologisch-Landwirtschaftlichen Instituts Amani; es führte auch für forstliche Zwecke Versuchsanbauten sowie Bestimmungen und Analysen durch.

Die sich weitgehend mit der des heutigen Staates Tanzania deckende Abgrenzung des deutschen Schutzgebiets in Ostafrika erstreckte sich vom Indischen Ozean bis zu den großen afrikanischen Seen; die Breitenlage reichte südlich des Äquators von 1° bis fast 12°. Mit 993 5oo km^2 war Deutsch-Ostafrika das größte der deutschen Schutzgebiete; es hatte fast die vierfache Fläche der BR Deutschland. Bei Kriegsbeginn gab es 1645 km Eisenbahnen. Die Bevölkerung betrug 1913 nur 7 646 ooo Einwohner; die größte Gruppe bildeten Landbau betreibende Bantus. Dazu kamen nilotische Hirtenstämme, wie z.B. die Masai. Das trockene Landesinnere war nur spärlich bevölkert. Längs der Küste wohnte das afrikanisch-arabische Mischvolk der Suaheli, deren Sprache, das Kisuaheli, weitvertreitete Umgangssprache in Ostafrika ist.

In einem äquatornahen niederschlagsarmen Land wie Deutsch-Ostafrika, wo sowohl der Plantagenanbau als auch die Landwirtschaft der Einheimischen ständig bewaldetes Gelände beanspruchten, war es von größter Bedeutung, die noch vorhandenen sehr begrenzten Gebiete mit hohen geschlossenen Waldungen, die wertvolle Hölzer enthielten, zu schützen und außerdem dahin zu wirken, daß die von Bränden bereits stark devastierte Vegetation nicht noch weiter degradiert wurde. Daß noch Vorräte nutzbarer Werthölzer vorhanden ware, ist mit auf die früh erlassenen Forstschutzverordnungen zurückzuführen, die damit begannen, daß der Afrikaforscher und spätere Gouverneur von Deutsch-Ostafrika, H. von Wissmann, bereits 1895 eine Waldverordnung für das Usambaragebiet erließ. Im gleichen Jahr wurde alles nicht in Privatbesitz stehende Land als Kronland erklärt; 1904 folgte die Errichtung von Waldreservaten, deren weitere Nutzung in Eigenregie oder durch Verpachtung der Fiskus sich vorbehielt. Weitere Waldschutzverordnungen wurden 1908 und 1909 erlassen. Bei Pachtverträgen mit Privatunternehmern behielt das Gouvernement sich vor, innerhalb der zur Nutzung verpachteten Gebiete Waldflächen, Samenbäume und Jungwüchse, deren Erhaltung im Interesse der Landeswohlfahrt geboten war, von der Ausbeutung auszuschließen.

Bei der Errichtung von Reservaten konnten im Gelände befindliche Hütten enteignet werden, doch sollte für Umsiedlung und Ernte genügend Zeit gelassen werden. In der Umgebung von Dörfern sollte etwa das Vierfache dessen, was die Bewohner unter Kultur hatten, als ihr Eigentum ausgeschieden werden. 1911 waren 484 418 ha an Reservaten ausgeschieden. Die Waldungen am Kilimandscharo, Meru und im westlich von Daressalam gelegenen Ulugurugebirge wurden nicht nur als Reservate, sondern auch als Schutzwälder angesehen, denen für Bodenerhaltung und Regelung des Wasserhaushalts große Bedeutung zukam.

Auf Brandschutz wurde besondere Mühe verwendet. Es wurden Feuerschutzstreifen angelegt, die man versuchsweise mit dem südamerikanischen Kautschukbaum Manihot glaziovii bebaute, der die Kosten reichlich decken sollte. Streifenweise Anpflanzungen mit der raschwüchsigen, dichtkronigen Cassia florida (heute C. siamea) sollten ebenfalls Brandschutz bewirken. Waldvernichtende Grasfeuer und das Abbrennen von Wald zur Gewinnung von neuem Kulturland waren strikt untersagt. Man war jedoch der Auffassung, daß ein gänzliches Verbot des Grasbrennens sich nicht durchführen ließ, weil es zu tief in die Wirtschaftsweise der Eingeborenen eingreifen würde.

351.2 Standorts- und Vegetationsverhältnisse

Das Gelände Deutsch-Ostafrikas besteht zum großen Teil aus 1ooo - 12oo m hohen Plateaus. Ihnen sind im Nordosten die hohen Vulkanberge Kilimandscharo (5895 m) und Meru (4567 m) aufgesetzt. An Bergländern sind forstwirtschaftlich von größerer Bedeutung als die Vulkanberge die ziemlich küstennahen ebenfalls im Nordosten gelegenen Usambaraberge (223o m), deren niederschlagsreicher Ostteil bis über 2ooo mm Regen erhält, während der Westteil wesentlich trockener ist. Insgesamt liefert das Usambaramassiv mehr Wasser als irgend ein anderes Gebirge von Deutsch-Ostafrika. Das gilt einschließlich des westlich von Daressalam gelegenen kleineren Uluguruberglands (fast 25oo m), wo für die 4 Jahre 1899 - 19o3 am Osthang im Durchschnitt 42o3 mm gemessen wurden - die weitaus höchsten Niederschläge in ganz Deutsch-Ostafrika.

Das Landesinnere stellt ein geschlossenes Trockengebiet dar, in dem die Niederschläge zwischen 5oo und 75o mm liegen. Umgeben wird dieses Gebiet im Westen wie im Südosten von Gebieten, die 75o bis 1ooo mm erhalten. Abgesehen von den genannten Gebirgen erhalten 1ooo - 15oo mm Niederschläge nur Küstengebiete im mittleren Bereich und ein Gebiet im Südwesten des Schutzgebiets.

Auf der von A. Engler bearbeiteten, 1914 veröffentlichten farbigen sehr aufschlußreichen Vegetationskarte von Deutsch-Ostafrika werden folgende 13 Vegetationsformen ausgeschieden:

1. Salzsteppen
2. Mangrove und Creekland
3. Alluvialland mit westafrikanischen Formen
4. Alluvialland regenarmer Gebiete, häufig parkartig
5. Tropischer Regenwald der Ebene und der Gebirge
6. Nebel- oder Höhenwald
7. Parkartiges Gehölz des Küstenlandes mit großer Mannigfaltigkeit der Bäume und Sträucher
8. Trockenes Buschgehölz, auch Gebirgsbusch, zum Teil mit dauerblättrigen Formen, stellenweise mit Bäumen und vielfach in Busch- und Baumgrassteppe übergehend
9. Buschreiche Einzelberge
10. Trockenwald (Steppenwald, Miombowald) oder grasarme Baumsteppe mit Vorherrschen weniger Baumarten, die einzelnen Arten oft in Beständen
11. Hochweideland und Hochgebirgssteppe nebst Hochgebirgsbusch, auch Felsen- und Geröllvegetation der oberstern Regionen
12. Offene Grassteppe, nur mit sehr vereinzelten Bäumen oder Sträuchern
13. Grasarme Steppe, oft steinig, bisweilen auch mit niedrigen, meist dornigen Sträuchern und Bäumen, dann grasarme Obstgartensteppe

H. Meyer sagt in seinem 1914 erschienenen großen Werk "Das Deutsche Kolonialreich" in dem Abschnitt über die Vegetation in Deutsch-Ostafrika, daß man sich hüten müsse, aus dem Charakter der Vegetation ohne weiteres Rückschlüsse auf das Klima, insbesondere auf die Niederschläge zu ziehen, da das natürliche Vegetationsbild künstlich stark verfälscht sein kann, was vor allem durch das alljährliche Abbrennen der Eingeborenen für ihre Feldwirtschaft und für ihre Viehweide erfolgt. Meyer (1914, S. 53/54) weist ferner darauf hin, daß in regenreichen Gebieten, wo der ursprüngliche Wald durch den Menschen vernichtet wurde, der hygrophytische Regenwald sich trotz aller Schonung nicht regenerieren kann, weil der ursprüngliche Wald unter günstigeren Verhältnissen des Klimas und des Bodens entstanden war.

351.3 Behandlung einheimischer Wälder

351.31 Miombogehölze

Die verbreitetste Waldformation in Deutsch-Ostafrika bzw. Tanzania ist, wie die Englersche Karte klar zum Ausdruck bringt, das Miombowaldland (miombo woodland), das vor allem aus den Leguminosenbäumen Brachystegia (14 Spezies) und Julbernardia (2 Spezies) besteht; den Namen Miombo hat die Gehölzformation von dem Eingeborenennamen für Brachystegia. Die Miombogehölze nahmen nach Persson (1974) in Tanzania Anfang der 7oer Jahre 37,6 Millionen ha ein. Andere Trockengehölze werden aus Akazien gebildet. Die bisher genannten Baumarten haben gefiederte Blätter; aus Bäumen mit einfachen Blättern besteht das Combretaceenwaldland der Trockengebiete. Zu diesen Waldländern kommt noch das nur locker mit Bäumen überstreute Grasland (wooded grassland, wooded savanna), das nur zu einem Bruchteil Kronenbeschirmung hat. Auf manchen Flächen stockt in den Grasländern nur spärliches Gebüsch; auf anderen fehlt Gehölz fast ganz oder völlig. Solche heute baumlosen Flächen müssen, wie Busse 19o8 aus vorhandenen isolierten Vertretern der Baumflora in einem typischen Steppengebiet des zentralen Ostafrikas, in Ugogo, mit Sicherheit zu erkennen glaubte, in früherer Zeit auch mit Miombogehölzen bestockt gewesen sein. Die Miombogehölze und die Grasländer stehen seit langem unter der Einwirkung häufiger anthropogener Brände.

Das Holz der sehr ausgedehnten, nur schwach besiedelten Miomboflächen findet nur örtliche Verwendung. Die einzige Wertholzart darin ist Pterocarpus angolensis, ein bis 15 m hoher Baum mit schönem, resistenten Holz (Lind and Morrison 1974).

351.32 Gebirgswälder, insbesondere aus Juniperus procera

Hohe geschlossene Gebirgswälder stockten in niederschlagsreichen Berglagen im Nordosten von Deutsch-Ostafrika unter anderem an den luvseitigen Hängen von Kilimandscharo und Meru sowie in den Usambarabergländern und dem an diese anschließenden Paregebirge. Besonders dicht bewaldet war das weiter südlich gelegene regenreiche Ulugurugebirge. Büsgen gab die Fläche der hohen geschlossenen Wälder im Schutzgebiet 1913 mit etwa einer Million ha an, was einem Prozent der Landesfläche entsprach. Zu Beginn der 7oer Jahre wurde die Fläche geschlossener montaner Wälder mit 1 36o ooo ha angegeben (Persson 1974).

Diese von Engler auf seiner Vegetationskarte von Deutsch-Ostafrika als tropischer Regenwald der Gebirge sowie Nebel- und Höhenwald bezeichneten Bergwälder, die Schimper (1898, S. 58) "temperierter Regenwald" nannte, enthielten zu einem erheblichen Teil Koniferen. Podocarpus kam in mehreren Arten vor. Wichtiger noch war der Riesenwacholder (Juniperus procera), dessen Holz für Bleistifte (African pencil cedar) und viele andere Zwecke recht begehrt war und noch ist; in der Kolonialzeit wurden in Deutschland je fm 2oo Mark und darüber für das Wacholderholz bezahlt. Der Riesenwacholder hat in den Bergen von Äthiopien, Kenia und Tanzania auch heute noch größere Vorkommen, war aber um die Jahrhundertwende verbreiteter. In

Gebirgen, die feuchten Seewinden ausgesetzt sind, fehlt er auf den windexponierten Lagen und stockt auf den trockeneren Leeseiten; in den Usambarabergen hat er ein besonders massiertes Vorkommen im Schumewald, dem südwestlichsten und trockensten Teil des Berglandes. Am Kilimandscharo treten Bestände am trockenen Nordabhang zwischen 2000 und 2800 m auf. In den höchsten Lagen erhalten die Wacholderbestände im Winter trotz der Äquatornähe zuweilen etwas Frost (Engler 1908).

Der Höhen von 30 bis 50 m und Durchmesser bis über 1 1/2 m erreichende Riesenwacholder stockt vielfach in reinen Beständen oder doch vorherrschend. Er findet sich aber auch mit Podocarpus gemischt; am Hang des Keniaberges sah ich einen großen Wacholderbestand mit unterständigem Podocarpus milanjianus. An Laubbäumen stocken öfter Olea africana und O. welwitschiii zusammen mit Wacholder. In den meisten Beständen ist jedoch Juniperus in der oberen Kronenschicht rein oder doch dominierend.

Der Riesenwacholder besitzt 2 Eigenschaften, die ihn gegenüber anderen Baumarten benachteiligen: er ist sehr lichtbedürftig und in der Jugend langsamwüchsig. Die besten Aussichten für eine natürliche Verjüngung werden ihm daher auf Freiflächen ohne Baumbestand und sonstige ihn bedrängende Vegetation geboten, eine Voraussetzung, die am ehesten auf Brandflächen gegeben ist. Der eindeutig niederschlagsärmere Berglagen bevorzugende Wacholder ist hier überdurchschnittlich branddisponiert; vermutlich besitzt er auch brandfördernde Harze. Häufiges und reichliches Fruchten vermehrt die Aussichten auf Verjüngung. Die meisten der nur begrenzten künstlichen Wacholderanbauten, die ich in Ostafrika gesehen habe, ermutigen nicht zu großen Anbauten. Dagegen sah ich 1964 in Kenia im Bahaliforst eine offensichtlich wüchsige mehrere Meter hohe, große Wacholderanflugfläche im Dickungsstadium in der Nähe eines Sägewerks, auf dem ausschließlich Wacholderholz eingeschnitten wurde. Wie mir gesagt wurde, war der Wacholderanflug nach einem von Menschen verursachten Waldbrand angekommen. Zur Zeit meines Besuches grenzte die Verjüngungsfläche an einer Seite an ein Wacholderaltholz.

Es dürfte anzunehmen sein, daß die Bestandeserneuerung normalerweise über Brände, seien es natürliche oder anthropogene, erfolgt. Es handelt sich also bei den Wacholderbeständen Ostafrikas um eine Feuerklimaxformation. Sollten Brände ausbleiben und die offensichtlich recht als werdenden Wacholderbestände sich lichten oder absterben, würden Wälder aus anderen Baumarten an ihre Stelle treten. Daß dies tatsächlich der Fall ist, wird dadurch belegt, daß in Tanzania auf dem Boden unter gemischten Wäldern sowie unter Podocarpuswäldern öfter tote, halbbegrabene Wacholderstämme liegen, die sich bei der sehr großen Resistenz des Wacholderholzes gegen Zersetzung seit Jahrhunderten dort befinden mögen (Lind and Morrison 1974).

Feuerauslösende Blitzeinschläge werden bei der Verjüngung der Wacholderbestände zu allen Zeiten eine Rolle gespielt haben. In perioden trockeneren Klimas, wie sie im tropischen Afrika für das Pleistozän nachgewiesen sind, mögen die Wacholderwälder zugenommen, während humidere Klimaperioden dagegen abgenommen haben. An frühen anthropogenen Eingriffen ist das Abschälen der Rinde an stehenden starken Wacholderbäumen zur Herstellung von Bienenbeuten zu erwähnen, das ich in Äthiopien in einigem Umfang sah. Bedeutsamer noch war die Nutzung der Wacholderrinde zu Dachplatten, die der erste europäische Besucher der Wacholderwälder im Usambaragebiet, Karl Holst, 1892 sah. A. Engler beschrieb es folgendermaßen:

"Diese Wacholderbäume beuten die Eingeborenen gehörig aus, indem sie die Rinde abspalten und zum Bedecken ihrer Hütten gebrauchen. Auch verwenden sie das Holz, das übrigens zur Fassung von Bleistiften sehr geeignet wäre, zur Herstellung ihrer Bomas (Einzäunungen)"; (Engler 1893).

Es gehört wenig Phantasie dazu, sich vorzustellen, daß während solcher Arbeiten in abgelegenen Bergwäldern zur Zubereitung der Mahlzeiten oder nachts gegen Kälte sowie zum Schutz Feuer angelegt wurden, aus denen dann Waldbrände in den Wacholderwäldern entstanden. Von Bäumen, die von Brand verschont blieben sowie aus der Nachbarschaft dürfte dann die Wiederansamung erfolgt sein. Einige sehr viel stärkere und damit ältere Wacholderbäume, die außerhalb des vorhin genannten Wacholderbestandes am Keniaberg stockten, können zwanglos als solche Mutterstämme gedeutet werden.

Stark und oft vernichtend wurden die Eingriffe in Wacholderwälder der Berglagen Ostafrikas erst, als in der letzten Dekade des vorigen Jahrhunderts und der ersten unseres die Verkehrserschließungen den Abtransport des begehrten Holzes möglich und lohnend machten.

Ein Beispiel dafür bieten die Wacholderwälder im Usambarabergland im Nordosten Deutsch-Ostafrikas. Dieses in der Nordostecke des Schutzgebietes gelegene 223o m hohe Gneisgebirge erhält im nur 4o km von der Küste beginnenden Ostteil bis über 2ooo mm Niederschlag; es trug und trägt dort stellenweise noch heute hohe und dichte, artenreiche, immergrüne Bergregenwälder. Bei der Forschungsstation Amani am Südostrand des Usambaragebirges ergaben die in nur 91o m Höhe gemachten langjährigen Messungen 1946 mm Niederschlag. Der Westteil des nach Nordwesten streichenden Usambaraberglandes erhält dagegen weniger Niederschlag. Hier lag eingesenkt in ein Hochplateau und dadurch gegen die regenbringenden Seewinde etwas abgeschirmt der etwa 25 ooo ha umfassende Schumewald, der zum großen Teil mit Beständen aus Riesenwacholder bestockt war. Am Südwestrand des Gebirges fuhr die Usambarabahn zu der Hafenstadt Tanga. Die nutzbaren Waldungen im Gebiet dieser Bahn wurden von Forstrat Eckert, etwas zu optimistisch, auf 125 ooo ha geschätzt, wovon 2o ooo ha auf Juniperus, 3o ooo ha auf Podocarpus und 4o ooo ha auf gemischten Laubwald fallen sollten. Für das nordwestlich anschließende Paregebirge, an dem die Bahn auch vorbeifuhr, wurden 35 ooo ha Gebirgswald angenommen. Die Deutsche Holzgesellschaft baute außerdem eine 24 km lange Kleinbahnstrecke, die an die Usambarabahn Anschluß hatte.

Im Schumewald schlug eine deutsche Firma auf einer Pachtfläche von 3ooo ha 19o9/1o 1239 fm und 191o/11 3932 fm Zedernholz, wie das Holz des Riesenwacholders genannt wurde. Dabei ist die Anbrüchigkeit eines erheblichen Teils der Wacholderstämme zu berücksichtigen, so daß die eingeschlagenen Holzmengen wesentlich größer waren. Da die Wacholderbestände in Westusambara in Höhe von 12oo bis 21oo m stockten, war das Holz nicht leicht zugänglich. Die Stämme der eben genannten Einschläge wurden auf einer unter erheblichen Schwierigkeiten errichteten Drahtseilbahn von 9 km Länge 15oo m herab zur Usambarabahn geschafft.

Um für die eingeschlagenen Wacholderstämme Ersatz zu schaffen, wurden von den Revierverwaltern des Gebiets Anbauversuche durchgeführt, deren Ergebnisse Oberförster Gieseler 19o6 und Oberförster Deininger 1912 veröffentlichten. Die langsamwüchsigen und von der Bodenvegetation bedrohten, empfindlichen Wacholderpflanzen wurden von Gieseler zweimal verschult, ehe sie ausgepflanzt wurden. Deininger gab Plätzesaat den Vorzug. Er hielt aber auch Naturverjüngungen dort für aussichtsreich, wo samentragende Mutterbäume nach der Nutzung ausnahmsweise noch vorhanden waren. In solchen Fällen sollte unmittelbar vor dem Samenabfall die Bodenvegetation und Gesträuch unter den Bäumen und um sie herum entfernt und der Boden zur besseren Aufnahme des Samens leicht verwundet werden.

Dem für das Gebiet zuständigen Oberförster Deininger machte die Überwindung der Folgen dieser Konzessionseinschläge rechte Sorgen. Er berichtete darüber am 5.12.1911 an das Gouvernement in Daressalam:

"Bis zu einem gewissen Grade wird die Natur für eine Wiederbewaldung der Schlagflächen in dem Konzessionsgebiete der Firma Wilkins & Wiese im Schumewalde Sorge tragen. Soweit diese Selbstverjüngung eintritt, werden die Bestände in der Hauptsache sich aus raschwüchsigen, minderwertigen und nutzholzuntüchtigen Holzarten zusammensetzen, so daß eine dauernde Entwertung des Waldes die Folge sein wird. Eine natürliche Verjüngung der wertvollsten Holzart des Schumewaldes, der Zeder, darf nicht erwartet werden, da die Zeder als lichtbedürftige und langsamwüchsige Holzart den Kampf ums Dasein gegenüber den raschwüchsigeren Holzarten nicht bestehen kann. Außerdem liegen die Verhältnisse für die Zeder um deswillen sehr ungünstig, weil sich die Nutzungen der Firma wesentlich auf diese Holzart erstrecken und infolgedessen die Zahl der Zedernmutterbäume für die Samenproduktion im Verhältnis zu den Laubhölzern nur eine geringe ist.
Um wieder einen Nutzwald nachzuziehen, um namentlich der Zeder die wünschenswerte Beteiligung an der Bestandsbildung zu sichern, muß zur künstlichen Verjüngung gegriffen werden. Das Gouvernement wird bedeutende Aufwendungen an Kapital und Arbeit zu leisten haben, wenn der Vorwurf des Raubbaus vermieden werden soll.

Auch der künstlichen Verjüngung werden sich große Schwierigkeiten in den Weg stellen. Sie finden ihre Begründung in den der Aufforstung wenig günstigen klimatischen Verhältnissen des (relativ trockenen) Schumewaldes und in dem allenthalben in ganzen Bergen herumliegenden Schlagabraum, dessen Beseitung wegen der Höhe der Kosten untunlich erscheint, dessen Verbrennen sich wegen der Gefährdung der noch stehenden Bäume in den meisten Fällen verbietet." (Akten des Gouvernements v. Deutsch-Ostafr. betr. Kulturen (Anbauversuche mit einheimischen Holzarten Vol. I)).

Welche Erfolge die sehr schwierigen Anbauten und Naturverjüngungsversuche der Forstleute mit dem Riesenwacholder gehabt hätten, wenn sie bei planmäßiger Pflege fortgeführt worden wären, bleibt eine offene Frage, denn der bald ausbrechende Erste Weltkrieg setzte ihnen ein Ende. Daß künstliche Anbauten von Riesenwacholder möglich sind, zeigt ein 19o9 bei Lushoto gepflanzter Horst, der 1964 eine Höhe von 85 Fuß = 26 m erreicht hatte. Da Anlage und Pflege der Wacholderkulturen aber mit besonderer Sorgfalt durchgeführt werden müssen und da die Wuchsleistungen nicht sehr hoch sind, dürften künstliche Wacholderanbauten eine Ausnahme bleiben. Um so wichtiger ist, daß noch vorhandene Riesenwacholderbestände wenigstens zu einem Teil unter wirksamen Naturschutz gestellt werden, wie es zum Beispiel am Keniaberg geschehen ist. Bei Abtrieb der Wacholderwälder würde eine Umwandlung in andere Baumarten meist unvermeidlich sein, wie es das Beispiel des Schumewaldes zeigt. Als ich 1964 dieses ehemals berühmte Waldgebiet besuchte, habe ich keine der alten Riesenwacholder mehr gesehen. Das Gelände war zum weitaus größten Teil mit amerikanischen Kiefern (Pinus radiata u. P. patula) aufgeforstet oder befand sich gerade in der Aufforstung, die im kombinierten land- und forstwirtschaftlichen Anbau erfolgte. Auf noch nicht wieder aufgeforsteten Flächen stockte wertloses Sekundärgehölz, das sich nach dem Abtrieb der Wacholderwälder eingefunden hatte; einige baumförmige Euphorbien darin zeigten die Trockenheit des Klimas an, das einst die Riesenwacholderwälder begünstigt hatte.

351.33 Mangroven

An der Küste und besonders in den Deltas der Flüsse Deutsch-Ostafrikas gab und gibt es ausgedehnte Mangrovenwälder, die bisher vor allem durch von weither kommende Araberschiffe, aber in trockenen Partien auch durch Brandrodungsfeldbau und Einschläge Einheimischer raubmäßig genutzt wurden. In diesen Mangroven kommen 11 Baumarten vor, die verschiedenen Pflanzenfamilien angehören und spezifische Standortsansprüche haben (Lind and Morrison 1974). Bestimmte Arten wie solche der Gattung Bruguiera lieferten vielseitige Nutzungen an Rinde und Holz, andere nur Rinde oder Holz sehr unterschiedlicher Qualität.

Die größte und wichtigste Mangrove war die im Rufijidelta. Bereits 1897 bereiste Forstassessor von Bruchhausen einen guten Monat lang die Waldbestände des Deltas und reichte der Kolonialabteilung des Auswärtigen Amtes einen Bericht mit Bewirtschaftungsvorschlägen für die auf etwa 4o ooo ha geschätzte bestockte Fläche ein (Laspeyres 1898). Der Reichstag bewilligte darauf für 1898 48 7oo M für die Einführung eines geregelten Forstwirtschaftsbetriebs im Rufijidelta. Den Erfolg dieser Mittel und Maßnahmen belegt der Vermerk:

"Die ins Leben gerufene Forstwirtschaft im Rufijidelta hat sich so bewährt, daß für das Rechnungsjahr 19o1 eine Einnahme von 124 6oo M hat in den Etat eingestellt werden können." (Laspeyres 19o2).

Für 15 746 ha des Mangrovenwaldes des Rufijideltas wurde ein

Einrichtungswerk geschaffen, das einen 6ojährigen Umtrieb vorsah unter Begünstigung von 3 der vorkommenden 8 Baumarten (Büsgen 1913). Wirtschaftsziel waren Gerbrinde sowie Nutz- und Brennholz. Von 19o8 bis 1912 lagen die Einschläge im Rufijidelta zwischen 5376 und 7244 fm. 1911/12 wurden von privaten Unternehmern in Mangrovenpachtgebieten 5523 fm Holz und 1637 t Gerbrinde geworben. Durch die früheren Raubnutzungen hatten die Mangroven an manchen Stellen stark gelitten. Um zu erfahren, wie sich die Mangrove ungestört entwickelt, wurde ein mehrere Quadratkilometer großes etwa 1o km von Daressalam entferntes Mangrovenstück, dem der Name Sachsenwald gegeben wurde, vom Gouvernement unter besonderen Schutz gestellt; für die Forsteinrichtung dieses Waldes wurden 42oo M bewilligt.

Eine erhalten gebliebene Gouvernementsakte "Waldreservate Bez. Mohoro Mangroven", die für die Zeit von 19o4 bis 191o Schriftwechsel zwischen dem Gouvernement in Daressalam und der Forstverwaltung Mohoro (Rufiji) enthält, gibt Einblicke in den Mangrovenbetrieb. Die Nachfrage nach Mangrovenrinde war 19o4 sehr lebhaft, und es bestand Gefahr, daß bei großen Einschlägen zwecks Rindengewinnung Schwierigkeiten bei der Holzverwertung auftraten. Um Walddevastationen in den Mangroven zu verhindern, erließ der Gouveneur am 3o. September 19o4 eine Bekanntmachung,die begann:

"Auf Grund des § 9 der Waldschutzverordnung für Deutsch-Ostafrika vom 9. September 19o4 werden hiermit die gesamten an der deutsch-ostafrikanischen Küste gelegenen Mangrovenwaldungen zu "Waldreservaten" erklärt.
Unbeschadet der Nutzungsrechte eingeborener Neger und der sonst etwa bestehenden Rechte und Anprüche Dritter ist in den Waldreservaten die Gewinnung von Walderzeugnissen jeglicher Art untersagt und dem Fiskus vorbehalten."
(Folgen Strafandrohungen bei Zuwiderhandlungen.).

351.34 Verschiedene Baumarten

Das wichtigste einheimische Laubwertholz in Deutsch-Ostafrika war Chlorophora excelsa, die im internationalen Handel Iroko, in Ostafrika aber Mvule genannt wird. Sie kommt vor allem jedoch keineswegs ausschließlich, im östlichen Usambaragebiet in Schlucht-, Hang-, Tal- und Galeriewäldern vor. Der hoch- und gradwüchsige Baum hat Holz, das mit Eiche und Teak Gemeinsamkeiten hat und ähnliche Verwendungen findet. Das getrocknet gegen Insekten einschließlich Termiten sowie gegen Pilze resistente, ansprechende Holz wurde sowohl im Schutzgebiet verwendet als auch nach Deutschland importiert. Im Bezirk Langenburg und anderswo wurde Chlorophora systematisch bei Aufforstungen verwendet; die Anzucht aus Samen machte an manchen Stellen zunächst Schwierigkeiten. Eine andere Wertholzart, die in Deutsch-Ostafrika sowohl genutzt wie kultiviert wurde, war Khaya senegalensis, eine in den trockenen Savannengebieten der afrikanischen Tropen vorkommende Mahagoniart, deren kleine Bäume ein sehr wertvolles Holz lieferten.

Allein durch ständige Schonung in reserviertem Gelände gelang es, mehreren Baumarten zu einem verstärkten Vorkommen zu verhelfen.

Das galt für Tarchonanthus camphoratus, der in einem Reservat des Bezirks Wilhelmstal einen hervorragenden Anteil am Wald gewann; der Baum erzeugt Holz für feine Tischlerarbeiten und Musikinstrumente.
Im Forstbezirk Daressalam schien es zu gelingen, Parinarium mobola, einen großen Baum mit sehr vielseitigen Verwendungsmöglichkeiten (Holz, eßbare Früchte, Gerbmittel u.a.), der im Wald in kleinen Jungwuchshorsten auftrat, durch waldbauliche Maßnahmen zur Hauptholzart zu machen.

Im Bezirk Morogoro haben sich infolge des Schutzes reine zusammenhängende Bestände von Acacia brosigii gebildet (Büsgen 1913).

351.4 Anbau ausländischer Baumarten

351.41 Gerberakazie

Die deutsche Wirtschaft erwartete von den neuen Kolonien die Lieferung mancher Rohstoffe, von denen Gerbstoffe gerade aus Ostafrika erhofft wurden, da dort klimatische Verhältnisse herrschten, die denen in Natal ähneln, von wo Deutschland so große Mengen Rinde der Gerberakazie einführte (Kap. 312.).

Über die Wünsche der deutschen Gerber und Lederfabrikanten nach zusätzlicher Gerbstoffversorgung aus Deutsch-Ostafrika und die Bemühungen des Gouvernements, Saatgut der Gerberakazie mit Hilfe der deutschen konsularischen Vertretungen in Sidney und Durban zu beziehen, berichtet die erhalten gebliebene Akte des Kaiserlichen Gouvernements von Deutsch-Ostafrika betr. Akazien (Vol. I von 1896 - 1906).

Noch ehe die Bemühungen des Gouvernements in Daressalam einsetzten, Saatgut von Black Wattle in Australien und Natal zu erhalten, empfahl der Leiter der Zentralstelle für die Kolonien am Botanischen Garten und Museum in Berlin, Professor Engler, am 2.9.1896 der Kolonialabteilung des Auswärtigen Amtes, zunächst ermitteln zu lassen, ob sich unter den zahlreichen in Deutsch-Ostafrika vorkommenden Akazien etwa ebenso gerbstoffreiche Arten befänden, mit denen Anbauten durchgeführt werden könnten. Sollte seinem Vorschlag entsprochen werden, bäte er, dem Botanischen Museum in Berlin zur Bestimmung etwa je 1o gute Herbarexemplare mit Blüten und Früchten zu schicken sowie zur Analyse des Gerbstoffgehalts jeweils etwa 5 kg Rinde zu beschaffen.

Das Gouvernement in Daressalam wurde daraufhin ersucht, entsprechend zu verfahren, was Sammelreisen (u.a. eine von Regierungsrat Dr. Busse aus Berlin), viele Ermittlungen, Materialsendungen, Analysen, Versuchsanbauten u.a. zusammen mit jahrelangem umfangreichen Schriftwechsel auslöste. Das Ergebnis war negativ; in Deutsch-Ostafrika wurden keine Akazien gefunden, die einen so hohen Gerbstoffgehalt besitzen wie die australische Gerberakazie.

Wann die ersten Anbauten von Gerberakazien in Deutsch-Ostafrika erfolgten und woher das Saatgut kam, ist nicht genau bekannt.

S.P. Sherry glaubte 1971 Anhalte für 1898 und 19o3 erfolgte Anbauten zu haben.
In der Akazienakte Vol. I des Kaiserl. Gouvernements finden sich folgende Angaben:
Das Bezirksamt Neu-Langenburg berichtete dem Gouvernement in Daressalam unter dem 25.3.19o3, daß der am 21.7.19o1 übersandte Samen der australischen Gerberakazie (Acacia decurrens) anfangs gut angekommen sei, dann aber im Wuchs stark nachgelassen habe. Am 25.3.19o3 bestätigte das Bezirksamt dem Gouvernement den Erhalt einer neuen Sendung Samen von Acacia decurrens und Ac. pycnantha.
In einem Bericht der Forstverwaltung Wilhelmstal vom 11.1o.191o, der sich in der Akazienakte Vol. III des Gouvernements von Deutsch-Ostafrika auf S. 38 findet, wird mitgeteilt, daß es dort Bestände von Acacia decurrens gäbe, die in den Jahren 19oo, 19o7 und 19o8 angelegt worden seien sowie solche von Ac. mollissima von 19o6, 19o7 und 19o8.

Am 17.6.19o4 bat das Gouvernement von Deutsch-Ostafrika das Generalkonsulat in Sidney und das Konsulat in Durban, bei den Forstbehörden anzufragen, ob und unter welchen Bedingungen Akaziensaatgut geliefert werden könnte. Nach den Akten kamen vom 9.11.19o4 bis zum 23.4.19o6 im Gouvernement in Daressalam insgesamt 19o Pfund Saatgut von Black Wattle an, und zwar 2o Pfund, die der Generalkonsul in Sidney vermittelt hatte und 17o Pfund in 4 Sendungen aus Durban, die der dortige Konsul mit einiger Mühe beschafft hatte. Da mit einem Pfund Samen 3 ha besät werden konnten, reichte die gesamte erfaßte Saatgutmenge nur für die Anlage von 57o ha Gerberakazienbeständen. Die beiden konsularischen Vertretungen, insbesondere die in Durban, vermittelten dem Gouvernement außerdem Anweisungen zum Anbau von Black Wattle und diesbezügliche Literatur.

Erhebliche Auswirkungen hatte ein 29 Seiten langer Bericht "Über Black-Wattle-Wirtschaft in Natal", den der badische Forstpraktikant Dr. W. Holtz am 15. Januar 19o6 dem Gouvernement einreichte. Dem Bericht waren Photographien und eine Rindensammlung beigegeben. Dr. Holtz hatte sich, wie er in seinem Begleitschreiben mitteilte, auf der Rückreise von Südafrika einige Tage in Natal aufgehalten und diese benutzt, um sich einen Überblick über die Gerberakazienwirtschaft unter dem Gesichtspunkt ihrer Einführung in Deutsch-Ostafrika zu unterrichten. In einer Randbemerkung zu diesem Bericht wird gesagt, daß die Reise nicht im amtlichen Auftrag unternommen wurde. In seinem Begleitschreiben sagte Dr. Holtz, daß es in Anbetracht der großen Wichtigkeit der behandelten Angelegenheit vielleicht angebracht wäre, seinen Bericht dem Kolonialwirtschaftlichen Komitee in Berlin abschriftlich mitzuteilen, um dessen Interesse für die Einführung der Black-Wattle-Kultur im Schutzgebiet zu gewinnen. Der Bericht behandelte die Gerbrindenwirtschaft in Natal unter allen Gesichtspunkten. Die klimatischen Verhältnisse in Natal und Deutsch-Ostafrika wurden verglichen zum Beweis, daß die Voraussetzungen für Gerbrindenwirtschaft im Schutzgebiet gegeben seien. Die Ertragslage für Natal, wo die fast ganz in Privatbesitz stehende Gerbrindenwirtschaft sehr lohnend war, wurde eingehend dargestellt.

Der Bericht wurde dem Kolonialwirtschaftlichen Komitee in Berlin mit einem längeren Schreiben des Gouvernements in Daressalam übersandt. In dem Schreiben vom 15. Februar 1906 hieß es:

"... was indessen die Saatgutbeschaffung anbelangt, so sind hier ganz unerwartet Schwierigkeiten zu Tage getreten, indem es dem Gouvernement bis jetzt trotz eifrigen Bemühens nicht einmal gelungen ist, die für den fiskalischen Forstbetrieb unbedingt erforderliche Saatmenge zur Anlage der in der diesjährigen Pflanzperiode geplanten Black Wattle Kulturen aus Natal zu beschaffen." (Kaiserl. Gouvernement, Akazienakte Vol. I, S. 145)

Das Gouvernement bat das Komitee, ihm bei der Beschaffung von Saatgut behilflich zu sein. Um die Wirtschaft in Gang zu bringen, seien für 3 Jahre je 200 - 300 Pfund Samen nötig. "Vielleicht ist der Verein deutscher Gerber, der an dieser Sache zweifellos das größte Interesse hat, bereit, hier helfend einzugreifen." Auch der Vorstand der Deutschen Versuchsanstalt für Lederindustrie zeigte sein Interesse am Anbau der Gerberakzie im Schutzgebiet, zumal die Deckung des Gerbstoffbedarfs aus Inlandserzeugung nur 1/6 - 1/5 des deutschen Bedarfs erreichte.

Das Kolonialwirtschaftliche Komitee sagte am 7.5.1906 zu, bei der Saatgutbeschaffung zu helfen. Am 19.9. teilte es mit, daß es bei der Firma E. Goldschmidt, Sidney, ein Quantum Samen der Gerberakazie von je 3oo Pfund für 3 Jahre bestellt habe. Die Firma sei angewiesen, die erste Sendung für Rechnung des Komitees zu beschaffen und mit der nächsten Dampfergelegenheit zu verschiffen+).

Daß der Akazienanbau, wenn auch nur langsam, weiterging, zeigen die Angaben in den Jahresberichten 19o5/o6 und 19o6/o7 des Gouvernements, nach denen 15 bzw. 7o ha Gerberakazien im Staatsbetrieb angelegt wurden.

Wie die Entwicklung im einzelnen weiterging, ist nicht bekannt, da mit diesem Brief Band I der Akazienakte des Gouvernements endet und Band II nicht mehr auffindbar ist. Der dritte und letzte Band beginnt mit dem 1. Januar 191o. Er enthält keine Vorgänge mehr, die sich mit der Beschaffung von Saatgut der Gerberakazie befassen. Da diese Akazie schon mit 4 Jahren reichlich fruchtet, bereitete es, sobald gewisse Flächen von Beständen vorhanden waren, auch in Deutsch-Ostafrika keine

---

+) Da die Beschaffung von Teaksamen und Bambussaat- und -pflanzgut aus Britisch-Indien trotz vorhandener Schwierigkeiten in großen Mengen erfolgte und ebenso die von Teaksamen aus Niederländisch-Indien, wirft sich die Frage auf, ob die privaten Besitzer von Gerbrindenplantagen in Natal nicht bewußt die Abgabe der viel leichter zu beschaffenden Samen der Gerberakazie erschwerten, um potentielle Konkurrenten auf dem Gerbstoffmarkt in Deutsch-Ostafrika nicht zu fördern. Die Staatsforstverwaltung in Natal, in deren Besitz sich nur begrenzte Flächen von Gerberakazienplantagen befanden, ließ dem deutschen Konsulat in Durban zur Weitergabe Literatur über Wattleanbau zukommen, verhielt sich also verbindlich. Nicht übersehen werden darf auch, daß die Geldmittel des Gouvernements in Daressalam für die Beschaffung von Akaziensamen zu gering waren, um durch höhere Preise die Bereitwilligkeit zum Samenverkauf anzuregen.

Schwierigkeiten, ausreichende Mengen Saatgut aus eigener Erzeugung zu erhalten. Auch für private Anbauer muß dieses jetzt erhältlich gewesen sein, wie sich z.B. daraus ergibt, daß die Firma Wilkins & Wiese, die die Riesenwacholderbestände im Schumewald nutzte, 19o9/1o eine Plantage mit 745 ha Gerberakazien besaß.

In der Zeit zwischen 191o und 1914 warf sich ein für die Gerbrindenwirtschaft in Deutsch-Ostafrika ernstes Problem auf: die Schiffrachten für den Gerbrindentransport um das Kap nach Hamburg waren von Tanga im Norden des Schutzgebietes wesentlich höher als von Durban aus, von wo der größte Teil der aus Natal exportierten Gerbrinde nach Hamburg ging. Alle Verhandlungen zur Senkung der hohen Frachtsätze mit den deutschen Reedern waren erfolglos. Ihr Vorschlag war, den in der Rindenwirtschaft tätigen afrikanischen Arbeitern im Schutzgebiet geringere Löhne zu geben, als sie in Natal gezahlt würden ("…. die Neger von Deutsch-Ostafrika und diejenigen von Natal sind doch schließlich noch nicht gemeinsam organisiert….").

Die Lage derer, die Gerberakazien gepflanzt hatten, wurde kritisch, denn die Rinde beginnt nach mehr als 8 Jahren rauh zu werden und im Wert zu sinken. Zu ihrer Verwertung im Schutzgebiet wurde eine Gerberei in Philippshof geplant, mit der sich die letzten Vorgänge der Akazienakte noch im Mai 1916, also im dritten Weltkriegsjahr, befaßten; sie endeten mit der Adresse "ur. Etappenintendantur weitergereicht".

351.42 Teak

Teakanbau erfolgte in Afrika am frühesten in den deutschen Schutzgebieten, und hier wiederum zuerst in Deutsch-Ostafrika. Quellen, die darüber Auskunft geben, sind die von 1896/97 bis 19o7/o8 jeweils ein Jahr später in Berlin gedruckten, im Laufe der Zeit immer umfangreicher werdenden Jahresberichte über die Entwicklung der Deutschen Schutzgebiete. Schon in dem ersten Ostafrika behandelnden Bericht für 1896/97 heißt es über die eigenen Kulturversuche des Gouvernements:

"Sämtliche Stationen erhalten halbjährlich, in Zukunft monatlich, Samen von Gemüsen und anderen Pflanzen zur Aussaat. Es wurden Kaffee, Tee, Cinchona und eine Menge Akazien, Eucalyptus und Teaksamen an viele Stationen und Plantagen verteilt. Unter ihnen verdient ganz besonders der Teakbaum (Tectona grandis) Aufmerksamkeit. Es sind schon dreimal bedeutende Mengen (etwa 600 Pfund) des Samens verteilt. Dieselben keimen zwar ziemlich langsam, der Baum selbst aber zeigt ein hervorragend rasches und üppiges Wachstum, ganz besonders, wenn er zeitig genug umgepflanzt wird. In Daressalam haben Pflanzen von 18 Monat Alter schon eine Höhe von 4 - 5 Meter."

Die ältesten Teakanbauten in Deutsch-Ostafrika erfolgten also nicht später als 1895.

In dem Jahresbericht von 1897/99 heißt es vom Rufiyidelta:

"Die Aufforstungen wurden außer mit den guten einheimischen Holzarten insbesondere mit Teak-Holz, Eucalypten, Casuarinen und Bambusarten gemacht. Die Versuche mit Bambus sind noch nicht abgeschlossen, diejenigen mit Teak-Holz, Eucalypten und Casuarinen sind vorzüglich ausgefallen."

Auch in den folgenden Jahren wird über Teakanbauten berichtet. Vol. I der Akten des Gouvernements von Deutsch-Ostafrika betreffend Teak ist verlorengegangen. Vol.II umfaßt die Zeit von 1904 bis 1909 und enthält sehr viele Angaben über den sich immer mehr entwickelnden Teakanbau, aber nicht über die Frühzeit des Anbaus. Dem dicken Aktenstück ist jedoch ein dreiseitiges Schreiben des Gouvernements in Daressalam vom 8.8.1901 vorgeheftet, das angibt, daß an diesem Tage 9 Postkistchen mit Teaksamen aus Indien angekommen seien.

Das Gouvernement in Daressalam gab meist nicht an, von welcher Dienststelle oder Person eine Teaksamensendung veranlaßt war, ganz im Gegensatz zu dem Botanischen Garten Victoria - Kamerun, dessen Leiter Dr. Preuß in seinen ausführlichen Jahresberichten genau angab, welche Stelle (etwa Pflanzen von der Botanischen Zentralstelle für die Kolonien am Botanischen Garten und Museum Berlin) oder Person (z.B. Teaksamen von Prof. Brandis, Bonn) eine Sendung veranlaßt oder vermittelt hatte.

Brandis hatte u.a. 1897 vor der Versammlung deutscher Forstmänner einen Vortrag über die Teakwirtschaft in Indien und Burma gehalten, der 1898 auch im Deutschen Kolonialblatt erschien. Vermutlich ist er schon früher für den Teakanbau in den deutschen Schutzgebieten in Afrika in Berlin vorstellig geworden, wo ihm sowohl die Angehörigen der Kolonialabteilung des Auswärtigen Amtes wie die Botaniker bekannt waren. Ebenso wie er in erhalten gebliebenen Briefen von 19o4 an den Generalforstinspektor von Britisch-Indien, Eardley Wilmot, wegen Bereitstellung von Bambussamen und -stecklingen für Deutsch-Ostafrika schrieb, hat er gewiß schon früher an seinen ehemaligen Mitarbeiter Ribbentrop, der bis zum Jahre 19oo Generalforstinspektor in Indien war, wegen Teaksamen geschrieben.

Der erste Vorgang, den der 2. Band der Teakakte des Kaiserlichen Gouvernements von Deutsch-Ostafrika am 28.11.19o4 behandelt, belegt, daß das Schutzgebiet sowohl von Britisch-Indien, zu dem damals auch Britisch-Burma gehörte, wie von Java Teaksamen erhielt. 15 Sack+) Teak aus Indien und 33 Sack aus Java

---

+) 1 Sack Teaksamen wurde 19o8 gleich 7o Pfund angegeben.

wurden auf Forstverwaltungen, Versuchsstationen und Bezirksämter verteilt. Jeder Sack war laut Anweisung mit einem deutlichen Etikett mit der Aufschrift "Teak aus Britisch-Indien" oder "Teak aus Java" zu versehen.

An Teaksendungen von Übersee gingen weiter in Daressalam ein:

Aus Britisch-Indien (einschl. B.-Burma)

19o6	:	23 Sack
19o7, 6.7.	:	"Aus Britisch-Indien kommen jährlich bis auf weiteres 1o - 2o Zentner. 29 Sack soeben angekommen."
19o8	:	35 Sack
19o9	:	8 "

Aus Java

19o6	:	23 Sack
		154 "
19o8	:	22 "

Die Lieferungen von Teaksamen aus Java, die über das Generalkonsulat in Batavia abgewickelt wurden, waren gewiß durch Forstrat Eckert veranlaßt worden, der von 1892 bis 1897 auf Java und seit 19o3 in Deutsch-Ostafrika eingesetzt war.

Den zahlreichen Berichten über die Erfolge bzw. Mißerfolge der Teaksaaten durch die staatliche Forstverwaltung, andere öffentliche Stellen und Private ist zu entnehmen, daß die Zahl der Fehlschläge bei weitem überwog. Die Ursachen können verschiedene sein:

- Unsachgemäße Beschaffung des Saatguts
- Schäden während der langen Transporte von den Erntestellen in Asien bis zu den Saatplätzen in Ostafrika
- Wahl ungeeigneter Standorte (zu hohe oder zu trockene Lagen; zu arme Böden)
- Durchführung der Saaten zu ungünstigen Zeiten. Schwierigkeiten entstanden bei der Aussaat von Teak in denjenigen Teilen Deutsch-Ostafrikas, die 2 verschieden lange Regenzeiten haben. Die kleine Regenzeit, nach der eine nur kurze, den jungen Teak nicht so gefährdende Trockenzeit folgt, hielt Forstrat Eckert für am aussichtsreichsten. In den Monsungebieten Indiens, Burmas und Javas, wo alljährlich meist nur eine lange Regenzeit eintritt, in der die jungen Teakpflanzen sich genügend kräftigen können, um die allerdings längere Trockenzeit zu überstehen, sind die klimatischen Bedingungen für das Hochkommen der Teakkeimlinge und das Anwachsen der ins Freie verpflanzten Teaksämlinge günstiger als in Gebieten mit wiederholtem Wechsel von Regen- und Trockenzeiten.
- Fehlerhafte bzw. unterlassene Behandlung des Saatguts vor der Aussaat. Wegen der harten Fruchtschalen, die jeweils 3 - 4 Samen umhüllen, war es selbst in natürlichen Teakgebieten schwer, ohne Sonderbehandlung der Teakfrüchte vor der Aussaat ein höheres Keimprozent zu erhalten, wie die Beispiele aus Indien und Java (Kap. 334) zeigen, wo man kurze Behandlung der Früchte mit Feuer (leicht rösten) oder Übergießen mit kochendem Wasser, in dem die Teakfrüchte bis zum Erkalten bleiben, für am wirksamsten hielt.

In der Teakakte des Gouvernements finden sich sehr zahlreiche Berichte, die völlige Fehlschläge auch bei großen, sehr sorgfältig angelegten Teaksaaten melden. Bei anderen hatte nur ein mehr oder minder geringer Teil Erfolg. Voll gelungene Teakanbauten fehlten keineswegs, waren aber Ausnahmen. Mit zunehmender Erfahrung und besserer Unterrichtung, zumal auch der privaten und kommunalen Anbauer, nahmen die gelungenen Teakanbauten zu. Leider gibt es für die privaten Anbauten keine Flächenangaben,und auch für die fiskalischen nur einzelne. So führt der Jahresbericht von 1905/06 55 ha gelungene Teakanbauten an und der von 1906/07 30 ha. Schöpffer gibt 1908 eine größere Kultur bei Daressalam an und eine ganz ausgezeichnet stehende rund 100 ha umfassende ein- und zweijährige bei Wilhelmstal.

1909 wurde im Teakanbau Deutsch-Ostafrikas ein entscheidender Erfolg erzielt: Die Teaksamenversorgung im Schutzgebiet war aus eigener Erzeugung gesichert; die umständliche und risikoreiche Teaksamenbeschaffung aus Südostasien entfiel. Als eine über das deutsche Konsulat in Rangun verschiffte Sendung von Teaksamen, von denen es im Begleitschreiben hieß: "DieBeschaffung ist mit großen Schwierigkeiten verbunden", im November 1909 in Daressalam ankam, blieb dem Gouvernement, das früher öfter Anforderungen von Teaksamen durch Kommunen und andere Körperschaften sowie durch Private mangels Samen ganz oder teilweise hatte ablehnen müssen, nichts anderes übrig, als in Tageszeitungen zu inserieren, daß es eben aus Rangun eingetroffene Teaksamen zum Preise von 50 Heller per Kilo abgebe.

351.44 Verschiedene Baumarten

Unter den nichteinheimischen, meist überseeischen Baumarten, die in Deutsch-Ostafrika neben Teak und Gerberakazie angebaut wurden, standen Laubbaumarten an der Spitze.

In der Hoffnung, durch die gerbstoffhaltigen Schoten der südamerikanischen Leguminose Caesalpinia coriaria (Dividivi) Gerbstoffe gewinnen zu können, wurden an etwa 40 Stellen Anbauversuche angelegt, deren Ergebnisse in einer 1914 durchgeführten

Fragebogenerhebung erfaßt wurden. Sie sind in der erhalten gebliebenen Akte des Kaiserl. Gouvernements von Deutsch-Ostafrika betreffend Dividivi Vol. II zugänglich und zeigen meist nur mäßige Erfolge oder gar Fehlschläge.

Der Jahresbericht 19o4/o5 gibt 3o ha Aufforstungen mit dem Kampferbaum (Cinnamomum camphora) an+). Der Baum hatte das Schwergewicht seines Vorkommens auf Formosa, das 1895 zu Japan gekommen war, das damit ein Monopol für Kampfer hatte, der für die Herstellung von Zelluloid unentbehrlich war. Die europäischen Kolonialmächte versuchten sich durch Anbauten unabhängig zu machen. Für einen Anbau in Deutsch-Ostafrika wurden 3oo lbs. Samen aus Japan bezogen, die zum größten Teil in der Forstverwaltung Wilhelmstal zur Aussaat kamen. Über die Ergebnisse berichtete 19o7 Forstrat Eckert. Die wichtigsten Erfahrungen waren, daß die Sämlinge vor der Auspflanzung stark zurückgeschnitten werden mußten und daß die für Pflanzungen vorgesehenen Böden frisch und tiefgründig waren.

Anbauten von Eucalyptusarten und Casuarinen gelangen schon 1898/99. 19o1/o2 wurde berichtet, daß sich Eucalyptus bei der Aufforstung der kahlen Berghänge in Westusambara bewährte und daß der Anbau fortgeführt würde. Die Hänge hatten durch Brandrodungsfeldbau der Eingeborenen den Wald verloren, wie die vielen angekohlten Stubben bezeugten. 19o8 wurden die vielen ausländischen und auch einheimischen Baumarten aufgezählt, die bei den Aufforstungen verwendet wurden. Bei der Aufforstung mit wertvollen Baumarten wurde die Bastkörbchenmethode angewandt.

+) Mit dem ostasiatischen Kampferbaum ist nicht der ebenfalls zu den Lauraceen gehördende ostafrikanische Kampferbaum (Ocotea usambarensis) zu verwechseln, der in den Schluchtwäldern Ostusambaras, am Kilimandscharo und in Kenia heimsich ist, aber keinen Kampfer liefert.

Dafür wurden von Frauen und Kindern Tausende von kleinen Körbchen aus Bananenbast gefertigt und mit Walderde gefüllt. Dann wurden die noch nicht fingerlangen Sämlinge aus dem Saatkamp genommen und in die Körbchen gepflanzt, die an schattige Orte gebracht und dort täglich begossen wurden. Bei Beginn der Regenzeit wurden die Körbchen ausgepflanzt, die bald verrotteten und die Wurzelbildung nicht beeinträchtigten. Dieses Verfahren hat sich auch bei der Teakkultur ganz besonders bewährt (Schöpffer 1908).

An überseeischen Wertholzarten wurde Swietenia mahagoni angebaut.

Als gelungener Anbau einer überseeischen Nadelbaumart verdient einer mit Cupressus lusitanica Erwähnung. In der Akazienakte des Gouvernements Vol. III findet sich auf S. 24 eine Notiz von 1910, die besagt, daß das Konsulat Durban zusammen mit Akaziensamen 20 Pfund Samen von Cupressus lusitanica sendet. Bei meinem Besuch des Schumegebiets im Usambarabergland sah ich 1964 einen 1912 gepflanzten Bestand von Cupressus lusitanica, der bei bester Stammausformung 1962 bereits eine Höhe von 27 m erreicht hatte. Es dürfte sich ohne Zweifel um einen Bestand aus dem 1910 aus Natal geschickten Saatgut handeln, dessen Beschaffung wahrscheinlich wiederum auf die Aktivität von Hutchins zurückgeht (s. Kap. 314).

351.44 Bambus

Afrika ist der tropische Erdteil mit der geringsten Bambusbestockung. Zwar kommen in den höheren Lagen der Gebirge Ostafrikas ausgedehnte Gebüsche von Bambus vor, der zumal in Äthiopien viel für den Hüttenbau verwendet wird. Es fehlen aber in Afrika Bambusarten in niederen Lagen und auf trockenen Standorten, ferner Arten mit starken Halmen.

Da Dietrich Brandis in den vielen Veröffentlichungen, die er ausschließlich den Bambussen gewidmet hat, sich auch mit der Bambusverbreitung auf der Erde befaßt hatte, waren ihm die besonderen Verhältnisse in Afrika bekannt. In Indien und Burma hatte er erfahren, wie nützlich reiche Bambusvorkommen für die Bewohner der Tropen sind. Er beschloß daher, den Anbau von Bambus in Deutsch-Afrika zu propagieren, ihn fachlich zu betreuen und bei der Beschaffung von Saat- und Pflanzgut behilflich zu sein.

1899 und 19oo veröffentlichte Brandis in den Zeitschriften "Der Tropenpflanzer" und "Deutsches Kolonialblatt" Aufsätze über die Möglichkeiten der Bambuskultur und insbesondere des Anbaus großer Bambusarten in Deutsch-Afrika.

Bambusanbauten begrenzten Umfangs erfolgten in verschiedenen afrikanischen Kolonien durch die Forstverwaltungen, z.B. in Elfenbeinküste, mit der Absicht, zu ermitteln, ob Bambus in Afrika Rohstoff zur Zellstoffherstellung liefern könnte. Die von Brandis in Afrika angeregten Anbauten sollten dagegen in erster Linie der einheimischen Bevölkerung dienen. Er schrieb 19oo im Deutschen Kolonialblatt:

"Afrika ist bekanntlich arm an großen Bambusen, und in den meisten Gegenden entbehren die Neger die großen Vorteile und Bequemlichkeiten des Lebens, welche in Indien der Reichtum an Bambusen den Eingeborenen liefert.
Die hohlen Riesenhalme, durch zahlreiche Querwände an den Knoten gefestigt, Mannesmannschen Röhren vergleichbar, liefern ihnen Pfosten und Balken. Sie sind sehr leicht, aber sehr stark.
Nicht unberechtigt daher scheint der Gedanke, den Eingeborenen der deutschen Schutzgebiete in Afrika durch den Anbau der Bambusen in großem Maßstabe eine Wohltat zu erweisen, in der Hoffnung, daß, wenn es sich durch Erfahrung herausgestellt hat,

welches die geeigneten Spezies sind, die Neger selbst die Kultur dieser Arten in die Hand nehmen werden."

In seinem Aufsatz im Deutschen Kolonialblatt 19oo empfahl Brandis 1o indische Bambusarten, deren Eigenschaften und Standortseigenschaften er im einzelnen schilderte.

Der genaue Ablauf der Bambussamenbeschaffung für Deutsch-Ostafrika durch Brandis ist nicht bis zu den letzten Einzelheiten bekannt, da die erste der beiden Bambusakten des Gouvernements verlorengegangen ist. Daß aber gleich gehandelt wurde, zeigt die Angabe im Jahresbericht von Deutsch-Ostafrika 1898/1899, wo es heißt: "Die Versuche mit Bambus sind noch nicht abgeschlossen." Im Jahresbericht 19o1/19o2, der über größere Aufforstungen in den Steppen von Mohoro berichtet, heißt es: "gutes Gedeihen zeigte auch Dendrocalamus strictus."

In einem Brief vom 8.2.19o4 an den Generalforstinspektor von Britisch-Indien, Eardley Wilmot, führte Brandis aus, daß er nachdrücklich versucht habe, seinen deutschen Landsleuten die Bedeutung des Bambus für die afrikanische Bevölkerung bewußt zu machen. "Ich bezweifele jedoch", schrieb er ungeduldig, "daß die Wichtigkeit dieser Angelegenheit weder in Berlin noch bei den deutschen Stellen in Afrika genügend gewürdigt wird." Kürzlich habe er jedoch eine Anforderung vom Kolonialamt in Berlin erhalten, Saatgut verschiedener Art für Deutsch-Ostafrika zu besorgen. Er werde auf seinen früher gemachten Vorschlag verweisen, daß sich der deutsche Generalkonsul in Indien an den Generalfostinspektor wenden solle. Er fügte für Wilmot eine Liste von Bambusarten bei, von denen Saatgut besonders erwünscht war, nannte aber auch solche, von denen der Saatgutbedarf bereits gedeckt war.

Am 24.1o.19o4 schrieb Brandis noch einmal an Wilmot. Er bat um weiteres Saatgut bestimmter Bambusarten und schlug vor, mit dem Leiter des Botanischen Gartens in Kalkutta wegen des Bezugs vom Bambusstecklingen Kontakt zu nehmen. Aus diesem Garten habe ein Freund von ihm in Irland Bambusstecklinge erhalten, die gut angewachsen seien. Stecklingsverwendung würde den Bambusanbau sehr beschleunigen.

Wie Brandis noch im hohen Alter bemüht war, die Beschaffung von Bambussamen und -steckgut für Ostafrika zu fördern, belegt ein Schreiben des Auswärtigen Amtes, Kolonial-Abteilung, Berlin, 7.3.19o6, an den Gouverneur in Daressalam, in dem es heißt:

"Nach einer Mitteilung des Herrn Professor Dr. Brandis wird ein Samenjahr von Bambus polymorpha, einer der wichtigsten Bambusarten Burmas, seit mehreren Jahren erwartet. Ich habe daher den Kaiserlichen Konsul in Rangun angewiesen, sich gegebenenfalls Samen dieser und anderer Bambusarten zu verschaffen und dem Biologisch-Landwirtschaftlichen Institut in Amani zu übersenden. Herr Professor Brandis weist gleichzeitig nochmals auf das Nützliche und Vorteilhafte der Ausbreitung der Bambuskultur durch Stecklinge hin."

19o6 erschien in der Zeitschrift "Der Tropenpflanzer" ein "Bericht des Gouvernements von Deutsch-Ostafrika über den gegenwärtigen Stand der von seiten des Herrn Professor Dr. Dietrich Brandis seinerzeit angeregten und bis in die jüngste Zeit vermittelten Versuche der Einführung wertvoller indischer Bambusarten in Deutsch-Ostafrika zum Zwecke des Anbaus, insbesondere von seiten der Eingeborenen."

Aus dem Bericht ist zu ersehen, daß bereits 1899 und 19oo aus von Brandis beschafften Samen Bambuspflanzen hervorgingen. Trotz mancher Schwierigkeiten mit der Keimung befriedigte nach dem Bericht das Gesamtresultat der Versuche, das als eine sichere Grundlage für weiteres methodisches Vorgehen angesehen wurde. Im Jahre 19oo gepflanzte Bambusa arundinacea hatte im Versuchsgarten bereits 2o m Höhe erreicht. Dendrocalamus strictus war mutmaßlich für die Ebenen und Hügelländer des Landesinneren mit trockenen Akazien- und Miombowäldern geeignet.

Von den 3 Arten Bambusa arundinacea und B. vulgaris sowie Dendrocalamus strictus war bereits soviel Pflanzenmaterial vorhanden, daß es den Lokalforstverwaltungen zum weiteren Anbau übergeben werden sollte. Auch der von Brandis empfohlene Anbau von Teak mit Bambusbeimischung sollte in Angriff genommen werden.

351.5 Wild und Jagd

Deutsch-Ostafrika war ebenso wie sein Nachfolgeland Tanzania es noch heute ist, eines der wildreichsten Gebiete der Erde, für das über 2oo Wildarten angegeben werden. Die Wildschäden waren mancherorts groß und mußten oft durch Abschuß- und Fangerlaubnisse gemindert werden. In der Landwirtschaft verursachten Wildschweine,Flußpferde, Elefanten, Büffel, Buschböcke, Antilopen und Affen durch Abfressen, Zertrampeln und Umbrechen erhebliche Verluste. An forstlichen Schäden werden genannt: Ausreißen, Brechen und Abäsen von Pflänzchen in den Kautschukpflanzungen, Vernichtung von Kulturen aus Chlorophora excelsa durch Elenantilopen und schwere Schädigungen der Manihotpflanzungen durch das für die Landwirtschaft soeben genannte Schadwild.

Tötungen von Menschen durch Raubtiere war zumal in der Regenzeit häufig, wo sich die Raubkatzen gut im hohen Gras verbergen können. Das Ausmaß der Bedrohung wird durch die Angabe belegt, daß im Bereich des Bezirksamts Kilwa im Jahre 1908 allein durch Löwen 260 Personen getötet wurden.

In einem 1913 vom Reichs-Kolonialamt herausgegebenen Buch "Jagd und Wildschutz in den deutschen Kolonien" (Metzger 1913) wird die Auffassung vertreten, daß lokale Rückgänge der Wildstände weniger durch Bejagung als durch die mit der europäischen Besiedlung verbundenen Beunruhigungen verursacht seien. Verderbliche Abschüsse von Dickhäutern seien bis vor kurzem durch gewerbsmäßige Jäger erfolgt, unter denen Buren die erste Rolle spielten. 1909 wurde für über 1 Million Mark Elfenbein ausgeführt, sonst durchweg zwischen 400 000 und 600 000 Mark.

Die erste Jagdverordnung erfolgte schon 1891; sie war auf den Bezirk Moschi beschränkt, der besonders starke Wildkonzentration aufwies. Es folgten eine Reihe für das ganze Schutzgebiet gültige Verordnungen, die neben absoluten Jagdverboten bestimmter Tierarten bzw. weiblicher Tiere, Lizenzierungen der Abschüsse genau regelten. Die jagdbaren Tiere und dementsprechend die Lizenzen wurden in 4 Klassen geteilt. 1910/11 wurden 33 große Jagdscheine zum Preis von je 1000 Mark ausgegeben; dazu kamen 198 kleine zu je 67 Mark.

Der Gouverneur war befugt, zum Zwecke des Wildschutzes bestimmte Flächen zu Wildreservaten zu erklären, in denen jede Jagdausübung verboten war. 1913 wurde mit der Erichtung von Wildreservaten begonnen und im gleichen Jahr 13 Wildreservate mit 2 890 000 ha festgelegt; die Einzelflächen schwankten zwischen 20 000 und 580 000 ha. Die Lage der Wildreservate in allen deutschen Schutzgebieten ist auf 6 Karten in "Jagd und Wildschutz in Deutschen Kolonien" (Metzger 1913) angegeben. Für fast alle Reservate in Deutsch-Ostafrika waren einheimische Wildwärter bestellt; in dem besonders wildreichen Reservat Moschi (Gürtelwald am Kilimandscharo) und dem benachbarten Meru übte je ein deutscher Förster den Wildschutz aus.

Soweit die ersten kurzen Beobachtungszeiten ein Urteil zulassen, hat sich der Wildstand in fast allen Reservaten gehoben, besonders der an Elefanten und Büffeln. Eine Ausnahme machte allein der Bezirk Bagamoyo:

"Im Bezirk Bagamoyo wurde die Beobachtung gemacht, daß das Wild aus den Reservaten sich stellenweise zurückzieht und zwar deshalb, weil bisher dort nicht gebrannt wurde, somit frisches Gras nicht aufkommen kann. Auch ist das Wild in dem hohen Grase anscheinend nicht genügend vor Raubtieren geschützt. Es wird daher zweckdienlich sein, alljährlich das Gras in den Wildreservaten besonders da, wo es sehr hoch und dicht wird, flächenweise abzubrennen und zwar derart, daß zwischen jeden Brandtag wieder einige brandfreie Tage eingeschaltet werden, um dem Wild immer wieder Ruhe zu gönnen." (Metzger 1913).

Wenn diese Feststellungen in Ostafrika durch weitere Beobachtungen bestätigt werden, kommt ihnen allgemeine Bedeutung bis in die Vorzeit zurück zu: Ohne Grasbrennen sind die Bestände eßbaren Wildes gering und schwer zu bejagen. Auch ist die Bedrohung des Menschen durch im stehenbleibenden Gras ganzjährig Deckung findenden Raubwildes groß. Die Menschen der Früh- und Vorzeit waren daher genötigt, durch Feuer Äsungsgründe und leichter zu bejagende offene Flächen für das ihnen als Nahrung dienende Wild zu schaffen und die Verstecke für das sie gefährdende Raubwild wenigstens zeitweise zu beseitigen.

351.6 Rückschau und Folgezeit

Als die Commonwealth Forestry Review 1971 das 5ojährige Jubiläum der Zeitschrift und das der Commonwealth Forestry Association feierte, tat sie dies vor allem durch eine Golden jubilee Number, in der monographisch die Forstgeschichte jedes Landes, das Commonwealth-Mitglied ist oder war, straff dargestellt wird. Das frühere Schutzgebiet Deutsch-Ostafrika erscheint hier nur sehr kurz zu Anfang des Kapitels "Tanzania (Formerly Tanganyika)". Daß nicht Mangel an Stoff der Grund der Kürze ist, besagt die Einführung:

"Ein vollständiger Bericht über die deutschen forstlichen Aktivitäten könnte leicht ein umfangreiches Buch füllen, was außerhalb des Rahmens eines kurzen historischen Berichts liegt. Es ist aber wert, zu bemerken, daß diese frühen forstlichen Bemühungen den späteren Aktivitäten der britischen Forstleute Führung und Ansätze boten." (Commonw. For. Review 1971, Golden Jub. Number, S. 145/146).

Im Schutzgebiet Deutsch-Ostafrika wurde nicht nur intensiv forstlich gearbeitet, sondern auch ausführlich berichtet.

In den immer umfangreicher werdenden gedruckten Jahresberichten über die Entwicklung der Deutschen Schutzgebiete, die ab dem Jahr 1896/97 in Berlin erschienen, war der Forstwirtschaft ein nicht geringer Platz eingeräumt. Die Jahresberichte erfaßten sämtliche deutschen Schutzgebiete.

Einmalige "Sonderberichte der Forstverwaltung von Deutsch-Ostafrika für das Jahr 19o9", die in den Berichten über Land- und Forstwirtschaft in Deutsch-Ostafrika in Heidelberg erschienen, gaben für 6 Forstbezirke und einige Parkanlagen auf 32 Seiten für ein Jahr sehr detaillierte Angaben aus allen Bereichen der Forstwirtschaft.

Viele Auskünfte über die forstlichen Verhältnisse in den einzelnen Schutzgebieten geben die zahlreichen Veröffentlichungen in forstlichen, kolonialen und botanischen Zeitschriften sowie vereinzelte selbständige Schriften. Vor allem in den in Deutschland erscheinenden forstlichen Zeitschriften vertreten die Verfasser, meist Forstverwaltungsbeamte, öfter eigene Auffassungen.

Die mit Abstand weitaus unmittelbarsten, vielseitigsten und tiefsten Einblicke in die forstlichen Vorgänge ermöglichen jedoch die erhalten gebliebenen forstlichen Akten des Kaiserlichen Gouvernements von Deutsch-Ostafrika, die mir von der Silviculture Research Section in Lushoto (Tanzania) liebenswürdigerweise zur Verfügung gestellt wurden. Die nachstehende Aufstellung zeigt, was an Forstakten erhalten geblieben ist.

Akazien	Vol. I von 1896 bis 19o6
Akazien	Vol III von 19o9 bis 1916
Bambus	Vol. II von 19o6 bis 1912
Dividivi	Vol. II von 1913 bis 1914
Einheimische Holzarten außer Akazien, Bambus	Vol. I von 19o4 bis 1914
Farb- und Gerbstoffe außer Akazien, Dividivi und Mangroven	Vol. I von 19o2 bis 1914
Harze	Vol. I von 19o7 bis 1914
Mangroven (Waldreservate Bez. Mohoro)	Vol. I von 19o4 bis 19o9
Teak	Vol. II von 19o4 bis 191o

Ohne Akten wäre z.B. nicht bekannt, welche Auswirkungen die Initiativen des Oberförsters Dr. Holtz hatten, mit denen er die zusammengebrochene Versorgung mit Gerberakaziensamen aus Natal und Australien wieder in Gang brachte (Kap. 351.41). Sein Bericht wurde zwar bald veröffentlicht (Holtz 19o6), nicht aber die Vorgänge, die er auslöste. Daß Dr. Holtz wissenschaftlich interessiert war, kommt auch darin zum Ausdruck, daß er den botanischen Afrikaspezialisten Professor Engler 19o2 auf seiner Forschungsreise durch den Nordosten des Schutzgebietes begleitete und daß er Professor Brandis in Kew aufsuchte, um Fragen des Bambusanbaus mit ihm zu besprechen.

Der Leiter der Forstverwaltung Wilhelmstal, Oberförster Deininger (früher bayerischer Forstassessor), in dessen Bereich die ausgedehnten Riesenwacholderwälder im Schumegebiet durch eine deutsche Firma exploitiert wurden, veröffentlichte 1912 in der Zeitschrift "Der Pflanzer" eine Abhandlung "Zur Frage der Verjüngung der Zedernwälder in Westusambara", in der er seine Vorstellungen über die Schwierigkeiten und Möglichkeiten, wieder Nutzholzbestände anstelle der gefällten Wacholderbestände anzuziehen, niederlegte. Deininger hatte über das gleiche Thema bereits am 5. Dezember 1911 einen Bericht an das Gouvernement gerichtet, dessen Text sich fast ganz mit dem der Veröffentlichung deckt. Der in den Akten enthaltene Bericht enthält aber einen Abschnitt, der in der Veröffentlichung fehlt, in dem es ohne Umschweife heißt:

"Das Gouvernement wird (für die Schaffung neuer Nutzholzwälder) bedeutende Aufwendungen an Kapital und Arbeit zu leisten haben, wenn der Vorwurf des Raubbaus vermieden werden soll."

Der dem Gouvernement so offen seine Auffassung sagende Oberförster Deininger muß bei der Bevölkerung recht beliebt gewesen sein, denn bei meinem Besuch 1964 sprach jedermann von dem alten Gebäude der Forstverwaltung in Lushoto als 'Deininger's House'.

In den in Berlin gedruckten Jahresberichten erschienen vor allem die Flächen der gelungenen forstlichen Anbauten. In Zeitschriften wurde zuweilen dargestellt, wie nach einigen Versuchen der Anbau einer bestimmten Baumart gelang. Erst die

Akten geben Vorstellungen, wie sich die Forstleute, die Angehörigen anderer Dienststellen und Privatleute durch immer wiederkehrende Rückschläge nicht entmutigen ließen, bis ihnen endlich die Anbauten doch gelangen. Ähnlich unterschiedlich war die Stoffbehandlung verschiedener anderer Bereiche der Forstwirtschaft in den Jahresberichten (sofern sie dort überhaupt erwähnt wurden), Zeitschriftenaufsätzen und Akten.

Als Beispiel sei die umfangreiche Veröffentlichung genannt, die der preußische Oberförster Gieseler 1912, 6 Jahre nach seiner Rückkehr aus Ostafrika, in der Zeitschrift für Forst- und Jagdwesen unter dem Titel "Was lehren uns die Anfänge unserer kolonialen Forstwirtschaft?" veröffentlichte. Gieseler kritisierte hier u.a.,daß der Leiter der Forstverwaltung in Deutsch-Ostafrika, Forstrat Eckert, die im Schutzgebiet vorhandenen Nutzholzvorräte und die Möglichkeiten ihrer Verwertung überschätzte und daß die darauf aufbauende Forstpolitik ein gewisses Fiasko erlitt.

Im Märzheft 1914 der Zeitschrift für Forst- und Jagdwesen wurde angekündigt, daß 3 Professoren mit 1o bis 12 Studierenden der Forstakademie Münden und einige Forstbeamte im Herbst eine forstliche Studienreise in die Waldungen von Deutsch-Ostafrika unternehmen wollten. Während des vierwöchigen Aufenthalts in Ostafrika sollen urwüchsige Waldungen verschiedener Formationen besucht werden sowie Aufforstungen und Versuche mit natürlicher Verjüngung; ferner sollten Holzbringungsanlagen und Sägewerke besichtigt werden. Über die Art des Reisens und die Unterbringung hieß es in der Ankündigung:

" Zeltexpeditionen sind überflüssig, da die zu besuchenden Gegenden durch Eisenbahnen schon ausreichend aufgeschlossen sind und hier Wohnhäuser, zum Teil gute Hotels, zum Übernachten zur Verfügung stehen."

Im Maiheft der Zeitschrift wurde mitgeteilt, daß so zahlreiche Anmeldungen eingegangen seien, daß weitere Meldungen nicht mehr berücksichtigt werden könnten.

Die Kämpfe in und um Deutsch-Ostafrika dauerten bis zum Ende des Ersten Weltkrieges; sie nahmen das Land stark mit. 192o kam Tanganyika als Völkerbundsmandat an Großbritannien, das selbst viele wirtschaftliche Schwierigkeiten hatte. Die Zeiten für Tanganyika waren sehr hart; "einst die begünstigte deutsche Kolonie, jetzt das Aschenbrödel des Empire" heißt es in der Golden Jubilee Number (Commonw. For. Review 1971, S. 146). Auch nach Ende des Zweiten Weltkrieges blieb Tanganyika britisch, jetzt als Treuhandgebiet der Vereinten Nationen. 1961 erhielt das Land als Tanzania die Unabhängigkeit.

Für Tanganyika bzw. Tanzania war es von großem Vorteil, daß die benachbarte britische Kolonie und seit 1963 Republik Kenia eine entwickelte Forstwirtschaft hatte; auch waren die Standorts- und die natürlichen Bewaldungsverhältnisse sehr ähnlich. Bereits 192o wurde ein bekannter Forstmann, der mit der Truppe aus Kenia nach Tanganyika gekommen war, dort als Leiter der Forstabteilung eingesetzt; weitere Forstbeamte folgten, u.a. auch aus Uganda. Auf Anregung von Chief Conservator Hutchins war in den Bergländern von Kenia schon früh mit dem Anbau von amerikanischen Kiefern und von Cupressus lusitanica begonnen worden (s. Kap. 314). Die in Kenia gemachten guten Erfahrungen wurden jetzt auf Tanganyika übertragen. Die Aufforstung der ausgedehnten Kahlschlagflächen, die im Schumegebiet (Westusambara) durch die Nutzung der Riesenwacholderwälder entstanden waren und die den deutschen Forstleuten soviel Sorge gemacht hatten,erfolgte jetzt nach dem Beispiel von Kenia mit bestem Erfolg mit amerikanischen Kiefern (s. Kap. 351.32). Für 1976 wird für Tanzania eine mit

Nadelholz aufgeforstete Fläche von 48 ooo ha angegeben und 7ooo ha Laubholz (World Wood 1976, No. 6, S. 65/66). Hinzu kommen 3o ooo ha Gerberakazien (Persson 1974). Das seit langem geplante Aufforstungsprojekt in den mit Grasland bedeckten Sao Hills im Süden des Landes im Ausmaß von 18 ooo ha soll jetzt in Angriff genommen werden.

352. Kamerun

352.1 Land, Standorts- und Vegetationsverhältnisse

1884 wurde Kamerun durch den Arzt und Afrikareisenden Dr. G. Nachtigal (1834 - 1885) als Reichskommissar zum deutschen Schutzgebiet erklärt. Bis zum 1911 geschlossenen Marokko-Kongo-Abkommen umfaßte Kamerun 519 ooo km^2. Durch das Abkommen erhielt es ein sich nach Süden und Osten anschließendes stark bewaldetes Gebiet; das Gesamtterritorium umfaßte jetzt 797 4oo km^2.

Kamerun reichte vom Golf von Guinea 2° nördlich des Äquators bis zum Tschadsee 13°N. Hohe dichtgeschlossene Regenwälder bestockten einen Gürtel von 15o km Breite längs der Golfküste; noch weit ausgedehntere Wälder Kameruns, die zum äquatorialafrikanischen Regenwald gehören, dehnten sich bis zu den Grenzen Gabuns, des Kongos und des heutigen Zentralafrikanischen Kaiserreichs aus. Das Klima der küstennahen kamerunischen Wälder gehört mit zum niederschlagsreichsten in niederen Lagen Afrikas: Victoria in 3 m Meereshöhe erhält 4o29 mm Jahresniederschlag; Duala in 13 m Meereshöhe erhält 3948 mm Jahresniederschlag. Am Fuß des 4o7o m hohen Kamerunberges fallen 1o - 11 m Niederschlag. Die Luftfeuchtigkeit ist im küstennahen Regenwaldgebiet sehr groß.

Abgesehen von den begrenzten niederen Lagen im Südwesten und im Norden besteht das Gelände meist aus 5oo - 15oo m hohen Plateaus, aus denen im Westen Bergländer bis 274o m aufsteigen.Die Niederschläge liegen zwischen 1ooo und 2ooo mm; in dem nördlichen Flachland bleiben sie unter 1ooo mm.

Die von A. Engler bearbeitete und 1914 veröffentlichte farbige Vegetationskarte von Kamerun ist nach folgenden 13 Vegetationsformen gegliedert:

1. Mangrovenwald
2. Tropischer immergrüner Regenwald, in der Ebene und dem Hügelland durchsetzt von Sumpfland und Steppen
3. Alluvialland mit westafrikanischen Formen
4. Alluvialwald mit zentral- u. ostafrikanischen Formen, auch mit Palmen (Hyphaene u. Borassus)
5. Sumpfland
6. Nebel- u. Höhenwald
7. Trockenes Buschgehölz, auch Gebirgsbusch, zum Teil mit dauerblättrigen Formen
8. Buschreiche Einzelberge
9. Busch- und Baumgrassteppe mit meist laubwerfenden, zum Teil breitlaubigen Gehölzen, oft parkartig
1o. Dichter Wald von Dorngehölzen (meist Akazien)
11. Grassteppe m. Dornbäumen (Akazien, Balanites, Zizyphus etc.)
12. Hochweideland und Hochgebirgssteppe, auch Felsen und Geröllvegetation der obersten Regionen
13. Offene Grassteppe, nur mit sehr vereinzelten Bäumen und Sträuchern

Während das Alluvial- und Sumpfland sowie die trockenen Vegetationsformen in Mittel- und Nordkamerun den oft kleinflächig wechselnden Geländeausformungen entsprechend bunt gemischt sind, beeindruckt der den Süden des Schutzgebiets bedeckende tropische Regenwald durch seine massive Geschlossenheit.

Ein sehr vereinfachendes Kartogramm von Passarge in dem von H. Meyer 1914 herausgegebenen Werk "Das Deutsche Kolonialreich" scheidet für Kamerun nur 5 Vegetationsformationen aus (s. 443):

a. Den tropischen Regenwald im Süden und Südwesten
b. Das den ganzen mittleren Teil Kameruns einnehmende Grasland
c. Den Dornbuschwald im Norden
d. Den Laubbuschwald zwischen Grasland und Dornbuschwald
e. Den Sumpfwald und das Grasland im Süden des Tschadgebiets

Über die Fläche der dichten immergrünen Regenwälder Kameruns liegen mehrere Angaben vor:

Büsgen schätzte sie 1913 - wohl für Altkamerun, ohne die Neuerwerbungen von1911 - auf 6 bis 9 Millionen ha.
Persson gibt 1974 die Gesamtwaldfläche Kameruns mit 17,5 Millionen ha an und glaubt, daß der größere Teil davon mit Regenwäldern bestockt ist.
World Wood (1977, No. 6, S. 6o) gibt 1977 ca. 16 Millionen ha Wälder an, von denen der größere Teil tropischer Regenwald ist.

Kamerun war die einzige deutsche afrikanische Kolonie, die Wälder besaß, die in größerem Umfang Exporthölzer liefern konnten. Während in der französischen Kolonie Elfenbeinküste schon im vorigen Jahrhundert erhebliche Mengen Mahagoniholz der Gattungen Khaya und Entandrophragma nach Europa exportiert wurden (s. Kap. 321.), gab es in Kamerun, wenn man von geringen Mengen Ebenholz und Rotholz absieht, keinerlei Holzexport und nur begrenzte Holzeinschläge für den örtlichen Bedarf.

Da Kamerun Europa verhältnismäßig nahe liegt und Holzarten besitzt, die dort Verwendung finden würden, mußten besondere Gründe vorliegen, die den Export nicht zur Entwicklung kommen ließen. Einer der wichtigsten war die geringe Bevölkerungsdichte. Wie Metzger 1939 rückschauend mitteilte, hatte Kamerun nach der Zählung vom 1. Januar 1913 bei einer Flächenausdehnung von 745 ooo km^2, also der 1,4fachen Größe des damaligen Deutschlands, nur 2,6 Millionen Einwohner. Einen erheblichen Bedarf an Arbeitskräften hatten die ausgedehnten Bananen-, Kakao-, Öl- und Kautschukplantagen, die vor allem im Regenwaldgürtel lagen. Hinzu kam fehlende Erschließung durch Bahnen, Straßen und flößbare Gewässer; Kamerun besaß nach Brockhaus Enzyklopädie 197o nur 63o km Eisenbahn. Wie sehr diese Behinderungen fortwirkten, wird auch dadurch belegt, daß aus dem nach dem Ersten Weltkrieg französisch gewordenen Mandatsgebiet, das den Hauptteil von Kamerun umfaßte, bis zum Beginn des Zweiten Weltkriegs der höchste Jahresexport 1929 nur 59 ooo t Holz betrug.

352.2 Wälder und Nutzungsmöglichkeiten

Voraussetzung für erfolgreiche größere Exploitationen zu Exportzwecken war ein Überblick über die Bewaldungsverhältnisse in Kamerun und insbesondere eine genaue Kenntnis der kamerunischen Nutzhölzer, ihrer Eigenschaften und ihrer Verbreitung sowie ihrer derzeitigen und künftigen Zugänglichkeit. Es traf sich daher günstig, daß zwei Professoren der Forstakademie in Hann. Münden, der Botaniker Büsgen (1858 - 1921) sowie der Forstpolitiker und Volkswirtschaftler Jentsch (1854 - 194o) bei ihrem preußischen Ressortministerium und durch dessen Vermittlung beim Reichskolonialamt anfragten,ob eine von ihnen geplante Expedition zur Erforschung der kolonialen Waldverhältnisse Billigung und Unterstützung finden würde. Beides wurde in Aussicht gestellt. Der preußische Minister für Landwirtschaft, Domänen und Forsten stellte größere Beträge zur Verfügung,und der Staatssekretär des Reichskolonialamts versprach besondere Förderung, wenn als Ziel der Expedition das Schutzgebiet Kamerun gewählt würde, da der dortige Urwald erst sehr wenig erforscht sei.

Für Bereisungen und Aufenthalt in Kamerun, wo die Professoren am 3o. Oktober 19o8 in Victoria an Land gingen, waren 4 Monate vorgesehen. Als freiwilliger Begleiter schloß sich auf der ganzen Reise Forstassessor Frhr. Riedesel zu Eisenbach an. In Kamerun nahm der forstliche Dezernent des Schutzgebiets, Forstassessor Schorkopf, als Führer und Begleiter an allen Bereisungen teil. Diese mögen durch einige Ortschaften umrissen sein: Victoria - Buea am Kamerunberg, Sitz des Gouvernements - Duala - Mundame und Albrechts-Höhe - Edea. Von dem ganzen bewaldeten Kamerun ist dies nur ein Bruchteil, aber ein typischer und dort gelegen, wo am ehesten Waldnutzungen - sei es für die Anlage von Bahnen und Straßen, oder für Verwendung im Lande oder für Exporte - zu erwarten waren.

Die Bewilligungen der Reisemittel waren an die Bedingung geknüpft, daß die beiden Wissenschaftler bald nach Rückkehr eine eingehende Reisebeschreibung zur Veröffentlichung im "Tropenpflanzer" lieferten. Der gemeinsame Bericht "Forstwirtschaftliche und forstbotanische Expedition nach Kamerun und Togo" erschien 19o9 im Beiheft dieser Zeitschrift. Der Bericht war chronologisch gehalten und über gemachte Ermittlungen, etwa Probeflächenaufnahmen, wurde zeitlich und örtlich an entsprechenden Stellen referiert.
An dem angeschlossenen Besuch von Togo konnte Prof. Büsgen wegen einer Erkrankung nicht teilnehmen.
Beide Reisenden haben später noch besondere Auswertungen veröffentlicht, und zwar Büsgen 191o unter dem Titel "Der Kameruner Küstenwald" und Jentsch im Jahre 1911 199 Seiten lang

unter dem Titel "Der Urwald Kameruns. Folgerungen aus den auf der Expedition 19o8/o9 gewonnenen Erfahrungen in Bezug auf den Zustand und die Nutzbarmachung des Waldes." Dieser letzte Titel bringt die von Prof. Jentsch übernommenen Aufgaben klar zum Ausdruck.

Von den reichen Ergebnissen, die in den vorstehend genannten 3 Veröffentlichungen enthalten sind, werden nachstehend einige mitgeteilt.

Nicht einfach war die Professor Büsgen gestellte Aufgabe, die Baumarten zu identifizieren; für viele gab es nur Eingeborenennamen, die oft auf kurze Entfernungen wechselten und vielfach recht ähnlich lauteten. Es mußte daher ein umfangreiches Herbar gesammelt werden, aus dem die Zentralstelle für die Kolonien am Botanischen Museum in Berlin-Dahlem die Bestimmung der unbekannten oder zweifelhaften Arten übernahm. In Berlin sind eine Reihe westafrikanischer Baumarten beschrieben und benannt worden, darunter von wichtigen Bäumen Terminalia superba von Engler und Diels sowie Fragara macrophylla von Engler. Büsgen zu Ehren hat Diels Uvaria buesgenii diesen Namen gegeben.

Die später und noch heute für den Export Kameruns wichtigsten Baumarten wurden in den Ausführungen von Büsgen meist in entsprechender Häufigkeit genannt. Das gilt zumal für Lophira alata (Azobé, Bongossi, Red Ironwood). Die vor allem in den besonders humiden küstennahen Regionen Kameruns sehr verbreitete, in Horsten und Beständen oft vorherrschend vorkommende sehr hartholzige schwere Baumart wird von Büsgen öfter als jede andere in seinen Berichten erwähnt. Damit stehen die ungewöhnlich hohen Einschläge von Azobéstammholz für Schneideware und Furnier in Kamerun im Einklang, die sich nach Erfurth (1976) im Jahre 1973 auf 261 ooo m^3 beliefen. Die Stammholzeinschläge an den übrigen 8 wichtigsten Nutzhölzern Kameruns betrugen nach Erfurth im Jahre 1973 insgesamt nur 237 ooo m^3, lagen also niedriger als Azobê allein. Für Azobêholz besaß Kamerun fast ein Monopol: die übrigen 7 wichtigsten afrikanischen Nutzholzländer von Liberia bis Zaire lieferten 1973 nur 23 ooo m^3 Azobéstammholz.

Oft genannt und bei der Herstellung von Möbeln und im Hausbaubau vielfach verwendet war Chlorophora excelsa. Terminalia superba (Limba) wurde wiederholt angegeben und vereinzelt auch Triplochiton scleroxylon (Abachi). Nicht selten genannt war das am frühesten exportierte Ebenholz (Diospyros) sowie das auch schon früh gehandelte Rotholz (Pterocarpus soyauxii). Oft angeführt wurde von Büsgen die im Handel als Makoré bezeichnete Tieghemella (Mimusops) hekelii, die er wegen des rötlich-braunen Holzes auch als Kameruner Mahagoni bezeichnete, obwohl sie , wie ihm bekannt war, nicht der Mahagonifamilie der Meliaceen angehört.

Überraschend ist es, daß Büsgen die noch heute für Kamerun sehr wichtigen afrikanischen Mahagoniarten nicht aufführte, von denen 1973 allein von Entandrophragma cylindricum (Sapellt) 84 ooo m^3 an Stammholz für Schneideware und Furnier in Kamerun eingeschlagen wurden und im gleichen Jahr von Khaya ivorensis, die das berühmte Acajou-Mahagoni liefert, 18 ooo t. 1913 war Büsgen aber bekannt, daß hochbezahlte echte afrikanische Mahagoniarten der Gattungen Entandrophragma und Khaya im altkameruner Regenwald vorkommen.

Die Expedition von Büsgen und Jentsch bewegte sich in 2 Waldformationen: in der Mangrove und vor allem im immergrünen Regenwald. Bis 19o9 erfolgte die Nutzung der kameruner Mangrove im wesentlichen zur Gewinnung von Brennholz, das vor allem in die Hafenstadt Duala ging. Für Anfang der 7oer Jahre werden die Mangroven von Kamerun von Persson (1974) - wohl etwas hoch - auf 1oo ooo ha geschätzt.

Der Kameruner Küstenwald war fast ganz humider immergrüner Regenwald. Für die künftige Nutzung war es zunächst wichtig, zu erkunden, wo und in welchem Umfang der Wald der einzelnen Gebiete von Menschen noch unberührter Urwald (Primärwald) war und wo er Sekundärwald war, der vor allem auf Gelände stockte, auf dem Brandrodungswanderfeldbau betrieben worden war. Insgesamt mögen in den bereisten Gebieten die Naturwälder überwogen haben, doch gab es auch Gebiete, die derzeit oder früher stärker besiedelt waren, in denen die Sekundärwälder vorherrschten.

In typischen Fällen sind Sekundär- und Primärwälder leicht zu unterscheiden. In Regenwäldern, die die einheimische Bevölkerung stark verlichtet oder gar vollständig vernichtet hatte und die dann sich selbst überlassen blieben, fand und findet sich auf den verlichteten oder kahlen Stellen fast mit Sicherheit bald in großer Zahl der Pionierbaum Musanga smithii ein. Der wegen seiner unverkennbaren schirmförmigen Blätter Schirmbaum genannte Baum ist geradezu die Leitpflanze für afrikanische sekundäre Regenwälder. Er hat ein sehr leichtes Holz und ist sehr raschwüchsig, wird aber nur etwa 3o Jahre alt+). Ein weiterer sich auf Kahlflächen oder Lichtungen ein-

---

+) Die Hoffnung, aus dem Holz des Schirmbaums Zellstoff fabrizieren zu können, wurde durch beim Gouvernement eingegangene Gutachten der Zellulosefabrik Feldmühle, Breslau, und der Zellstoffabrik Waldhof gedämpft, in denen es heißt: Der Holzschliff hat ein ziemlich graues Aussehen; es könnte daher zu Papier, wenn überhaupt , nur zu Packpapier Verwendung finden. Die Faser ist sehr kurz, so daß die Zellulose kaum mit solcher aus Nadelholz konkurrieren könnte. Schirmbaumholz gibt der Zellulose eine sehr unerwünschte dunkle Färbung (Amtsbl. f. das Schutzgebiet Kamerun, 1909, Nr. 21. Abgedruckt Allg. Forst- u. Jagd-Ztg. 91, 1915, S. 261/262).

findender Baum ist die bis 6o m hochwerdende Ceiba pentandra (Kapokbaum). Sekundärbäume sind ferner die leuchtend scharlachrot blühende Spathodea campanulata und Rauwolfia macrophylla. Ein Beispiel dafür, daß Sekundärwaldbäume auch schweres, hartes Holz haben können, ist Fagara Macrophylla, die - vor dem letzten Krieg in Europa noch unbekannt - zunehmend exportiert wird. Auf nassen Standorten, deren natürliche Bestockung durch den Menschen verlichtet oder vernichtet wurde, findet sich oft die lichtbedürftige Ölpalme (Elaeis guineensis) ein.

In den unteren Vegetationsschichten sind Urwälder und Sekundärwälder meist leicht zu unterscheiden. Der Boden von Sekundärwäldern ist von schwer durchschaubarem und nicht leicht begehbarem dichtem Unterwuchs aus Lianen, Stauden, Sträuchern und jungen Bäumen bedeckt; einzelne der Gewächse sind dornig. Der von Menschen nicht beeinflußte immergrüne Regenwald erhält, wenn man darin steht, sein Gepräge durch die säulenförmigen Stämme; man wird beim Gehen nur wenig behindert und hat etwa 2o m weite Sicht. In großen Photographien hat Büsgen (191o) Primär- und Sekundärwälder des kameruner Waldlandes festgehalten.

In der Aufsicht ist der primäre immergrüne Regenwald an der Dreischichtigkeit der Baumkronen zu erkennen: am höchsten ragen die verhältnismäßig wenigen riesigen Kronen der obersten 4o - 45 (5o - 59) m hohen Bäume, die keine geschlossene Kronenschicht bilden, sondern meist vereinzelt oder in wenigstämmigen Trupps aus der darunter liegenden mittleren etwa 25 - 3o (35 - 4o) m hohen Kronenschicht herausragen (emergents). Die mittlere Kronenschicht ist die einzige im Kronendach geschlossene Baumschicht. Unter ihr findet sich noch eine lokkere Schicht von kleinen Bäumen.

Die vorstehend ohne Klammern angegebenen Höhen der beiden oberen Baumkronenschichten sind der Darstellung der afrikanischen Regenwälder von Aubréville (1956a) entnommen. Die in Klammern gefaßten höheren Werte beruhen auf genauen Messungen, die Büsgen und Jentsch in den besonders humiden Regenwäldern Westkameruns vornahmen.

Sekundärwälder in Regenwaldgebieten, die auf Flächen entstanden sind, auf denen der gesamte Baumbewuchs des Primärwaldes vernichtet wurde, wachsen zunächst vielstämmig ziemlich gleichmäßig hoch. Während es in großen Teiles des afrikanischen Regenwaldgebietes Brauch war und ist, bei Brandrodungen alle Bäume (außer durch Tabus oder andere besondere Motive geschützte Arten) zu töten, war es in den von Jentsch und Büsgen besuchten Teilen Kameruns offensichtlich üblich, eine Anzahl herrschender Bäume überzuhalten. Dafür einige Beispiele aus ihren Waldbeschreibungen von 19o9:

"Der Baumbestand zeigt unter den weitständig stehenden, nicht zahlreichen Baumriesen viel mittelstarkes und mittelhohes Holz, das sich je nach dem Alter sehr verschieden abstuft, im ganzen betrachtet aber eine untere, vom hohen Schirm der Riesenbäume weit abstehende Etage bildet. Diese Unteretage ist indessen nirgends so dicht, daß die Kronen der Riesen dem Auge verschwänden. Diese Riesen selbst erscheinen zunächst nicht unverhältnismäßig hoch, weil dem mächtigen, hohen Schaft eine wohl proportionierte breite und tiefe Krone aufgesetzt ist. Erst die Messung belehrte uns, mit welch ungewöhnlichen Dimensionen wir es zu tun hatten. Die Höhen erreichen 5o und 6o m und mehr, die Durchmesser 2, ja 3 m und mehr."

Eine andere Fläche, auf der die starken Stämme in größerem Umfang belassen wurden, wird folgendermaßen beschrieben:

"Durchaus sekundären Typ zeigt die Fläche IV. Sie liegt auf ebenem Gelände, das unzweifelhaft einmal Farmland war. Auf diesem sind anscheinend die Baumriesen belassen worden. Darauf deuten die Ausmaße der vorhandenen stärksten Klasse, deren Höhe zwischen 42 und 56 m liegen. Die ermittelte Derbholzmasse von 313 fm pro Hektar wird von nur 58 Holzarten (pro o,5 ha) gebildet. An der Masse sind die 14 stärksten Bäume mit 63 %, die 342 schwächsten mit 7 % beteiligt. Die nutzbare Schaftmasse beträgt 148 fm."

Daß es sehr schwer ist, aus dem Vorkommen starker Überhaltbäume ein Bild vom zeitlichen Ablauf früherer landbaulicher Waldnutzungen und der Bildung von Sekundärwäldern zu erhalten, zeigen die folgenden Ausführungen:

"Am Mungo sind die Siedlungen sicher schon seit sehr langer Zeit heimisch, vielleicht seit Jahrhunderten. Bei der Unmöglichkeit, aus dem Aufbau des Baumkörpers auf das Alter zu schließen, fehlen über die Dauer jener menschlichen Wirksamkeit alle einigermaßen zuverlässigen Grundlagen. Jedenfalls nur ist dort schon vor sehr langer Zeit Wald zu Farmland benutzt gewesen und verlassen worden. Denn der danach entstandene sekundäre Wald ist schon wieder zu plenterwaldartigen hohen Beständen mit mittelstarken und starken Stämmen erwachsen. Wie schon wiederholt erwähnt wurde, lassen allerwärts die Eingeborenen beim Roden die schweren Bäume stehen."

Das Vorkommen starker Überhaltbäume in Sekundärwäldern macht diese für Holznutzungen interessant, wenn den Urwäldern auch wesentlich größere Bedeutung zukommt.

Um Kenntnisse der Waldzusammensetzung der bereisten Gebiete zu erhalten, wurden 11 Probeflächen von je o,5o ha, und zwar 8 von Urwald und 3 von Sekundärwald bestockte, aufgenommen.

Zunächst mußte der Unterwuchs entfernt werden.
Mit Hilfe des Weiseschen Höhenmessers oder auch eines Prozentmessers wurden bei Bäumen, deren Gipfel sichtbar waren, die Baumhöhen gemessen.
Besondere Schwierigkeit machte die Ermittlung der Durchmesser, die normal in Höhe von 1,3 m über dem Boden erfolgen, hier aber wegen der z.T. sehr hohen Wurzelanläufe grundsätzlich weiter oben an der Stelle vorgenommen wurden, wo der Stamm in Walzenform übergeht. Für alle Bäume von mindestens 7 cm Brusthöhendurchmesser wurden die Brusthöhendurchmesser und die Wipfelhöhe ermittelt.
Jeder Baum erhielt eine laufende Nummer, die mit Tintenstift auf einem kleinen Schalm dem Baum angeschrieben wurde.
Für die Ermittlung der Massen wurde die Massentafel von Grundner und Schwappach zur Bestimmung des Holzgehalts stehender Waldbäume verwendet, und zwar die Derbholzmassentafel für Buche. Die Formzahlen wurden von 3 Forstsachverständigen gutachtlich geschätzt; sie bewegten sich zwischen o,5 und o6.
Die aufgerechneten Massen sind nach 6 Durchmesserstärkenklassen rubriziert worden: 7 bis 2o cm, dann um je 1o cm steigend bis 6o cm und als Klasse I die über 6o cm starken Stämme, von denen vor allem Nutzholz erwartet wurde.

Die Ergebnisse der Probeflächenaufnahmen wurden von Jentsch 1911 in einer Tabelle zusammengefaßt, aus der einige Zahlen mitgeteilt werden:

8 Urwaldprobeflächen

- Die Holzartenzahl auf o,5 ha reichte von 19 bis 115 und betrug im Durchschnit 63.
- Die Stammzahl je ha betrug 361 bis 668; Durchschnitt 536.
- Die Derbholzmasse je ha reichte von 569 fm bis 998; Durchschnitt 794.
- Die Schaftmasse der Stämme mit mehr als 6o cm Brusthöhen-

durchmesser je ha lag zwischen 179 fm und 527; Durchschnitt 322 fm.

3 Sekundärwaldprobeflächen

- Holzartenzahl auf o,5 ha: 57 bis 143; Durchschnitt 96.
- Stammzahl je ha 316 bis 738; Durchschnitt 597.
- Derbholzmasse je ha 316 fm bis 523; Durchschnitt 426.
- Schaftmasse der Stämme mit mehr als 6o cm Brusthöhendurchmesser je ha 151 fm bis 262; Durchschnitt 2o7.

Der Vergleich der Ergebnisse der Probeflächenaufnahmen ergab, daß die Sekundärwälder artenreicher waren als die Urwälder (96 : 63 Arten) und daß die Stammzahl je ha etwas größer war (597 : 536).

Bei den Urwäldern war dagegen die Derbholzmasse je ha wesentlich größer als bei den Sekundärwäldern (794 fm : 426); auch war die Schaftmasse der Stämme mit mehr als 6o cm Brusthöhendurchmesser je ha bei den Urwäldern größer (322 fm : 2o7).

Bei allen Angaben ist zu berücksichtigen, daß die Zahl und Höhe der Überhälter auf den in Südwestkamerun besuchten Sekundärwaldflächen erheblich größer war als in anderen afrikanischen Regenwäldern.

Anschließend veröffentlichte Jentsch eingehend die für die einzelnen Baumarten ermittelten Werte sowie die Durchmesserabnahme je Meter bei gefällten Stämmen.

Abschließend behandelte er 37 Baumarten. Für jede Baumart begann die Darstellung mit recht genauen Angaben über die Verbreitung in Kamerun. Dann folgte die Beschreibung des jeweiligen Baumes und seines Holzes. Für die Beurteilung der Hölzer waren von zahlreichen Baumarten Holzproben an eine Reihe Holzfirmen und Institutionen in Deutschland sowie in England und Österreich zur Begutachtung geschickt worden. In den Beschreibungen der einzelnen Baumarten werden Angaben aus den Holzgutachten oft im Wortlaut zitiert; das gilt auch für die Ansichten über die Verwendungsmöglichkeiten der einzelnen Holzarten. So sagt die Holzimportfirma J.F. Müller, Hamburg, über Chlorophora excelsa:

"Das als afrikanische Eiche bezeichnete Holz, das in Deutschland jedenfalls noch eine große Zukunft hat. "Trotzdem das Holz erst in beschränktem Maße zugeführt wurde, sind doch bereits erhebliche Quantitäten verkauft und steigt der Konsum fortwährend. Wert in splintfreier Bearbeitung und guten Dimensionen etwa 7o M. per Tonne".

Von Lophira alata (Bongossi, Eisenholz) heißt es:

"Riesenbaum, geradegewachsen, alte Stämme meist innen hohl. Gewicht 1,o65 bis 1,125."
Die Firma Müller, Hamburg, hielt wegen des hohen Gewichts eine Verwendung nur dann aussichtsreich, wenn das Holz bereits in der Kolonie zu Bohlen geschnitten wurde. "Der Absatz wäre alsdann eventl. ziemlich unlimitiert."

Der umfassenden Darstellung sind noch zwei Anlagen beigefügt. Die erste ist ein Schema für eine Holznutzungskonzession in Kamerun.

Angenommen ist ein Konzessionsgebiet von 1o ooo ha vorwiegend primären, teilweise sekundären Urwalds. Die Konzessionsdauer ist 15 Jahre. Jährlich wird mit einem Anfall von 12 ooo fm Exportholz gerechnet. Das benötigte Personal, die erforderlichen Anschaffungen sowie die laufenden Ausgaben werden sehr detailliert aufgeführt.

Die zweite Anlage enthält die Analysenergebnisse der Bodenproben, die auf den Probeflächen entnommen wurden.

Die Ergebnisse der vielseitigen Inventuren, die von den Professoren Büsgen und Jentsch in den Regenwäldern Südwestkameruns durchgeführt wurden, sind hier verhältnismäßig eingehend behandelt worden, weil sie wahrscheinlich die ersten sind, die so umfassend die Voraussetzungen für die Einführung einer geregelten Forstnutzung in sehr artenreichen, teils primären, teils sekundären humiden Regenwäldern in niederen Lagen des äquatorialen Bereichs klärten.

Ratschläge über die dem Waldbau im weitesten Sinne zufallenden Aufgaben zu geben, hielt Jentsch sich, wie er ausdrücklich erklärte, für nicht berufen. Als seine Auffassung teilte er aber mit, daß am Plenterbetrieb mit stammweisen Nutzungen immer festgehalten werden solle, da dieser volle Freiheit der Waldgestaltung gewähre und die mit der Bodenentblößung verbundenen Gefahren vermeide (Jentsch 1911, S. 84). Mit Entschiedenheit wandte sich Jentsch gegen den auf der Tagung 1909 der Deutschen Kolonial-Gesellschaft gemachten Vorschlag des Münchener Waldbauprofessors Heinrich Mayr (1856 - 1911), der aus seinen in den Teakwäldern Javas gemachten Beobachtungen den Schluß zog, daß der reine Bestand das Ideal für die tropische Forstwirtschaft sei, wobei der einzelne Bestand eine Maximalgröße von 10 ha nicht überschreiten sollte. (Genaueres über die Vorgänge s. Seibt 1910).

352.3 Anfänge der Forstorganisation und Forstnutzung

In Kamerun wurden Forstwirte erst später als in jedem anderen deutschen Schutzgebiet eingesetzt. 1907 wurde der preußische Forstassessor Schorkopf nach Buea abgeordnet, der zum Erfolg der Expedition der Mündener Professoren beigetragen hat; er starb leider schon 1913. 19o8 kam ein zweiter Forstassessor nach Kamerun. 1912 wurde der württembergische Forstassessor Wiech an das Reichskolonialamt berufen, das ihn im gleichen Jahr nach Kamerun abordnete. Seine Aufgaben waren zunächst Erkundungen und Waldaufnahmen. Dann wurde er beauftragt, die erste kaiserliche Oberförsterei in Kamerun einzurichten; dabei hatte er die Aufgabe, die ungeheuren wilden Ölpalmenwaldungen einem Ertragsbetrieb zuzuführen und in der Gegend des Mungoflusses einen ordentlichen Waldnutzungsbetrieb einzuleiten. Nach dem Ersten Weltkrieg hat Wiech in mehreren Aufsätzen Themen der Kolonialforstwirtschaft behandelt (Wilhelmi 1961). Bei Kriegsbeginn waren je 2 Forstverwaltungs- und -betriebsbeamte in Kamerun.

Der Holzexport aus Kamerun setzte nur zögernd ein; 19o9 wurden für 177 117 Mark Holz ausgeführt und 191o für 143 862. Französich Äquatorialafrika exportierte 19o9 für 2 6o4 9oo Frks. Holz und Südnigeria 19o8 für mindestens 1 543 36o Mark. Der Vorsprung ist vor allem dadurch bedingt, daß in den französischen Kolonien das sehr begehrte Holz von Okoumé (Aucoumea klainea) in großen Mengen leicht zugänglich war. Südnigeria hatte den Vorteil, viel sehr wertvolles Mahagoni an Entandrophragma und Khaya (Acajou) zu besitzen.

An Wildkautschuk wurden 1911 aus Kamerun 27o8 t ausgeführt, die zum Teil von Lianen, größtenteils aber von dem bis 3o m hohen Baum Kickxia elastica geliefert wurden, der im westafrikanischen Regenwald, insbesondere im humiden Kamerun, heimisch ist (Kautschuk-Weltkarte 1911, Beiheft zum Tropenpflanzer 1911, Nr. 5). Kickxia wurde in Kamerun auch in Plantagen angebaut. Wenn es den überlegenen Parakautschukbaum (Hevea brasiliensis) nicht gäbe, würde Kickxia wahrscheinlich auch heute noch angebaut werden.

352.4 Versorgung mit Saat- und Pflanzgut

Ähnlich wie in Deutsch-Ostafrika in Amani ein Biologisch-Landwirtschaftliches Institut errichtet wurde, wurde am Fuß des Kamerunberges nur wenig über dem Meeresspiegel in Victoria ein heute noch bestehender Botanischer Garten angelegt, zu dem Baumschulen und Versuchspflanzungsanlagen gehörten; später führten diese Institutionen die Bezeichnung Versuchsanstalt für Landeskultur. Victoria wurde u.a. von der Botanischen Zentralstelle für die Kolonien am Botanischen Museum und Garten in Berlin mit land- und forstwirtschaftlichem Saat- und Pflanzgut zu Versuchszwecken wie zum praktischen Anbau versorgt.

Kamerun war in den für das Jahr 1896/97 beginnenden Jahresberichten über die Entwicklung der deutschen Schutzgebiete verhältnismäßig stark verreten, weil neben den sonstigen forstlichen Berichten alljährlich ein umfangreicher Jahresbericht über den Botanischen Garten und die Versuchspflanzungen in Victoria darin erschien. Aus den Berichten werden nachstehend einige Auszüge gegeben, die Eindrücke von den laufenden Arbeiten vermitteln sollen.

Im Jahresbericht über den Botanischen Garten und die Versuchspflanzung in Victoria für die Zeit vom 1. Juli 1897 bis 3o. Juni 1898 heißt es: "Einen Hauptzuwachs an Arten verdankt der Versuchsgarten der Botanischen Zentralstelle für die Kolonien in Berlin. Diese sandte einen Wardschen Kasten+) mit 29

+) Der Wardsche Kasten war von dem Engländer Dr. N.B. Ward (1791 - 1868) entwickelt worden, der 1834 schlüssig bewies, daß Pflanzen die höchsten Lebensaussichten hätten, lange Transporte zu überleben, wenn sie zusammen mit feuchter Erde in festverschlossenen Glaskästen befördert würden. Er schickte 2 mit Farnkräutern und Gräsern bepflanzte versiegelte Kästen mit einem Segelschiff nach Neusüdwales. Als dort die Kästen nach sechsmonatiger Fahrt geöffnet wurden, befanden sich die Pflanzen in tadellosem Zustand. In Australien wurden die Kästen mit dort heimischen Gewächsen bepflanzt, und zwar mit solchen, deren Transportempfindlichkeit bekannt war. Als die Pflanzen, die auf ihrer Rückreise Temperaturen von -7 bis $+39^{o}$ ausgesetzt gewesen waren, in London ankamen, waren sie in bester Verfassung; das galt auch für den sehr empfindlichen Farn Gleichenia, der noch keinen Versuch, ihn lebend nach England zu bringen, überstanden hatte. Das gute Gedeihen der Pflanzen in dem hermetisch abgeschlossenen Glaskasten beruht darauf, daß die Wasserversorgung ohne Zugabe neuen Wassers gesichert war. Das durch Transpiration der Pflanzen freigewordene Wasser kondensierte sich am Glas des Kastens und sickerte wieder in den Boden zurück. Kohlenstoff und Sauerstoff kursierten in ähnlich geschlossenen Kreisläufen.

Das Verfahren wurde bald vielfach in Kästen unterschiedlicher Größe angewendet. So schickte der englische Botaniker Joseph Hooker seinem Vater in Kew in Kisten, die mehr als 3 Zentner wogen, Bäume aus Feuerland. Mit Wardschen Kästen gelang es, den Chinin liefernden Fieberrindenbaum (Cinchona) von Südamerika nach Java, Indien und Ceylon zu bringen. Wegen der Kurzlebigkeit der Samen war es unmöglich gewesen, den Teestrauch im Himalaya anzubauen. Jetzt wurde der Teesamen in Wardsche Kästen ausgesät, die während der Reise keimten und gleich Hunderttausende von Teestrauchsämlingen lieferten. (Weitere Einzelheiten enthält das Buch "Pflanzenjäger" von Tyler Whittle 1971).

Im Berliner Botanischen Garten gab es sog. Kulturhäuser, in denen die Keimung der Samen von Tropenpflanzen unter optimalen klimatischen Bedingungen vorgenommen werden konnten. Die daraus hervorgegangenen Sämlinge konnten den Verbrauchsstellen in den gewünschten Größen zum besten Zeitpunkt (beginnende Regenzeit) in Wardschen Kästen geliefert werden.

lebenden Pflanzenarten und mehrere Sendungen von Sämereien, im Ganzen 125 Arten. Die lebenden Pflanzen langten in sehr gutem Zustande an. Unter ihnen sind besonders zu erwähnen: Ficus bengalensis, Pterocarpus santalinus, Cedrela odorata u.a.. Von den Sämereien hatte leider der größte Teil die Keimfähigkeit verloren. Dagegen enthielt eine Anfang Juli angelangte neue Sendung eine große Anzahl noch keimfähiger Samen."

Unter den vielen versuchsweise in Victoria angebauten Bäumen wurde im Bericht von 1897/98 auch Teak genannt.
19oo/o1 hieß es, daß unter den Nutzhölzern sich besonders Teak, Ceder und Casuarina auszeichnen. "Die beiden ältesten Teakbäume haben zum ersten Mal Frucht getragen, und gerade diese Art soll möglichst reichlich vermehrt werden."
19o1/o2 wurde berichtet: "Durch Vermittlung von Herrn Professor Dietrich Brandis in Bonn gelangten von Bombay mehrere Mal Samen von Dendrocalamus strictus, Bambusa arundinacea und Tectona grandis an, welche durchweg gut aufgingen."
Im gleichen Bericht hieß es: "Teak ist in mehr als 2ooo Exemplaren aus Samen, welche aus Indien kamen, angezüchtet worden. Die Bäumchen sollen an den Regierungswegen, ferner in einem geschlossenen Bestande,angepflanzt, sowie auch an die Pflanzungen verteilt werden. Das Wachstum derselben ist besonders in dem regenreichen Bibundi, welches bereits einen kleinen Bestand von Teak besitzt, ein rapides. Die zwei ältesten Bäume in dem botanischen Garten liefern reichlich Früchte. - Der Blattfall ist stets nur partiell, und die Bäume bleiben das ganze Jahr hindurch grün."

352.5 Wild und Jagd

Die Wildstände im Schutzgebiet Kamerun wiesen in ihrer Zusammensetzung erhebliche regionale Unterschiede auf, die durch die Verbreitung der Vegetationsformen bedingt waren. In den humiden immergrünen Regenwäldern im Süden und Südwesten war der Elefant das wichtigste Jagdtier, das sowohl von Europäern, den Bantus, den gewiß vom Elfenbeinhandel angezogenen islamischen Haussas und den in den Wäldern lebenden Zwergvölkern mit den verschiedensten Waffen von modernen Büchsen über Steinschloßvorderladern und Speeren, die mit langen, eisernen, vergifteten Spitzen versehen waren, bejagt wurden und denen außerdem mit Fanggruben und Fallen nachgestellt wurde. Weitere Tiere der immergrünen Wälder waren der rote Urwaldbüffel und die Streifenantilope. Größtes Raubtier war der Leopard, der auch Menschen tötete; so fielen in dem nordöstlich Duala gelegenen Bezirk Jabassi 1911 den Leoparden 3o Personen zum Opfer. Die typischen Affenarten der Regenwälder waren Gorillas und Schimpansen.

In den nach Norden anschließenden Grasländern Kameruns lebte eine völlig andere Tierwelt, wenn man von Übergangsformen absieht und von Elefanten, die es überall gab, wenn auch in verschiedenen Rassen. Vor allem Antilopen bildeten in verschiedenen Arten und in großen Zahlen die wichtigste Wildgruppe. An die Stelle der roten Büffel des Regenwaldes traten im Grasland die schwarzen Büffel; Warzenschweine und Stachelschweine waren verbreitet. Die Affen wurden vor allem durch Paviane und Meerkatzen vertreten. In der Tschadseelandschaft traten Giraffe und Nashorn auf; Löwen waren hier häufig.

Die Jagdmethoden und Jagdzeiten in den verschiedenen Wildzonen wiesen starke Unterschiede auf. Im immergrünen Regenwald wurde das ganze Jahr hindurch gejagt; die Jagd der Eingeborenen auf Elefanten erfolgte selbstverständlich auch wegen des Elfenbeins, aber hauptsächlich wegen des Fleisches (Metzger 1913). Im Grasland war eine erfolgreiche Jagd auf der Pirsch nur in den Zeiten möglich, in denen das Gras niedrig stand oder abgebrannt war. Graslandjagden wurden von Mitte bis Ende der Trockenzeit durchgeführt; dabei wurde das Gras von 3 Seiten her angezündet, während die Schützen an der brandfreien Seite abgestellt wurden. Während die Bejagung im immergrünen Regenwald diesen nicht stärker beeinflußte, minderten alljährlich durchgeführte Grasbrandjagden eine etwa noch vorhandene Gehölzbestockung.

352.6 Forstwirtschaft in nachdeutscher Zeit

Nach dem Ersten Weltkrieg kam Kamerun als Völkerbundsmandat zum weitaus größeren Teil an Frankreich; ein kleiner Teil im Südwesten, der an Südnigeria angrenzte, kam entsprechend zu Großbritannien. 1960 wurde Kamerun unabhängig. Durch eine Volksabstimmung erreichte es der südliche Teil des unter britischer Verwaltung stehenden Gebiets, sich wieder mit dem Hauptgebiet von Kamerun zu vereinigen. Die Bundesrepublik Kamerun besteht seitdem als förderalistischer Staat aus dem größeren französisch sprechenden Land Ostkamerun und dem kleineren englisch sprechenden Westkamerun.

Die 3 bis 4 Jahrzehnte lange Unterstellung unter Kolonialmächte, die verschiedene Waldbausysteme anwendeten, hatte sich, wie mir bei 1965 durchgeführten Bereisungen bewußt wurde, stark ausgewirkt.

In Ostkamerun, wo sich meine Kenntnis auf den 1965 besuchten Versuchswald M'Balmayo beschränkt, waren ähnlich wie in der Elfenbeinküste (s. Kap. 323.) Anreicherungspflanzungen auf schmalen Schneisen durchgeführt, die meist in 10 m Abstand angelegt waren. Noch einfacher war es, zu warten, daß auf solchen Schneisen von selbst Verjüngung ankam. Dem Überblick, den Aubréville 1954 über die Forstpolitik in Französisch-Übersee gab, ist zu entnehmen, daß außer in Elfenbeinküste damals nur in Kamerun auf einigen Tausend ha Streifenverjüngung betrieben wurde. Beide Verfahren, die künstlichen Anreicherungspflanzungen wie Naturverjüngungen auf schmalen Schneisen machten, so weit ich sie gesehen habe, keinen befriedigenden Eindruck. Auf meine Frage, warum nicht kombinierter land- und forstwirtschaftlicher Anbau versucht würde, erhielt ich die Antwort, die Kameruner seien dafür nicht diszipliniert genug.

In Westkamerun, das ich zu unterschiedlichen Jahreszeiten und weit eingehender bereiste, fand ich den kombinierten land- und forstwirtschaftlichen Anbau an sehr zahlreichen Stellen und meist mit gutem Erfolg durchgeführt. Hier kommt das über 3 Jahrzehnte lange Wirken der britischen Forstverwaltung zum Ausdruck, die von der zweiten Hälfte der zwanziger Jahre bis zur Unabhängigkeit die Wälder Westkameruns waldbaulich ebenso behandelte wie die des benachbarten Nigerias, wohin seit 1927 das System des kombinierten land- und forstwirtschaftlichen Anbaus planmäßig von Britisch-Indien her übernommen worden war (s. Kap. 315. u. Hesmer 1966).

In Westkamerun wurden in britischer Zeit und dann anschließend in der Unabhängigkeit in erster Linie Khaya ivorensis und Entandrophragma cylindricum angebaut; häufig, stellenweise sogar vorwiegend, wird die ebenfalls zu den Meliaceen gehörende Lovoa trichilioides (syn. klaineana) die Afrikanische Walnuß des Handels, angebaut. Diese Arten lassen sich nicht auf offenen Flächen anbauen, weil die Raupen der Schmetterlingsgattung Hypsipyla als Triebbohrer die auf freier Fläche stehenden Mahagonijungwüchse stark befallen, was zur Verbuschung führt. Wenn die afrikanischen Mahagonijungwüchse aber im Schatten verhältnismäßig lichtdurchlassender Bäume leicht beschirmt aufwachsen, leiden sie weniger oder nicht unter Triebbohrern. Als solche Schirmbäume ('nursetrees') wurden und werden in Nigeria und in dem unter britischer Verwaltung stehenden Westkamerun u.a. Gmelina arborea und Cedrela odorata verwendet. Es erfordert allerdings besondere waldbauliche Kunst, die Dichte des Schirms durch richtige Durchforstung gerade so zu stellen, daß er Insektenbefall verhindert, ohne das Wachstum der Mahagonijungbestände im Unterstand stärker zu behindern. In Westkamerun habe ich eine große Zahl von Mahagonijungbeständen gesehen, die alle waldbaulichen Ansprüche voll erfüllten.

Für den landwirtschaftlichen Mitanbau werden vielfach Bananen gewählt, aber auch andere Pflanzen wie Cassava (Manihot esculenta); Waldarbeiter bevorzugen als Mitanbaugewächse Cassava als Nahrungsmittel, Farmer Bananen (plantains) zum Verkauf. Große Stauden wie Bananen und höhere Sträucher wie Cassava können einen Teil des Schirmschutzes mitübernehmen; es ist aber aber Acht darauf zu geben, daß sie die jungen Mahagonipflanzen nicht verdämmen. Außer den Hauptmitanbauarten werden noch viele andere Landwirtschaftsgewächse mitangebaut.

Das System des kombinierten land- und forstwirtschaftlichen Anbaus hat sich also von Britisch-Burma, wo es von Dietrich Brandis entwickelt wurde, über Britisch-Indien, von wo es aufgrund einer Studienreise des nigerianischen Waldbaureferenten Kennedy 1927 in die Kolonie Nigeria eingeführt wurde, von dort in das britische Mandatsgebiet Westkamerun, das heutige unabhängige Land gleichen Namens, ausgebreitet. Die Gesamtfläche, auf der in Westkamerun Mahagonibestände im kombinierten Anbau unter lichtem Schirm entstanden sind, ist mir nicht bekannt; sie dürfte wegen der großen Zahl der meist kleinen Bestände auch schwer genau zu erfassen sein.

In Ostkamerun erfolgten neben den Reihenanreicherungen auf schmalen Schneisen auch Anbauten auf großen Flächen, und zwar, wie mir 1965 mitgeteilt wurde, auf 5ooo ha, davon 2ooo ha Okoumé. Für Anfang der 7oer Jahre gibt Persson (1974) - wahrscheinlich nur für Ostkamerun - 6ooo ha Kunstbestände an, davon 3ooo ha Okoumé.

Nach World Wood (1977 No. 6, S. 6o) wurden 1975 aus Kamerun 368 63o t Stammholz exportiert; 1973 waren es 512 ooo t. Der besonders niedrige Absatz 1975 soll auf Verstopfung der wenigen Bahnstrecken und des Hafens von Duala zurückzuführen sein. Das große geschlossene, aber noch nicht erschlossene Regenwaldgebiet im Süden Ostkameruns ist eine der größten Waldreserven Afrikas, für deren Nutzung die Pläne ständig konkretere Formen annehmen.

353. Togo

353.1 Standorts- und Bevölkerungsverhältnisse

Im gleichen Jahr 1884, in dem Dr. G. Nachtigal die Schutzherrschaft des Deutschen Reiches in Kamerun eingeführt hatte, erklärte er auch das Küstengebiet und das Hinterland von Togo zum Schutzgebiet. Togo, wie es nach Verträgen mit England und Frankreich in den 9oer Jahren abgegrenzt wurde, hatte die ungefähre Form eines langen Vierecks, dessen schmale südliche Grenze ein nur 7o km breites Stück Atlantikküste bildete; die größte Breite von Togo betrug etwa 23o km, war aber meist wesentlich schmaler. Die Nord-Süd-Ausdehnung reichte von ca. 6° bis ca. 11° nördlicher Breite, maß also etwa 56o km. Im Jahr 1918 betrug die Fläche Togos 89 9oo km^2; es war mit weitem Abstand das kleinste aller deutschen Schutzgebiete in Afrika.

Nach dem Ersten Weltkrieg wurde Togo in ein größeres östliches Völkerbunds-Mandatsgebiet von 55 ooo km^2 aufgeteilt, das Frankreich verwaltete, und in ein kleineres westliches von 33 775 km^2, dessen Verwaltung Großbritannien unter Angliederung an Ghana übernahm.

An die Ebene von Südtogo schließt sich nach Norden ein Plateau von durchschnittlich 4oo m an. Im Südwesten bei 7° erreichten in den Misahöhen Berge bis 715 m und in der Nachbarschaft am Beginn des Togogebirges 1o36 m. Im nördlichen Teil des Togogebirges, das sich diagonal von Südwest nach Nordost über die Plateaus des Schutzgebiets zieht, werden bei 9° Höhen von 69o m und bei fast $1o^o$ von 5oo m erreicht.

Bemerkenswert sind die geringen Niederschläge, die Südtogo erhält; für die Hauptstadt Lome werden 781 mm jährlich angegeben. Bedingt sind diese für die Guineaküste ungewöhnlich niedrigen Niederschläge wohl dadurch, daß wegen der landeinwärts eingebuchteten Küste der warme Guineastrom die Togoküste nur zum Teil erreicht. Als weitere Ursache wird das Vorkommen kalten Auftriebswassers an der Küste Togos angesehen (Schramm 1962). Die Niederschlagsarmut des küstennahen Bezirks wird aber "hinreichend parallelisiert durch die größere Luftfeuchtigkeit und einen meist sehr hohen Stand des Grundwassers" (Metzger 1911). Die sonstigen 7 über das Land verteilten Meßstationen verzeichnen zwar höhere, insgesamt jedoch nur begrenzte Niederschläge (s. Tab. 2). Höhere Berge bekommen selbstverständlich mehr Niederschläge als ihre Umgebung. 19o5 bis 19o9 wurden an der Misahöhe in 47o m im Jahresdurchschnitt 172o mm gemessen. Die Bedeutung der Niederschläge für die Bewaldung von Togo wird noch wiederholt zu behandeln sein.

Tabelle 2: Mittlere Jahresniederschläge an 8 Meßstellen in Togo

Ort	Breitengrad	Höhenlage der Meßstation m	mittlerer Jahresniederschlag mm
Sansane-Mangu	1o°2o'	16o	1o61
Bassari	9°3o'	313	1271
Sokode	9°	41o	1323
Kete-Kratschi	7°5o'	1o7	1351
Atakpame	7°3o'	38o	137o
Nuatja	7°	15o	1oo6
Palime	7°	25o	1463
Lome	6°	1o	781

Quelle: Walter, H. u. Lieth, H.: Klimadiagramm-Weltatlas, Jena 1967

Im äquatornäheren Südteil Togos bis zu 8° n.Br. gibt es eine längere und eine kürzere Regenzeit, im Norden Togos dagegen nur eine einzige. Im Sommer zieht das Tief über der erhitzten Sahara feuchte Meeresluft vom Atlantik an, was die Regenzeit in Nordtogo auslöst. Zur Zeit des Winters auf der Nordhemissphäre liegt das warme Tief in Afrika südlich des Äquators und zieht trockene Luft aus der Sahara an. Die dadurch in Nord- und Mitteltogo bewirkte Trockenheit wird mit ihrem Fortschreiten zunehmend durch den aus Nordosten kommenden Harmattan verschärft, einen besonders trockenen, kühlen, sandstaubhaltigen Nordostwind, der land- und forstwirtschaftlichen Kulturen Schaden zufügen kann.

Die Zahl der Bewohner Togos betrug 1913 1 o31 715; die Bevölkerungsdichte war größer als in den anderen afrikanischen Schutzgebieten.

Die Bevölkerung, deren Gros zu den Sudanesen gehört, besteht aus sehr zahlreichen Stämmen, von denen Schramm 1962 41 mit je über 1000 Personen aufführte. Die 3 größten Stämme umfaßten damals allein 671 000 Personen. Rund 200 000 Togolesen sind Christen, meist Katholiken. Die Mehrzahl der Bewohner zählt zu den Animisten. Die Zahl der Moslems schätzte man 1914 auf 14 000; 1962 wurden 75 000 angegeben. Zu ihnen gehörten 1962 21 000 Fulbe, die vor allem die Viehhalter des Nordens stellten, und 3000 Haussa, die als Händler wichtig waren und sind. Rassisch sind die Moslems meist Hamiten.

Die Togolesen lebten in erster Linie vom Brandrodungswanderfeldbau, in dem sie im Norden vor allem Hirse, in der Mitte und im Süden Knollengewächse (Manihot esculenta und Dioscorea) sowie in Bergländern Mais anbauten. Schon zur deutschen Zeit wurden in erheblichem Umfang Produkte von Plantagen exportiert (Palmöl und Kopra, Kakao, Kolanüsse, Baumwolle u.a.).

Die Verkehrserschließung erfolgte in Togo schon früh. Eisenbahnen fuhren bereits 1906; 1914 waren 330 km in Betrieb.

Das noch heute als Sklavenküste bezeichnete Küstenland vor Togo und Dahomey erinnert daran, daß Sklavenjagd und -handel hier früher besonders intensiv betrieben wurden.

Vegetationsverhältnisse

Eine <u>1914</u> von <u>Engler</u> bearbeitete Vegetationskarte von Togo weist folgende Vegetationsformen auf:

1. Mangrove u. Creekland
2. Parkartige Bestände mit charakteristischen westafrikanischen Formen (Waldreste i. Kulturld.)
3. Galerie- u. immergrüner Regenwald (ärmlich)
4. Alluvialland mit westafrikanischen Formen
5. Alluvialwald mit zentral- u. ostafrikanischen Formen, auch mit Palmen (Borassus)
6. Sumpfland
7. Trockenwald
8. Trockenes Buschgehölz, auch Gebirgsbusch, zum Teil mit dauerblättrigen Formen

9. Buschreiche Einzelberge
1o. Baum- u. Buschsteppe, mit z.T. breitblättrigen, meist laubwerfenden Gehölzen, oft parkartig, Parksteppe (Savanne)
11. Ölpalmenzone, oft mit geschlossenen Beständen

Weitaus den größten Raum auf der Karte nimmt die unter 1o. verzeichnete Baum- und Buschsteppe ein. Besonders ins Auge fällt die unter 11. verzeichnete geschlossene Ölpalmenzone im Süden Togos.

Daß für manche Pflanzen der humiden Regenwälder Westafrikas in Togo die Wasserversorgung knapp ist oder überhaupt nicht ausreicht, kommt vielfach zum Ausdruck:

Die seiner Vegetationskarte von Togo beigefügten Bemerkungen läßt Engler folgendermaßen beginnen:

"Im Küstenland der Goldküste, Togos und Dahomeys ist der Regenfall erheblich geringer als westlich und östlich davon. Es sind daher von den ungemein zahlreichen Baumformen, von den Lianen und Epiphyten, welche in Sierra Leone, Liberia, Nigeria und Kamerun auftreten, nur verhältnismäßig wenige im Küstenland von Togo zu finden."

In der Legende zu der Vegetationskarte ist hinter "Galerie- und immergrüner Regenwald" die Bemerkung "ärmlich" angefügt - ein Hinweis, daß die Wasserversorgung knapp ist. Von den dunkelgrünen Flecken der Karte, die den Regenwald darstellen, meint Engler in den Erläuterungen, daß sie vielleicht stellenweise zu groß dargestellt seien - ein weiterer Hinweis in gleicher Richtung.

Besonders bemerkenswert ist es, daß in den kleinen Arealkärtchen vom afrikanischen Exportholz liefernden Baumarten, die im Buch "Afrikanische Exporthölzer" (Dahms, 1979) abgebildet sind, eine Anzahl wichtiger Baumarten in Togo auf 0° - 1° Länge eine Unterbrechung ihres Areals aufweisen. In Abbildung 5 sind hier 8 Kärtchen mit solchen unterbrochenen Arealen wiedergege-

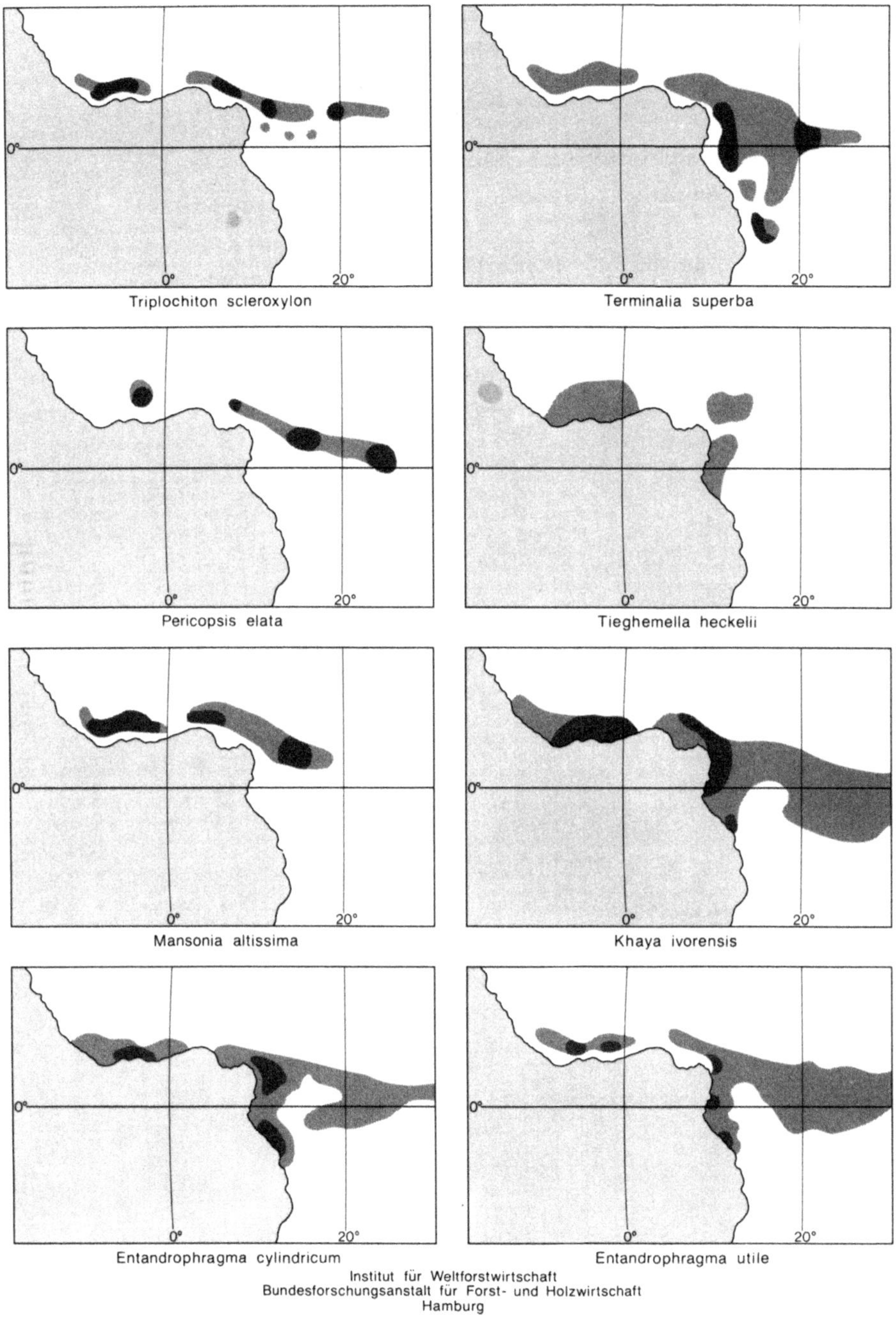

Abb. 5: Disjunkte Verbreitung von 8 Baumarten im feucht-tropischen Westafrika (nach Dahms, 1979)

ben, die folgende Arten erfassen, die in den Regenwäldern der meisten Länder des Guineagolfs vorkommen, in Togo aber fehlen. Solche Arten sind:

Triplochiton scleroxylon (Abachi)
Terminalia superba (Limba)
Afromosia
Tieghemella heckelii (Makoré)
Mansonia altissima
Khaya ssp.
Entandrophragma cylindricum (Sapelli)
Entandrophragma utile (Sipo).

Zumal im Hinblick auf die in Tabelle 2 aufgeführten, für ein Regenwaldgebiet geringen Niederschläge, liegt es nahe, diese zumindest als Mitursache des Ausfalls von Baumarten anzunehmen. Wie weit auch menschliche Eingriffe sich auf die Wald- und Gehölzbestockung ausgewirkt haben, wird im nächsten Abschnitt dargestellt.

353.3 Wälder und Gehölze

Togo wurde von wenigen deutschen Beamten verwaltet; der leitende Beamte führte seit 1898 den Titel Gouverneur. Von den Gouverneuren zeigte der 19o3 bis 191o amtierende Graf Zech ein besonderes Interesse für Wald und Bodenkultur, über die er wiederholt publizierte. Das Schutzgebiet war in 8 Bezirksämter aufgeteilt. Unter den Amtmännern waren mehrere, die botanisch, dendrologisch und forstlich sehr interessiert waren. Das galt besonders für Dr. Kersting vom Bezirksamt Sokode (19o2 - 19o8), der der Zentralstelle für die Kolonien in Berlin Hunderte von Herbarstücken zukommen ließ; nach ihm wurden mehrere Baumarten benannt.

2 Jahrzehnte sollten nach der Gründung des Schutzgebiets vergehen, bis auf Antrag des Gouverneurs die Planstelle eines Forstverwaltungsbeamten in den Haushalt von Togo eingesetzt wurde.

19o6 trat der bayerische Forstassessor und spätere Regierungs- und Forstrat Metzger (1875 - 1949) für 4 Jahre den Dienst in Togo an.

Seine erste Aufgabe war die Erfassung noch vorhandener Wälder. Metzger hat schon bald begonnen, über die Waldverhältnisse und die Aufforstungen in Togo zu veröffentlichen.

Die nachstehenden Ausführungen beruhen vor allem auf dem Buch "Die Forstwirtschaft im Schutzgebiet Togo", das Metzger 1911 veröffentlichte, als er schon wieder in Deutschland war; er hat das Buch wohl als Dissertation benutzt. 1965 hatte ich Gelegenheit, die meisten Wald- und Aufforstungsgebiete des früheren französischen Teils von Togo, der 1955 als Republik Togo autonom geworden war, auf einer Bereisung kennenzulernen.

353.31 Regenwälder

Geschlossene tropische Regenwälder fanden sich in Togo damals nur noch in wenigen Gebieten; diese Wälder stockten größtenteils zwischen dem 7. und 8. Grad n.Br., und zwar vorwiegend im Westen des Schutzgebiets. Hier lag bei der Misahöhe ein Waldgebiet von 3ooo ha, von dem Teile bis heute erhalten sind.

Nordwestlich davon lag die schätzungsweise 3o ooo ha große Waldlandschaft Buëm, die sich bis an den Fluß Asuoko erstreckte; dieses Gelände gehört heute zu Ghana. Waldländer, jedoch weniger zusammenhängend und ausgedehnt, fanden sich außerdem noch im Quellgebiet der Flüsse Haho und Schio bei 7° und an einigen anderen Stellen.

Die kleineren Waldreste eingerechnet, gab es in der ersten Dekade unseres Jahrhunderts in Togo nach Metzger 6o ooo ha Urwald, wie die Regenwälder von ihm oft genannt wurden. Die Zahl der Arten, der vor allem in Bergländern stockenden tropischen Regenwälder schätzte Metzger auf 15o bis 2oo. Als mächtige Vertreter des Hauptbestandes führte er u.a. auf:

Leguminosen: Piptadenia kerstingii, Erythrophloeum guineense, Albizzia brownei, Detarium senegalense, Afzelia africana, Berlinia heudelotiana;

Ulmaceen: Celtis integrifolia;
Moraceen: Chlorophora excelsa, Antiaris africana;
Meliaceen: Khaya klainii, Khaya senegalensis

Eine im Februar-März 19o9 von Forstassessor Metzger geleitete 13tägige Exkursion durch den Süden Togos, die anläßlich des Besuches, den Professor Jentsch auf der Rückreise von Kamerun Togo abstattete, durchgeführt wurde, gab diesem u.a. Gelegenheit, den tropischen Regenwald im Bergland bei Misahöhe kennenzulernen, und zwar in seiner mehr oder weniger natürlichen Form wie auch stark verändert durch Farmer. Einige Auszüge aus dem von Jentsch 19o9 veröffentlichten Bericht vermitteln einen Eindruck, wie die Geländeausformung sich direkt und über die von ihr beeinflußte Landwirtschaft auf die Bewaldung auswirkte:

"Die höchsten Erhebungen reichen nach der Karte bis 715 m. Die Einhänge sind teilweise sehr steil. Auch hier zeigten sich die Kuppen und die vorspringenden Grate zumeist baumlos, die Falten, Mulden und Talsohlen bewaldet. Es tritt deutlich hervor, daß charakteristische Bilder sekundären Waldes sich an den Hängen und in den Tälern vorfinden. Hier sind die Böden jedenfalls tiefgründiger und frischer, und so hat die farmgründende Hand des Eingeborenen auch recht steile Hänge in Angriff genommen. Die Kuppen und Grate sind dagegen wahrscheinlich weder Wald noch Farm je gewesen, sondern wie noch jetzt wegen der Trockengründigkeit und Flachheit immer Grassteppe, gebildet aus Pennisetum und Andropogon und räumlich durchsetzt mit Schirmakazien und ähnlichen Bäumen. Ob und inwieweit die Menschenhand dabei mitgewirkt hat, etwa durch Grasbrennen, entzieht sich unserer Beurteilung. Jetzt findet man wirklichen Wald im wesentlichen nur noch in den tief eingeschnittenen Tälern und an sehr steilen Hängen. Er zeigt überwiegend typische sekundäre Form. Aber

auch primärer, indessen nirgends wohl ganz unberührter, ist vertreten.
Nach allerdings nur einzelnen Messungen und ergänzenden Schätzungen berechnen sich ortweise ansehnliche Massen. In der Kameschlucht maßen wir an vorherrschenden Einzelbäumen Höhen- bzw. Brusthöhendurchmesser von 48 m und 88 cm, 42 m und 134 cm, 38 m und 65 cm. Der Derbholzgehalt dieser Partie betrug rund 6oo fm mit etwa 1oo bis 12o fm nutzbarer Schaftmasse. Dabei verdient Berücksichtigung, daß nach Dr. Gruners Angaben die besten Chlorophora-Stämme zum Brückenbau herausgehauen sind. Forstassessor Metzger gab an, es fänden sich auch noch massenreichere Bestände im Gebirge. Die sekundären Teile haben dagegen namhaft geringere Vorräte. Die Vegetationsbilder dieser weichen von denen Kameruns nicht wesentlich ab.
In beiden Formen des Waldes notierten wir als häufig vorkommende Holzarten von den uns bekannten oder sicher bezeichneten Chlorophora excelsa, Khaya senegalensis, Afzelia africana, Pterocarpus erinaceus, Lophira alata, Berlinia sp., Parkia africana, Ceiba pentandra, Cola cordifolia, Ficus in mehreren Arten, Terminalia sp., Acacia in mehreren Arten, Sterculia sp., Milletia sp. Die Artenzahl ist sehr groß."

353.32 Galeriewälder

Die 6o ooo ha tropischer Regenwälder, die Metzger (1911) kurz beschrieb, wuchsen in erster Linie in Berglagen und Quellgebieten. Darüber hinaus stockten etwa 75 ooo ha ähnlich zusammengesetzter und aufgebauter Wälder als Ufer- und Galeriewälder längs Flüssen. 1939 hat der Geheime Forstrat a.D. Metzger den Galeriewald so treffend beschrieben, daß seine Ausführungen im Wortlaut wiedergegeben werden sollen:

"Er ist eine natürliche Waldbildung, die sich außerhalb der geschlossenen großen Urwaldkomplexe zu beiden Seiten der Flüsse und entlang der Flußtäler hinzieht und von den eigentlichen Waldgebieten oft weit entfernt im Inneren des Erdteils in Gebieten mit geringerer Luftfeuchtigkeit und ungünstigeren Regenverhältnissen sich noch vorfindet. Die Breitenausdehnung dieser Uferwälder ist stark wechselnd. Manchmal sind es nur schmale Waldsäume und manchmals bildet sogar ein weites, tiefer gelegenes Flußtal ein größeres Waldganzes, je nachdem ein Flußlauf örtliche klimatisch und geognostisch günstige Bedingungen für natürliche Waldbildungen schafft. Je breiter diese Uferwälder sind, desto mehr sind sie in ihrer Bestandsverfassung jener der großen Urwaldkomplexe ähnlich. Auch ihre floristische Zusammensetzung ist im allgemeinen um so artenreicher und ähnlicher jener des weiten, geschlossenen Regenwaldes, je größer ihre Breitenausdehnung ist."

Professor Jentsch, der bei seinem Besuch 19o9 Gelegenheit hatte, in Südtogo den Uferwald am Haho zu besichtigen, einen lichten Urwald mit viel Starkhölzern, sagte in seinem Bericht von 19o9, daß diese nicht die in Kamerun beobachteten Höhen erreichten.

353.33 Baumsteppen

Als Wald bezeichnet Metzger (1911) nur die tropischen Regenwälder einschließlich der Galeriewälder, also 6oo km^2 + 75o km^2 = 135o km^2. Die Bewaldung machte demnach nur 1 1/2 % der Landesfläche aus. Die Baumsteppe wurde von ihm nicht zu der Waldfläche gerechnet. Er schreibt:

"Unter 'Wald' sind bei obiger Schätzung nur jene Flächen mit inbegriffen, welche mit Holzgewächsen derart dicht bestockt sind, daß eine dauernde Bodenbeschattung gewährleistet und die Entwicklung von Steppengräsern ausgeschlossen ist. Es sind also in vorstehender Schätzung jene gutwüchsigen Teile der Baumsteppen, welche infolge ihres relativ dicht stehenden Holzbestandes ein waldartiges Aussehen haben, nicht mit eingeschlossen."

Auf die Steppengebiete, die zum großen Teil Baumsteppen sind, entfallen nach Metzger etwa 6o % der Gesamtfläche des Schutzgebiets. Die Baumsteppen in Togo ähneln nach ihm verwahrlosten Obstgärten. Der Wuchs der Bäume, die in der Trockenzeit meist das Laub abwerfen, ist selten gerade und durchweg nicht höher als 15 m. Die Kronen kommen mit denen der Nachbarbäume meist nicht in Berührung; die Abstände können von einigen Metern bis über 1oo betragen. Die Bäume erreichen im Durchschnitt nur ein Alter von 3o - 5o Jahren.

Die Zahl der Arten in der Baumsteppe betrug nach Metzger weit über 1oo Holzarten, die in den einzelnen Breitenlagen und auf wechselnden Böden in unterschiedlicher Zusammensetzung auftraten. So herrschten auf den trockengründigen Steppen besonders Combretumarten (Engler 191o).

In seinen Bemerkungen zur Vegetationskarte von Togo hat Engler 1914 eine Übersicht über die Zusammensetzung der Baumsteppen von Togo nach Breitengradengruppen mitgeteilt, die hier wörtlich, aber etwas verkürzt wiedergegeben wird:

"Bei weitem der größte Teil Togos wird von Parksteppe oder Savanne, Baum- und Buschsteppe mit hohem Gras eingenommen. Dieselbe enthält neben mehreren eigentümlichen Arten zahlreiche, weitverbreitete, zum Teil breitblättrige laubabwerfende Gehölze, wie sie im ganzen Sudan von Senegambien bis zum oberen Nil vorkommen. Es finden sich auch einige dauerblättrige Gehölze in dieser Parksteppe. Noch bis in die Gegend von Lome sehen wir von Charakterpflanzen der Parksteppe Albizzia fastigiata, Acacia arabica, Dichrostachys nutans, Bauhinia reticulata, Anona senegalensis, Landolphia senegalensis vordringen.

Als Beispiele der Parksteppenvegetation im mittleren Togo nenne ich hier nur noch von Atakpame (7°) die weitverbreitete Leguminose Burkea africana und die Euphorbiacee Antidesma venosum, von Sokode (9°) vor allem die Leguminosen Parkia africana, Daniella thurifera, Detarium senegalense, Balanites aegyptiaca, Commiphora africana, die Combretaceen Terminalia macroptera und Anogeissus leiocàrpa, die Zizyphus jujuba, die Anacardiacee Heeria insignis, die als Nutzhölzer wichtigen Leguminosen Prosopis oblonga, Pterocarpus erinaceus und Cordyla africana, von anderen Leguminosen Acacia suma, Entada abyssinica, Erythrina senegalensis, Mundulea suberosa, ferner Vitex cienkowskyi, Trichilia emetica, Cochlospermum tinctorium, Ficus djurensis und F. exasperata. Die meisten dieser Arten reichen bis zum oberen Nilland.
Weiter nördlich nimmt der Artenreichtum der Parksteppen immer mehr ab, und ausgesprochenere Steppenformen werden reichlicher. So finden wir am Abhang des Tambermagebirges mit Balanites zusammen Acacia verugera, A. senegal, A. seyal und A. suma."

Eine Art der Baumsteppe verdient besondere Beachtung. Es ist die im Norden der Baumsteppen Togos vorkommende zu den Caesalpiniaceen gehörende Berlinia kerstingii, ein 2o - 3o m hoher Baum mit astreinem Stamm, der in reinen Gruppen und Beständen auftritt, die es rechtfertigen, von Berliniabaumsteppen zu sprechen. Diese, so sagte Metzger (1911), zeigen fast stets solchen Bestandesschluß, daß man ihre Bildungen beinahe als lichten Wald bezeichnen kann, wenngleich noch die charakteristischen Steppengräser je nach der Dichte des Schlusses den Boden mehr oder weniger dicht bedecken.

Der wertvollste Baum der togolesischen Baumsteppe ist der zu den Saponaceen gehörige Schibutterbaum (Butyrospermum parkii). Der in Rinde und Stammausformung ungepflegten, schwachen Eichen ähnelnde Baum kommt in Togo nur auf trockenen Böden vor. Die Früchte ähneln großen Mispeln, ihr Geschmack dem überreifer Birnen. Wichtiger ist das der Kakaobutter ähnelnde nicht leicht ranzig werdende Fett, das der Samen zu 27 - 3o Prozent enthält. Aus ihm wird die Schibutter gewonnen, die nach Gouverneur Graf Zech für die westafrikanischen Inlandstämme ebenso wichtig sein soll, wie das Olivenöl für die Italiener. Engler (1914) sieht Butyrospermum als wichtigsten Charakterbaum der Parksteppenprovinz Afrikas an. Das schwere, sehr harte, leicht polierfähige Holz wird zu Möbeln und Eisenbahnschwellen verwendet (Bärner 1943). Wo der Boden von Steppenbränden verschont bleibt, entwickelt sich der Schibutterbaum ungleich kräftiger als dort, wo er alljährlichen Feuern ausgesetzt ist (Busse 19o6). Der Schibutterbaum ist nach Metzger (1911) besonders häufig in den Baumsteppen des Hinterlandes von Togo, hauptsächlich deshalb, weil er dort wegen seiner Früchte beim Feldbau stets geschont wurde.

353.4 Degradation von Wäldern zu Baumsteppen

Nach Metzger (1911) gibt es eine Reihe von Beweisen dafür, daß in allen Teilen Togos Baumsteppen durch menschliche Einwirkungen aus immergrünen Regenwäldern hervorgegangen sind. Sie werden nachstehend aufgeführt:

"Die in Südtogo um die Ortschaften Gadja, Towe, Assahu, Tsewie, Game, Djemenji, Sagada usw. liegenden Waldreste deuten alle auf einen ehemals an Stelle der heutigen Baumsteppe stockenden Urwald enormer Ausdehnung hin.

Die Landschaft bei Atakpame (7°3o') trägt in ihrem gegenwärti-

gen Vegetationscharakter die unverkennbaren Spuren einstigen Waldlandes.
Im Hinterland bieten die sog. 'Waldstädte' in der Landschaft Tschamba (Osttogo, 9°) mit ihren die einzelnen Orte Kjirkjiri, Asem, Tschamba, Alibi, Cutjoni, Dantjo, Kuschuntu, Gubi, Bagu rings umgebenden typischen primären, scharf von der Baumsteppe abgegrenzten Urwaldresten den sicheren Beweis, daß dieses ganze Gebiet ehemals ein einziger Urwaldkomplex war. Zwischen den Stationen Sokode und Bassari (9°3o') liegen gleichfalls kleinere Waldreste. Und so ließen sich noch viele Punkte des Schutzgebietes angeben, welche durch ihren heutigen Vegetationscharakter das einstige Vorhandensein von Waldland bezeugen."

Es wäre völlig verfehlt, sagte Metzger, anzunehmen, daß alle diese Waldreste für sich entstanden wären, etwa weil an allen diesen noch bewaldeten Stellen besonders günstige klimatische oder geologische Verhältnisse vorlägen. Derartig jähe Wechsel in den natürlichen Vegetationsverhältnissen, Abgrenzungen von Wald und Steppe in so scharfen Konturen und vor allem so oft wiederkehrend auf sonst gleichen Gebieten haben nur selten ihren Ursprung in den natürlichen Faktoren Klima und Boden.

Aus allem zog Metzger den Schluß:

"Sicher aber beweisen all diese, nahezu über das ganze Schutzgebiet verstreuten Waldreste, daß die klimatischen Bedingungen für die Waldexistenz gegeben waren und heute noch gegeben sind."

In erster Linie war es, fuhr Metzger fort, der Mensch, der die Waldarmut des Schutzgebiets herbeiführte, indem er den Urwald mit Axt und Feuer vernichtete, um Farmland zu gewinnen. Metzger schilderte dann an gegebenen Beispielen den Ablauf der Degradation von Wald zu Baumsteppe oder Steppe durch den wiederholten Brandrodungswanderfeldbau in den verschiedenen Stadien.

Als zweiten und zwar eigentlichen steppenbildenden Faktor behandelte Metzger die Grasfeuer, die die Eingeborenen alljährlich in der Trockenzeit anlegten, weil sonst die Jagd unmöglich war und ebenso Weidewirtschaft in nicht abgebranntem hohen Grasland, wie es in Togo besonders verbreitet ist. Auch zum Schutz gegen Feinde und Raubtiere sowie zum leichteren Begehen erschien den Eingeborenen das alljährliche Abbrennen unentbehrlich. Die Folge der immer wiederkehrenden Brände waren einerseits Verhärtung und Verkrustung des Bodens und andererseits Bodenabschwemmung des schutzlos freigelegten Bodens zu Beginn der Regenzeit. Besonders stark waren Abschwemmung und Auswaschung an Hängen. Hinzu kamen hohe Stickstoffverluste bei den Bränden.

Abschließend sagte Metzger (1911) über die Umwandlung von Wald in Baumsteppe:

"Auch läßt sich heute noch in der Besetzung der Baumsteppe der allmähliche Ersatz von Holzarten des Urwaldes durch rein xerophytische Holzarten teilweise verfolgen. Auf noch nicht lange des Urwaldes beraubten Flächen finden wir häufig Cola cordifolia, Erythrophloeum guineense, Afzelia africana, Anogeissus leiocarpus, ab und zu die beiden Khaya-Arten, Chlorophora excelsa, also ursprünglich Holzarten des Regenwaldes, während Flächen, die schon seit Jahrhunderten Baumsteppe bilden, fast nur von xerophytischen Holzarten besetzt sind. Selbst aus dem Habitus der Holzarten können wir einen Rückschluß ziehen, ob die von ihnen bestockte Fläche erst kurz des Waldes beraubt oder schon lange Baumsteppe ist. Fand die Hauptentwicklungszeit der Bäume im geschlossenen Bestande statt, dann sind sie langschäftig, gerade, auf größere Höhe astrein; mußten sie jedoch bereits ihre Jugendentwicklung in der Baumsteppe durchmachen, dann sind eben dieselben Holzarten kurzschäftig, knorrig, krummwüchsig, wie schon erwähnt, eine Folge der alljährlichen Brandschäden, der ungünstigeren Bodenverhältnisse und der weniger günstigen Feuchtigkeitsbedingungen, welche die Baumsteppe gegenüber dem Walde gewährt."

Mit der Baumsteppe Togos, wo er allerdings nur den Südteil des Schutzgebiets besuchte, hat sich eingehend der Privatdozent für Botanik Regierungsrat Dr. W. Busse (1865 - 1933), Mitglied der Kaiserlichen Biologischen Anstalt für Land- und Forstwirtschaft in Berlin, beschäftigt. Busse, der schon eine Reihe von Tropenreisen durchgeführt hatte, war besonders mit den Verhältnissen in den Baumsteppen Deutsch-Ostafrikas vertraut.

Intensiv hat er sich mit der Rolle der Brände bei der Entstehung von Baumsteppen und Grasländern befaßt, wie auch der Titel seiner 1908 erschienenen umfangreichen Publikation "Die periodischen Grasbrände im tropischen Afrika, ihr Einfluß und ihre Bedeutung für die Landeskultur" zum Ausdruck bringt. Die in Togo gewonnenen Erkenntnisse spielen darin eine besondere Rolle. Busse unterschied natürliche primäre Steppen aus Gras und kümmerlichem Buschwerk, die auf unfruchtbaren Böden vorkommen, auf denen eine hohe Baumvegetation nicht gedeihen kann. Den Primärsteppen stellte Busse die sekundären Grasflurbildungen gegenüber, die entweder unter dem Einfluß von Klimaveränderungen oder - hier in erster Linie interessierend - von Menschen entstanden waren. Busse hatte ebenso wie Metzger erkannt, daß sich in der weithin herrschenden Baumsteppe Reste einer ehemals zusammenhängenden Waldbedeckung erkennen ließen. Er schrieb:

"Die floristische Zusammensetzung jener Reste - wobei insbesondere das Vorhandensein zahlreicher, auch in den Kameruner Waldgebieten beheimateter Typen ins Auge fällt - liefert die wissenschaftlichen Grundlagen für die Annahme, daß das südliche Togo ehemals von einem ebenso dichten und üppigen Regenwalde bedeckt gewesen ist, wie wir ihn heute noch in gewissen Teilen benachbarter, zwischen gleichen Breiten liegender Länder sehen."

Die Zeit, in der die immergrünen Regenwälder im Raum von Togo in besonders großem Umfang vernichtet wurden, legte Busse weiter zurück, vor allem in die Periode des Sklavenhandels. Er schrieb:

"Es ist bekannt, daß die Togoküste, speziell die Gegend von Porto Seguro zur Zeit der Sklavenausfuhr einer der gesuchtesten Punkte im Golfe von Guinea war. Ungeheure Transporte nahmen von hier aus ihren Weg über den Ozean. Das Land wurde, im Küstengebiet wenigstens, von Menschen entblößt; doch hat jedenfalls immer wieder ein Nachschub aus dem Innern, möglicherweise aus dem Sudan, stattgefunden."

Von den Auswirkungen der Sklaventransporte auf den Wald geben die großen Grasländer im küstennahen Gabun, die ich 1965 besuchen konnte, eine Vorstellung. Zum Beispiel sind im Forstbezirk Petit Bam-Bam in die Regenwaldlandschaft (angeblich 19oo mm Niederschlag) große Grasländer aus Hyparrhenia eingeschnitten, denen keinerlei Gehölz beigemischt ist und die unvermittelt an hohe, geschlossene Wälder grenzen. Die Sklavensavannen, wie sie genannt werden, sollen Sammelplätze gewesen sein, die es natürlich auch in Togo gegeben hat. Für die Verpflegung während des Transports mußten Knollen (Manihot esculenta, Dioscorea u.a.) sowie Getreide angezogen werden, selbstverständlich im Brandrodungswanderfeldbau. Wenn die Felder nach wenigen Jahren erschöpft waren, mußten neue Urwälder mit der Axt gefällt und das trockene Holz dann verbrannt werden. An die

Stelle der ursprünglichen Baumarten traten Sekundärgehölze. Da immer erneutes Abbrennen für neue Bestellungen erforderlich war, nahm die Vergrasung ständig zu, denn den unterirdischen Grasrhizomen schadete das Brennen nicht. Wenn die Vergrasung zu stark war, wurden die Flächen ackerbaulich aufgegeben, aber sie wurden in der Trockenzeit alljährlich für die Jagd abgebrannt und auch um freie Sicht zu haben, was in Gebieten, in denen Sklaven transportiert wurden, besonders wichtig war. In den Grasflächen samten sich Baumarten an, aber nur die feuerresistenten Arten konnten sich halten, viele davon oder gar alle durch Brandschäden verkrüppelt. An der Stelle geschlossener, hoher, immergrüner Regenwälder, in denen für Gräser kein Platz war, waren über Sekundärwälder Baumsteppen mit völlig anderen Baumarten entstanden, die oft nur vereinzelt in der niemals fehlenden Grasschicht standen, die in Süd- und Mitteltogo häufig Höhen von 2,5 - 3,5 m und auf feuchten Standorten mit Bewuchs von Elefantengras (Pennisetum Benthanii) von 5 m erreichen konnten. Das Abbrennen so hoher Grasländer führte zu besonders starken Schäden an den Gehölzen; nicht abgebrannt, aber die Halme eingeknickt, waren sie fast undurchdringlich.

Busse (1908) glaubte Hinweise dafür zu haben, daß im Gebiet von Togo auch schon vor der Zeit des Sklavenhandels starke anthropogene Einwirkungen auf die Wälder erfolgten. Er schrieb:

" Zahlreiche Steinzeit- und Schlackenfunde weisen darauf hin, daß mehrfache und gewaltige Völkerwanderungen und Verschiebungen auf unserem Gebiete stattgefunden haben - Bewegungen, die ihren Ausgang vornehmlich in den nördlich von Togo gelegenen Ländern genommen haben mögen. Welche Momente es waren, die in früheren Zeiten gewisse Völkerschaften aus dem Innern des afrikanischen Kontinentes zur Auswanderung in das heutige Togo trieben, läßt sich heute nicht mehr feststellen, daß aber gerade dieses Land eine starke Anziehungskraft ausgeübt haben muß, steht wohl außer allem Zweifel. Relativ günstige innerpolitische Verhältnisse dürften später vielleicht dazu beigetragen haben, die Einwanderer im Lande festzuhalten und diesem zu einer, für äquatorialafrikanische Verhältnisse selten hohen Bevölkerungsdichte zu verhelfen."

Einen Hinweis auf schon frühere Verbreitung von Baumsteppen in Togo ist das Vorkommen des Affenbrotbaums (Adansonia digitata), der ja in dichten immergrünen Regenwäldern nicht gedeihen kann, sondern nur in offenen Baumsteppen oder in Grasländern. "Der plumpe Affenbrotbaum" wurde in Südtogo von Professor Jentsch bei seinem Besuch 1909 ebenso bemerkt wir 1965 von mir. Ich sah ihn außerdem sehr häufig in Nordtogo auf dem Flug zwischen Sokode und Sansane-Mangu. Zwar waren die Stämme in Togo nicht ganz so stark, wie ich sie von Ostafrika her kannte, aber ein Alter von einigen Jahrhunderten wird man für sie wohl annehmen können.

353.5 Aufforstungen

Schon mehr als ein Jahrzehnt bevor 1907 die Vorbereitungen zu größeren Aufforstungen, die dann 1908 begannen, anlie en, wurden von der Botanischen Zentralstelle Berlin Teaksamen nach Togo geschickt.

Im Jahresbericht 1897/1898 des Schutzgebiets Togo wurde mitgeteilt, daß Tectona grandis zu dem Teil einer Samensendung an die Station Kete-Kratschi mit Bismarckburg gehöre, der aufgegegangen sei. Die daraus hervorgegangenen Teakbäume lieferten wahrscheinlich Saatgut, das 1908 bei der Großaufforstung am Hahofluß verwendet wurde. Professor Jentsch, der die Aufforstung 1909 besuchte, schrieb: "Die Samen sind durchweg in Togo gesammelt, auch der des Teak von Mutterbäumen, die aus javanischen Samen erzogen wurden." Ferner berichtete Jentsch, daß der Bezirksamtmann Regierungsrat Dr. Gruner in Misahöhe umfangreiche und mannigfache Kulturen angelegt habe. Unter den zahlreichen heimischen und fremdländischen Baumarten sei mit gutem Erfolg Tectona grandis in etwa 1ojähriger Pflanzung vorhanden (Jentsch u. Büsgen 19o9).

Anfang des Jahrhunderts kam weiteres Teaksaatgut nach Togo:

Im Jahresbericht 19o2/o3 der Zentralstelle, der in der Anlage zum Jahresbericht über die Entwicklung der deutschen Schutzgebiete erschien, hieß es: "Gleichfalls Togo zugut kam gegen ein Zentner Saat des Teakholzbaumes, den insbesondere die Station Sokode in größerem Maßstabe aufzuforsten beabsichtigt."

Im Jahresbericht 19o1/19o2 wurde von Lome mitgeteilt, daß Tectona einen üppigen Wuchs zeige. Aus Bassari-Sokode wurde gemeldet, daß sich unter den ins Freiland verpflanzten Arten 812 Tectona grandis von o,5 - 2 m Höhe befänden.

Im Gegensatz zu Deutsch-Ostafrika hatte Togo keine besonderen Schwierigkeiten mit dem Erhalt von Teaksaatgut sowie mit der Anzucht in der Baumschule und der Auspflanzung. Man machte mit den verschiedenen kleineren Teakpflanzungen so gute Erfahrungen und war durch das rasche Wachstum so beeindruckt, daß man, obwohl auch manche anderen fremdländischen Baumarten versucht waren, sich entschied, in Togo bei den Großaufforstungen als einzige überseeische Baumart nur Teak zu verwenden.

Für Togo wurden 3 Großaufforstungsgebiete ausgesucht:

1. Auf 7° nördl. Breite im Quellgebiet des Haho, wo dieser Fluß und der einmündende Baloe einen Winkel bildeten, der die Aufforstungen vor von außen vordringenden Bränden schützte. Das vorgesehene Aufforstungsgebiet betrug 28 ooo ha. Wegen

des Mangels an Arbeitskräften konnten jährlich nur 17o ha kultiviert werden. Die jährlichen Kosten betrugen 44 2oo Mark; es bestand aber Aussicht auf Kostensenkung.

An einheimischen Pflanzen wurden vor allem verwendet:

a. Khaya senegalensis und K. Klainii, von denen die erste Art bevorzugt wurde. Diese liefert ein dem der amerikanischen Swietenia ähnliches hochqualifiziertes Holz in mäßiger Stärke, das als 'dry zone mahogany' gehandelt wird. Die beiden Khayaarten können ohne Baumschule direkt ins Freie gesät werden. Als Meliaceen leiden sie unter Triebbohrerbefall, der aber durch Beschnitt in Grenzen gehalten werden konnte. Khaya senegalensis ist ein Beispiel für Arten, die in verschiedenen Formationen vorkommen. Nach Metzger (1911) findet sie sich, wenn auch nicht so häufig, im Urwald (= Regenwald), ist aber ständig in den Uferwaldungen vorhanden und tritt von diesen auch nicht allzu selten in die angrenzende freie Baumsteppe über.

b. Chlorophora excelsa, die in der Baumschule angezogen werden mußte. Sie litt unter Gallenbefall und wurde daher nur als Mischholz verwendet.

c. An anderen angebauten Arten sei die raschwüchsige Baumart Erythrophloeum guineense genannt, die meist im geschlossenen Wald vorkommt, aber auch in die Baumsteppe übergeht. Sie beschattet den Boden stark, so daß kein Gras mehr darunter gedeiht. Das Holz ist außerordentlich hart sowie gegen Witterungseinflüsse und Termiten sehr widerstandsfähig. Die Aussat kann gleich ins Freie erfolgen.

Da das Wuchsverhalten der einzelnen Baumarten noch nicht genug bekannt war, wurden meist Mischbestände angelegt.

2. Auf 9° nördl. Breite wurde im Winkel zwischen dem Mo- und dem

in diesen mündenden Kanaafluß 19o9 mit der Aufforstung begonnen. Die Hauptregenfälle konzentrieren sich in dieser Breite auf die Zeit vom Juli bis Mitte Oktober. Den klimatischen Verhältnissen waren fast nur Teak und Khaya senegalensis gewachsen, deren Freilandsaaten erstaunlicherweise die lange Dürrezeit überstanden.

3. Die auf 1o°2o' geplante Aufforstung bei der Stadt Sansane-Mangu wurde erst 1911 begonnen. Der Niederschlag beträgt nur 1o61 mm und konzentriert sich auf die Monate Juli bis September. Mehrere Hundert ha sollen in deutscher Zeit aufgeforstet sein, davon 25o ha Khaya senegalensis. Die trotz der Trockenzeit im Laub stehenden Bestände machten bei meinem Besuch am 5. März 1965 auf größeren Flächen den Eindruck eines sehr lichten Waldes, dessen Baumkronen zwar hier und da Kontakt hatten, der aber noch viel öfter kleinere und größere Lücken aufwies. Unter dem Bestand erstreckte sich eine geschlossene Grasdecke von etwa 12o - 14o cm Höhe. Auf manchen Flächen stockten nur noch vereinzelte Bäume und andere waren ausschließlich Grasland. Die Bäume sind nicht sehr gradschaftig. Gelungen war eine lückenlose Allee schon ziemlich starker Stämme von Ceiba pentandra, die in deutscher Zeit bei einer Siedlung angelegt war.

Bei meiner Bereisung 1965 beeindruckten mich vor allem die Erfolge des Teakanbaus. Bei Misahöhe sah ich starke Teakbäume mit Brusthöhendurchmessern von 55 cm, die wahrscheinlich zu der Pflanzung gehörten, über die Professor Jentsch 19o9 berichtete. Bei Atakpame sah ich einen angeblich aus deutscher Zeit stammenden Bestand von 15 ha Teak, der noch stärkere Stämme enthielt. Dort gab es auch einen Bestand etwa gleichen Alters von Erythrophloeum guineense. In dem ersten Großaufforstungsgebiet Haho-Baloe wurden in der deutschen Zeit 4oo ha mit verschiedenen Baumarten aufgeforstet, von denen nur Teak befriedigte.

Auf der Bereisung wurde mir mitgeteilt, daß in Togo rd. 1o ooo ha Teak angebaut seien. Vielfach wurde Teak auch an Wegen gepflanzt. Persson (1974) gibt für Anfang der 7oer Jahre 6ooo - 8ooo ha Teakpflanzungen an, vielfach kleine, zerstreute ländliche Pflanzungen; die nutzbaren Teakpflanzungen wurden auf 3ooo ha geschätzt. Die hier genannten Zahlen über Teakanbau betreffen nur das französisch sprechende Togo. Im geringeren Umfang erfolgten auch Teakanbauten in den westlichen Teilen von Togo, die nach dem Ersten Weltkrieg an Ghana abgetreten wurden; von diesen kamen angeblich die Teakstämme, die ich 1965 im Holzhafen von Takoradi (Ghana) sah.

Eine schon lange bevor der erste Forstmann nach Togo kam bestehende enge Zusammenarbeit zwischen der Botanischen Zentralstelle für die Kolonien in Berlin sowie botanisch, dendrologisch und forstlich interessierten Bezirksamtmännern in Togo führte dazu, daß schon früh Teaksaatgut nach Togo kam und dort angebaut wurde. Als es dann dank der Energie des Gouverneurs Graf Zech und des Sachverstandes des einzigen nach Togo abgeordneten Forstverwaltungsbeamten Assessor Metzger in der ersten Dekade unseres Jahrhunderts zu größeren Aufforstungen kam, war in Togo angezogener Teaksamen ausreichend verfügbar und Erfahrungen im Anbau waren gewonnen. So wurde es erreicht, daß Togo, eine der kleinsten afrikanischen Kolonien, bis zum Beginn des Ersten Weltkriegs mit an der Spitze der teakanbauenden Länder in Afrika stand.

354. Deutsch-Südwestafrika

Die Entstehung des deutschen Schutzgebiets im Südwesten Afrikas wurde 1883 durch den Bremer Kaufmann Lüderitz eingeleitet. Das sich von 17 bis 29° s.Br. erstreckende Gebiet besaß eine Fläche, die der Deutsch-Ostafrikas nicht weit nachstand, aber 1913 nur gut 1 % von dessen Bevölkerung besaß. Auch heute ist die Bevölkerungsdichte mit nur einem Einwohner je Quadratkilometer eine der geringsten der Erde. Bedingt ist sie vor allem durch die klimatischen Verhältnisse, die durch sehr geringe Niederschläge, die im Westen unter 1oo mm liegen, und durch starke Tages- und Jahrestemperaturunterschiede gekennzeichnet sind. Nur im nordöstlichen Teil des Gebiets reichen die Regenfälle für baumreichere Formationen aus (Büsgen 1913 und Vegetationskarte Engler 1914).

In der 23teiligen Legende der von Engler bearbeiteten Vegetationskarte kommt das Wort Wald nur zweimal vor, und zwar als Trockenwald und Uferwald, am häufigsten wird Steppe und fünfmal Wüste verzeichnet. Unter den einheimischen Holzarten spielen, abgesehen von den nördlichen Gebietsteilen, Akazien die größte Rolle; von diesen ist Acacia giraffae, der Kameldorn, am verbreitesten. Auch Werthölzer wie Euclea pseudebenus (Ebenholz), Combretum primigenum und Terminalia sericea kommen vor. Besonders geschätzt ist Pterocarpus erinaceus (Afrikanisches Rosenholz). Tischler- und Bauholz liefert die Leguminosaceae Copaifera mopane.

Da die einheimischen Baumarten langsam wachsen, ging man zum Anbau fremdländischer Arten über. 19o1 traf ein höherer Forstbeamter in Windhuk ein. Drei Forststationen wurden errichtet und Baumschulen in Betrieb genommen. Versuchte europäische und mediterrane Arten bewährten sich nicht, mit Ausnahme von Morus alba. In großem Umfang wurde Eucalyptus in Baumschulen angezogen, die aus Brunnen bewässert wurden. Eine von der Eisenbahn durchschnittene Aufforstung sollte das mittlere Schutzgebiet mit Brenn- und Nutzholz versorgen. Günstig verliefen Anbauversuche mit Casuarinen; auch Prosopis juliflora wurde angezogen.

Trotz der Bewässerung traten Rückschläge durch Heuschreckenfraß ein; massenhafter Befall von Schildläusen machte stellenweise Abtriebe von Akazien nötig.

Besondere Probleme stellte der Schutz der Walfischbucht gegen Treibsand. Um sich unter anderem über die Verfahren der Sandfestlegungsarbeiten und der Bewässerung zu unterrichten, wurde der im Reichskolonialamt eingesetzte Botaniker Dr. W. Busse, dessen Betätigung in Deutsch-Ostafrika und Togo hier schon behandelt wurde, auf eine Studienreise nach Russisch-Mittelasien geschickt (Turkestan, Buchara, Samarkand, Transkaspien u.a.).

Nach dem Ersten Weltkrieg wurde Südwestafrika, ähnlich einer Provinz der Südafrikanischen Union, der heutigen Republik Südafrika angeschlossen. Ein großer Teil der deutschen Bevölkerung, nach der Tagespresse waren es 1976 etwa 25 bis 3o ooo Personen, blieb in Südwestafrika.

Ein Referat über Aufforstung und Baumschutz in Südwestafrika, das W. Wiech 1929 aufgrund von Berichten im Südwestafrikanischen Farmer erstellte, gibt an, daß der Holzverbrauch im Lande damals 42 ooo fm betrug. Angaben über inzwischen erfolgte forstliche Fortschritte enthält das Referat nicht.

LITERATURVERZEICHNIS

ALLGEMEINE FORST- UND JAGDZEITUNG 91 (1915): Gutachten über die Verwendung des Schirmbaumholzes. (Amtsblatt für das Schutzgebiet Kamerun, 1909, Nr. 21). S.261-262.

ALSDORF, L. (1961): Beiträge zur Geschichte von Vegetarismus und Rinderverehrung in Indien. Abh. d. Geister- u. Sozialwiss. Klasse, Nr. 6. Akademie d. Wiss. u. d. Literatur in Mainz. Kommissionsverlag F. Steiner, Wiesbaden. S.560-625.

ALTONA, T. (1924): Djati en Hindoes. De invoer vna den djati op Java. Summary: Djati (Teak) and Hindoes. Importation of djati. Boschbouwkundig Tijdschrift Tectona XVII. Buitenzorg. S.865-902.

ASHTON, P.S. (1964): Ecological Studies in the Mixed Dipterocarp Forests of Brunei State. Oxford Forestry Memoirs Number 25. Oxford Univ. Press. Oxford.

AUBRÉVILLE, A. (1949): Climats, Forêts et Desertification de l'Afrique Tropicale. Paris. Preface de A. Chevalier.

AUBRÉVILLE, A. (1954): Politique Forestière Outre-Mer. Chronique d'Outre-Mer. Nov. 1954, S.31-37.

AUBRÉVILLE, A. (1956a): Tropical Africa. In: Haden-Guest: A World Geography of Forest Resources. S. 353-384. American Geographical Society, Special Publication No.33. New York.

AUBRÉVILLE, A. (1956b): Un Grand Savant, un Fervent Ami de nos Forêts Tropicales, un Grand Colonial Francais n'est plus. Auguste Chevalier. Bois et Forêts Tropicales 48, S.3-6.

AUBRÉVILLE, A. (1957/58): A la Recherche de la Forêts en Côte d'Ivoire. Bois et Forêts des Tropiques No. 56, 1957, S.17-32. Seconde partie. Ebenda No. 57, 1958, S.12-27.

AUBRÉVILLE, A. (1959): La Flore Forestière de la Côte d'Ivoire. 2.ed. revisee. 3 Bände von 362, 344 u. 340 S. Nogent-sur-Marne.

BADER, F.J.W. (1960): Die Verbreitung borealer und subantarktischer Holzgewächse in den Gebirgen des Tropengürtels. Nova Acta Leopoldina. Abh. der Deutschen Akademie der Naturforscher. Neue Folge, Nr. 148, Bd. 23. Leipzig. 544 S.

BÄRNER, J. u. MÜLLER, J.F. (1942/43): Die Nutzhölzer der Welt. Neudamm, 3 Bde. Bd.1 1942, 687 S.; Bd.2 1942, 780 S.; Bd.3 1943, 803 S.

BANDI, H.-G. u. MARINGER, J. (1952): Kunst der Eiszeit, Levantekunst, Arktische Kunst. Basel.

BARTLETT, H.H. (1956): Fire, Primitive Agriculture and Grazing in the Tropics. In: Thomas, W.L.: Man's role in changing the face of the earth. Chicago. S. 692-720.

BECKING, J.H. (1928): De Djaticultur op Java. Dissertation Wageningen. 304 S.

BEGUE, L. (1957): Problemès Forestières de l'Indonesie. Bois et Fôrets des Tropiques No. 56, S.3-16.

BERBERICH, K. u. MAYDELL, H.-J.VON (1970): Voraussetzungen und Entwicklungsmöglichkeiten der Holzwirtschaft in Guyana, Surinam und Französisch-Guyana. Mitt. d. Bundesforschungsanstalt für Forst- und Holzwirtschaft, Reinbek, Nr.78, Hamburg.

BERGEROO-CAMPAGNE, B. (1958): Evolution des méthodes d'enrichissement de la fôrets dense de la Côte d'Ivoire. Bois et Forêts des Tropiques No. 58, S. 17-32 u. No. 59, S.19-35. Nogent-sur-Marne.

BERKHOUT, A.H. (1909): Ziele, Resultate und Zukunft der indischen Forstwirtschaft. Der Tropenpflanzer XIII, S. 303-313 und S. 374-385.

BETANCOURT, A. (1972): Los manglares en Cuba. Cuba Revista Forestal Baracoa 2, No. 2, S.31-54.

BLANFORD, H.R. (1956): Highlights of one Hundred Years of Forestry in Burma. The Burmese Forester 6, S.12-22.

BORCHERT, G. (1972): Die Wirtschaftsräume der Elfenbeinküste. Hamburger Beiträge zur Afrika-Kunde. Bd. 13. Herausgeber: Deutsches Institut für Afrika-Forschung, Hamburg. Kommissionsverlag: Afrika Verlag Pfaffenhofen/Ilm.

BRANDIS, D. (1856): Report on the Teak Forest of Pegu for 1856. Dat. 16.12.1856. Select. from the Rec. of the Govt. of India (Foreign Departm.). No. XXVIII, Calcutta 1860. Printed by C.B. Lewis, Baptist Mission Press. 61 S. (Withdrawn from Linn. Soc. Libr. 1928).
Dazu im Anhang auf S. 67-71 verschiedene Verfügungen u.a.:
1. Rules for preserving the forests in Pegu.
Gezeichnet vom Commissioner of Pegu, wohl verfaßt von Brandis. Dat. 16.12.1856.
2. General instructions for the officers charged with conducting the operations of marking and girdling during the dry season of 1857. Dat. 16.12.1856.
3. Memo. on the Teak in the Tharawaddy District. Verfaßt im Juni 1856, Dat. 16.12.1856.

BRANDIS, D. (1871a): Extract Report on the Forests in Rajputana. Dat. Jan. 1871. Erschien als Appendix II, S. 132-134 im Report of the Proceedings of the Forest Conference held at Simla, Oct. 1875. Edited by D. Brandis and A. Smythies. Office Superint. Govt. Printing. Calcutta 1876.

BRANDIS, D. (1871b): Über die klimatischen Verhältnisse, durch welche die Waldbegetation in Britisch-Ostindien hauptsächlich bedingt wird. Ref. über Vortrag vor der Niederrhein. Ges. Bonn 17.7.1871. Sitzungsbericht NG 1871, S. 107-112. Eingebunden in Verhandlungen des naturhistorischen Vereins der preußischen Rheinlande u. Westfalens, 28, 1871, Bonn.

BRANDIS, D. (1872): On the Distribution of Forests in India. Mit einer Karte "Rainfall and Forest Trees in India". Ocean Highways 4, 1872, S. 200-206. Erneut abgedruckt in Transact. Scott. Arboricul. Soc. 7, 1873, S. 88-113 sowie in Indian Forester 9, 1883, S. 173-183 u. S. 221-233.

BRANDIS, D. (1874): The Forest Flora of Northwest and Central India. A Handbook of the Indigenous Trees and Shrubs of those countries. Commenced by the late J.L. Stewart, continued and completed by D. Brandis. Prepared at the herbarium of Royal Gardens, Kew. Published under the authority of the Secretary of the State for India in Council. London 1874, W. H.Allen a.Co. 608 S. Reprint 1972.

BRANDIS, D. (1881): Review of the Forest Administration in the several Provinces under the Government of India for the year 1879-1880. Dat. 25.7.1881. Centr.Branch Press. Simla 1881. 44 S.

BRANDIS, D. (1884): Progress of Forestry in India. Transactions of the Scott. Arboricult. Soc. X, 1884, Part III, S. 247-281. Hiervon Sonderdruck. Abdruck Indian Forester 10, 1884, S. 399-410; 452-462; 501-510.

BRANDIS, D. (1894): Forstwirtschaft in Natal. Allg. Forst- und Jagdzeitung 70, S. 146-148.

BRANDIS, D. (1897): Indian Forestry. Oriental University Institute, Woking. 90 S.

BRANDIS, D. (1898): Über indische Forstverwaltung. In: Berichte über die 25. Versammlung deutscher Forstmänner zu Stuttgart 1897. Berlin 1898, S. 153-162. Auszug in: Deutsches Kolonialblatt 9, 1898, S. 278-279.

BRANDIS, D. (1899): Anbau der großen Bambusen in Deutschafrika. Der Tropenpflanzer III, S. 438-442.

BRANDIS, D. (1900): Zur Bambuskultur in Deutschafrika. Deutsches Kolonialblatt 11, S. 473-476.

BRANDIS, D. (1906): Indian Trees. An Account of Trees, Shrubs, Woody Climbers, Bamboos and Palms Indigenous or Commonly Cultivated in the British India Empire. Assisted by Indian Foresters. London 1906. Constable and Co. 767 S. Sec. Impr. 1907, Third Impr. 1911. Reprint 1971.

BROCKHAUS ENZYKLOPÄDIE (1970): Kamerun. Bd. 9, 17. völlig neu bearb. Aufl., Wiesbaden. S. 669.

BROCKMANN-JEROSCH (1919): Baumgrenze und Klimacharakter. Pflanzengeograph. Kommission der Schweizerischen Naturforschenden Gesellschaft. Beiträge zur geobotanischen Landesaufnahme 6. Verlag Rascher, Zürich. 255 S.

BUECHNER, H.K. and DAWKINS, H.C. (1961): Vegetation Chagne Induced by Elephants and Fire in Murchison Falls National Park. Uganda. Ecology, No. 4, S. 752-766.

BÜNNING, E. (1956): Der tropische Regenwald. Verständl. Wissenschaft 56. Band. Springer-Verlag Berlin-Heidelberg.

BÜSGEN, M. (1904): Die Forstwirtschaft in Niederländisch-Indien. Zeitschrift f. Forst- u. Jagdwesen 36, S.1-14, 77-99, 145-156, 209-229.

BÜSGEN, M. (1910): Vegetationsbilder aus dem Kameruner Waldland. In: Vegetationsbilder herausgegeben von Karsten u. Schenck. 8. Reihe, Heft 7. Verlag Gustav Fischer, Jena.

BÜSGEN, M. (1913): Die deutschen Kolonialwälder. Lorey's Handbuch der Forstwissenschaft. 3. Auflage.

BURKILL, I.H. (1956, 1961, 1962): Chapters on the History of Botany in India. Journal of the Bombay History Society 54, 1956, S. 55-65: 58, 1961, S. 680-687; 59,1962, S. 755-773.

BURLEY, J. and STYLES, B.T. (1976): Tropical Trees. Variation, Breeding and Conversation. Linnean Society Symposium Series Number 2. London.

BUSSE, W. (1906): Westafrikanische Nutzpflanzen. In: Vegetationsbilder. Herausgegeben von Karsten u. Schenck. 4. Reihe, Heft 5. Verlag Gustav Fischer, Jena.

BUSSE, W. (1908): Die periodischen Grasbrände im tropischen Afrika, ihr Einfluß auf die Vegetation und ihre Bedeutung für die Landeskultur. Wiss. Beih. z. Deutschen Kolonialblatte. 21. Bd., 2. Heft, S. 113-139. Berlin.

BUURMANN, W. (1883): De Djatikultur.

BUURMANN, W. (1892): Teak Cultivation in Java. The Indian Forester 18, S. 285-292.

CENTRE TECHNIQUE FORESTIER TROPICAL (1960): 10 ans de Recherches Forestières Tropicales. Publication No. 18. Nogent-sur-Marne.

CHAMPION, H.G. (1936): A Preliminary Survey of the Forest Types of India and Burma. Indian Forest Records (New Series) Vol. I Silviculture No.1. 286 S. New Delhi.

CHAVALIER, A. (1907, 1908, 1910): Novitates florae africanae.

CHEVALIER, A. (1909): Primière Etude sur les Bois de la Côte d'Ivoire. In: Les Vegetaux Utiles de l'Afrique Tropicale Française. Fascicule V, S. 1-312. Paris.

COMMONWEALTH FORESTRY REVIEW VOL. 50 (2) (1971): Golden Jubilee Number No. 144.

CRITCHFIELD, W.B. and LITTLE, E.L. (1966): Geographic Distribution of the Pines of the World. Miscellaneous Publication 991, U.S. Department of Agriculture, Forest Service, Washington, D.C.

DAHMS, K.-G. (1979): Afrikanische Exporthölzer. 2. erweiterte Auflage. Stuttgart. 302 S.

DARLING, F.F. (1975): Forestry, the Environment and Man's Needs. Unasylva Vol. 27, No. 107, S. 3-8.

DEININGER (1912): Zur Frage der Verjüngung der Cedernwälder in Westusambara. Der Pflanzer 8, S. 184-190.

DER SPIEGEL (1976): Brasilien: Sand im Urwald. Nr. 37 vom 6.9.1976, S. 154-159.

DER TROPENPFLANZER 10 (1906): Bericht über die Einführung wertvoller indischer Bambusarten in Deutsch-Ostafrika. S. 673-676.

DER TROPENPFLANZER 11 (1907): Die Kampherhausse, ihre Ursachen und Konsequenzen. S. 331.

DER TROPENPFLANZER 15 (1911): Kautschuk Weltkarte 1911. In: Verhandlungen der Kautschuk-Kommission des Kolonial-Wirtschaftlichen Komitees vom 30. März 1911. Kolonial-Wirtschaftl. Komitee. Beiheft zum Tropenpflanzer Heft Nr. 5.

ECKERT (1907): Über verschiedene Versuche mit dem Anbau des Kampferbaumes. Der Pflanzer 3, S. 317-320.

EIDMANN, F.E. (1932): Die niederländisch-indische forstliche Versuchsstation in Buitenzorg (Java). Allg. Forst- u. Jagdzeitung 108, S. 113-127.

EIDMANN, F.E. (1935): Die Forstwirtschaft in Niederländisch-Indien. Forstwissenschaftliches Centralblatt 57, S. 269-283 u. S. 331-343.

ENGLER, A. (1893): Eine botanische Expedition des Herrn Karl Holst in Usambara. Deutsches Kolonialblatt 4, S. 359-360.

ENGLER, A. (1903): Über die Vegetationsformationen Ost-Afrikas aufgrund einer Reise durch Usambara zum Kilimandscharo. Zeitschr. der Gesellschaft für Erdkunde zu Berlin. S. 254-279 u. S. 398-421.

ENGLER, A. (1908-1925): Die Pflanzenwelt Afrikas insbesondere seiner tropischen Gebiete (Die Vegetation der Erde 9). 5 Bände. Leipzig.

ENGLER, A. (1914): Farbige Vegetationskarte von Deutsch-Ostafrika mit Erläuterungen. In: Hans Meyer: Das Deutsche Kolonialreich. 1. Band,1. Teil. Verlag des Bibliographischen Instituts, Leipzig u. Wien 1914.
Ebenso 1. Band, 2. Teil - Kamerun
Ebenso 2. Band, 1. Teil - Togo
Ebenso 2. Band, 2. Teil - Deutsch-Südwestafrika
Ebenso 2. Band, 3. Teil - Die Schutzgebiete in der Südsee und Kiautschou.

ENGLER, A. (1964): A. Englers Syllabus der Pflanzenfamilien, Ausgabe 1964. 12. völlig neugest. Auflage. Bd. 2 Angiospermen. Übersicht über die Florengebiete der Erde. 660 S.

ERFURTH, T. und RUSCHE, H. (1976): The Marketing of Tropical Wood. A. Wood Species from African Tropical moist forests. Rome: FAO. 60 S.

ESCHENLOHR, H. (1934): Wald und Waldwirtschaft auf Formosa. Forstwissenschaftl. Centralblatt 56, S. 501-516 u. S. 543-555.

ESDORN, I. u. PIRSON, H. (1973): Die Nutzpflanzen der Tropen und Subtropen in der Weltwirtschaft. 2. Auflage Stuttgart. 170 S.

FAO (1966): Wood: World Trends and Prospects. Unasylva Vol. 20 (1-2), No. 80-81.

FAO (1967): Timber Trends and Prospects in Africa. A study prepared jointly by the secretariats of the Food and Agriculture Organisation of the U.N. and the United Nations Economic Commission for Africa. Rome. 90 S.

FAO (1969): FAO/SF:60/CEY-5: Pre-Investment Study on the Forest Industries Development Ceylon. Final Report, Vol. II. Forest Resources and Management. United Nations Development Programme, Food and Agriculture Organization of the United Nations. Rome.

FAO (1974): Shifting Cultivation and Soil Conversation in Africa. Papers presented at the FAO/SIDA/ARCN Regional Seminar held at Nigeria, July 1973. FAO Soils Bulletin No. 24. Rome.

FOREST RESEARCH INSTITUTE DEHRA DUN (1961): 100 Years of Indian Forestry. Vol. I u. II Delhi.

FRANKFURTER ALLGEMEINE ZEITUNG (1976): Feuer rodet in Brasilien Urwald für die Rinder von VW. Tochterfirma des Volkswagenwerkes will Viehwirtschaft auf 135.000 Hektar betreiben. Nr. 149 vom 10.7.1976, S. 6.

FRANKFURTER ALLGEMEINE ZEITUNG (1976): Die "Jaalles" verändern das Horn von Afrika. Somalia sucht sein Heil im wissenschaftlichen Sozialismus. Helmensdorfer, E. Nr. 247 vom 2.11.1976, S. 12.

FRANKFURTER ALLGEMEINE ZEITUNG (1977): Der älteste Europäer? Ein 700.000 Jahre alter Frühmenschen-Fund in Nordgriechenland. Nr. 153 vom 6.7.1977, S. 22.

FRANKFURTER ALLGEMEINE ZEITUNG (1978): Stammt der Mensch doch nicht aus Afrika? Rudzinski, K. Nr. 67 vom 5.4.1978, S. 33.

FÜRSTENBERG, P. Frhr. v. (1966): Formen der Waldnutzung im spanischen Nord- und Mittelamerika während der Kolonialzeit (16. - 18. Jahrh.). Dargestellt an Beispielen aus dem ehemaligen Vizekönigreich Neuspanien einschl. der Audiencias Guatemala und Santo Domingo. Dissertation Forstl. Fak. d. Univ. Göttingen in Hann. Münden. 197 S.

FÜRSTENBERG, P. Frhr. (1976): Wildtiernutzung und -bewirtschaftung in Afrika südlich der Sahara. Forstarchiv 47, S. 153-158.

GIESELER, F.R. (1906): Die Ceder des Schumewaldes (Juniperus procera) als anbauwürdige Holzart für die Höhen von Usambara. Zeitschrift f. Forst- und Jagdwesen 38, S. 334-335.

GIESELER, F.R. (1912): Was lehren uns die Anfänge unserer kolonialen Forstwirtschaft? Zeitschrift f. Forst- und Jagdwesen 44, S. 222-233.

GLASENAPP, H. von (1943): Die Religionen Indiens. Stuttgart. Kröners Taschenausgabe Bd. 190. 391 S.

GREGERSEN, H.M. and CONTRERAS, A. (1975): U.S. investment in the forest based sector in Latin America. London. 113 S.

GUPTA, Sh.M. (1971): Plant Myth and Traditions in India. Leiden. 117 S.

HESMER, H. (1965): Wild und Waldwirtschaft in Ostafrika. Allgemeine Forstzeitschrift 20, S. 84-86.

HESMER, H. (1966): Der kombinierte land- und forstwirtschaftliche Anbau. I Tropisches Afrika. Wissenschaftl. Schriftenreihe des Bundesministeriums für wirtschaftliche Zusammenarbeit Bd.8.Stuttgart.

HESMER, H. (1970): Der kombinierte land- und forstwirtschaftliche Anbau. II Tropisches und subtropisches Asien. Wissenschaftl. Schriftenreihe des Bundesministeriums für wirtschaftliche Zusammenarbeit Bd. 17. Stuttgart.

HESMER, H. (1975): Leben und Werk von Dietrich Brandis 1824-1907. Begründer der tropischen Forstwirtschaft - Förderer der forstlichen Entwicklung in den USA - Botaniker und Ökologe. Abh. der Rheinisch-Westfälischen Akademie der Wissenschaften Band 58. Opladen. 476 S.

HOFMANN, A. (1913): Aus den Waldungen des fernen Ostens. Forstliche Reisen und Studien in Japan, Formosa, Korea und den angrenzenden Gebieten Ostasiens. Wien und Leipzig.

HOFSEUS, C.C. (1907): Das Farbholz in Siam. Der Tropenpflanzer 11. Beiheft S. 378-391.

HOLLOWAY, C.W. (1962): The Impact of Big Game on Forest Policy in the Mount Kenya and North East Aberdare Forest Reserve. Eight British Commonwealth Forestry Converence, East Africa, 1962. S. 1-14.

HOLLOWAY, C.W. (1965): Big Game in the Kenya Forests. Commonwealth Forestry Review 44, S. 125-139.

HOLTZ, W. (1906): Über Blackwattle-Wirtschaft in Natal. Berichte über Land- und Forstwirtschaft in Deutsch-Ostafrika. 3. Bd., Heft 1. Heidelberg. S. 1-14.

HOLTZ, W. (1913): Wichtige und beachtenswerte Holzgewächse Deutsch-Ostafrikas. Reihe I: Eingeführte fremdländische Holzgewächse Heft 1. Beiheft Nr. 1 zum Pflanzer 9. Daressalam Juni 1913.

HOOPER, E.D.M. (1887): Report upon the Forests of Honduras. Kurnool Collectorate Press.

HUBERMANN, M.A. (1959): Mangrove Silviculture. Unasylva Vol. 13, S. 188-195.

HUECK, K. (1966): Die Wälder von Südamerika. Ökologie, Zusammensetzung und wirtschaftliche Bedeutung. Stuttgart. 422 S.

HUECK, K. und SEIBERT, P. (1972): Vegetationskarte von Südamerika. Mit Erläuterungen. Bd. IIa der Vegetationsmonographien der einzelnen Großräume, herausgegeben von H. Walter. Stuttgart. 72 S., 1 Karte 1: 8 000 000.

HUMBOLDT, A. v. und BONLAND, A. (1815-1829): Reise in die Aequinoctial-Gegenden des neuen Continents. 1. Teil 1815, 2. Teil 1818, 3. Teil 1820, 4. Teil 1825, 5. Teil 1826, 6. Teil 1829. Stuttgart und Tübingen.

HUMMEL, C. (1921): Report on the Forests of British Honduras with Suggestions for a Far Reaching Forest policy. Published by the Crown Agents for the Colonies. London. Reprinted 1925.

HUTCHINS, D.E. (1906): Forests and Climate of Mexico and Central America. Denkschrift. Nairobi.

HUTCHINS, D.E. (1914): Mexican Forest Flora in South Africa. Extension of the Mexican Forest Flora to the Plateau Country of South Africa. Quart. Journal of Forestry Vol. 8, No.1, S. 16-20.

INDIAN FORESTER 37 (1911): Game in the Forests of East Africa. S. 94-96.

IRONS, W. und DYSON-HUDSON, N. (1972): Perspectives on Nomadism. Internat. Studies in Sociology and Social Anthropology. Vol. 13. Leiden.

JAHRESBERICHTE ÜBER DIE ENTWICKLUNG DER DEUTSCHEN SCHUTZGEBIETE von 1896/97 BIS 1907/08. Ostafrika, Kamerun, Togo, Südwestafrika. Jeweils ein Jahr später in Berlin gedruckt. Für Kamerun alljährlich "Jahresbericht über den botanischen Garten und die Versuchspflanzungen in Victoria" enthalten.

JENTSCH, F. und BÜSGEN, M. (1909): Forstwirtschaftliche und forstbotanische Expedition nach Kamerun und Togo. Kolonial-Wirtschaftliches Komitee. Beiheft zum Tropenpflanzer 13, Heft Nr. 9, S. 185-310.

JENTSCH, F. (1911): Der Urwald Kameruns. Folgerungen aus den auf der Expedition 1908/09 gewonnenen Erfahrungen in bezug auf den Zustand und die Nutzbarmachung des Waldes. Beiheft zum Tropenpflanzer 15, Heft Nr. 3, S. 1-199.

JOHNSTONE, R.C.B. (1967): Elephant Protection Problems in Budongo Tropical High Forest. Forestry Department Rep. of Uganda. Prepared for the Ninth Commonwealth Forestry Conference 1967.

JUNGHUHN, F. (1857): Java, seine Gestalt, Pflanzendecke und innere Bauart. Nach der 2. Aufl. des holländ. Originals ins Deutsche übertragen. von J.K. Hasskarl. 1. Abt., 2.Ausgabe. Leipzig.

KAISERLICHES GOUVERNEMENT VON DEUTSCH-OSTAFRIKA (1896-1914): Forstliche Akten. (Silviculture Research Section in Lushoto (Tanzania).
- Akazien. Vol. I von 1896-1906.
- Akazien. Vol. III von 1909-1916.
- Bambus. Vol. II von 1906-1912.
- Dividivi.Vol. II von 1913-1914.
- Einheimische Holzarten außer Akazien und Bambus. Vol. I von 1904-1914.
- Farb- und Gerbstoffe außer Akazien, Dividivi und
- Mangroven, Vol. I von 1902-1914.
- Harze. Vol. I von 1907-1914.
- Mangroven (Waldreservate Bez. Mohoro). Vol. I von 1904-1909.
- Teak Vol. II von 1904-1910.

KAISERLICHES GOUVERNEMENT VON DEUTSCH-OSTAFRIKA (1909): Sonderberichte der Forstverwaltung von Deutsch-Ostafrika für das Jahr 1909. In: Berichte über Land- und Forstwirtschaft in Deutsch-Ostafrika. Heidelberg 1909 oder später. S. 289-320.

KANGLE, R.P. (1963): The Kautiliya Arthasastra. Part II. University of Bombay. 516 S.

KAYLL, A.J. (1974): Use of Fire in Land Management. In: Kozlowski, T.T. and Ahlgren, C.E.: Fire and Ecosystems. Academic Press New York. S. 483-511.

KNAPP, R. (1973): Die Vegetation von Afrika unter Berücksichtigung von Umwelt, Entwicklung, Wirtschaft, Agrar- und Forstgeographie. Stuttgart. 626 S.

KÜHN, H. (1962): Vorgeschichte der Menschheit. Bd. 1 Altsteinzeit und Mittelsteinzeit. Köln. Bd. 2 Neusteinzeit. Köln 1963.

LAMB, F.B. (1966): Mahagony of Tropical America. Its Ecology and Management. The University of Michigan Press.

LANLY, J.P. (1982): Tropical Forest Resources. FAO Forestry Paper No. 30. Rome. 106 S.

LASPEYRES (1898): Forstliches aus Deutsch-Ostafrika. Zeitschrift für Forst- u. Jagdwesen 30, S. 429-431.

LASPEYRES (1902): Forstliches aus den deutschen Schutzgebieten. Zeitschr. f. Forst- u. Jagdwesen 34, S. 238-240.

LAUER, W. (1959): Klimatische und pflanzengeographische Grundzüge Zentralamerikas. Erdkunde Bd. 13, S. 344-354.

LAUER, W. (1975): Vom Wesen der Tropen. Klimaökologische Studien zum Inhalt und zur Abgrenzung eines irdischen Landschaftsgürtels. Akademie d. Wissenschaften u. der Literatur. Abhandlungen d. Mathem.-Naturwissenschaftl. Klasse. Jahrg. 1975, Nr. 3. Mainz. Kommissionsverlag F. Steiner, Wiesbaden.

LI, HUI-LIN (1963): Woody flora of Taiwan. Livingston. 974 S.

LIND, E.M., MORRISON, M.E.S., HAMILTON. A.C. (1974): East African Vegetation. London. 257 S.

LINDIG, W. und MÜNZEL, M. (1976): Die Indianer: Kulturen und Geschichte der Indianer Nord-, Mittel- und Südamerikas. München. 345 S.

LINDNER, K. (1937): Die Jagd der Vorzeit. Berlin und Leipzig.

LOGIE, J.P.W. and DYSON, W.G. (1962): Forestry in Kenya. A Historical Account of the Development of Forest Management in the Colony. Colony and Protectorate of Kenya. Government Printer, Nairobi.

LONGWOOD, F.R. (1962): Present and Potential Commercial Timbers of the Caribaean. Agriculture Handbook No. 207. U.S. Department of Agriculture, Forest Service. Washington, D.C.

LUTZ, G.H. (1971): Republik Elfenbeinküste. Erdkundliches Wissen Heft 28. Beihefte zur Geograph. Zeitschr. Wiesbaden.

MAMMEN, E. (1964): Wirken deutscher Forstwirte in Übersee vor 1914. Forstarchiv 35, S. 117-123 und S. 144-153.

MAMMEN, E. (1972): Cornelius Hummel 1880-1972. Forstarchiv 43, S. 101-103.

MARSHALL, R.C. (1934): Forestry in Trinidad. Indian Forester 60, S. 28-30.

MAYDELL, H.-J.v. und ERICHSEN, H. (1968): Vorkommen und Nutzung wirtschaftlich wichtiger Palmen. Mitteilungen der Bundesforschungsanstalt für Forst- und Holzwirtschaft, Reinbek, Nr. 69. Hamburg.

MEGASTHENES: Megasthenis Indica (Fragm.). Fragmenta collegit commentationem et indices addidit E.A. Schwanbeck. Bonnae: Pleimes 1846 IX. 194 S.

MEGITT, M.H. (1964): Aboriginal Food-Gatheres of Tropical Australia. In. IUCN Publ. New Series No. 4. Morges, Switzerland. S.30-37.

METZGER, O.F. (1911): Die Forstwirtschaft im Schutzgebiet Togo. Veröffentlichung des Reichskolonialamts Nr. 2. Verlag Gustav Fischer, Jena. 76 S.

METZGER, O.F. (1913): Jagd und Wildschutz in den Deutschen Kolonien. Veröffentlichung des Reichskolonialamts Nr. 5. Verlag Gustav Fischer, Jena. 168 S.

METZGER, O.F. (1939): Forstwirtschaftliche Aufgaben in unseren Kolonien. Forstwissenschaftl. Centralblatt 61, S. 193-211.

MEYER, H. (1914): Das deutsche Kolonialreich. Verlag des bibliographischen Instituts. Leipzig und Wien.

MORELLET, J. (1973): Le Centre Technique Forestier Tropical. Revue Forestiere Francaise Tome XXV, S. 5-18.

NATURE 106 (1920): Hutchins, Sir David. Obituary. S. 540-541. Nachdruck im Indian Forester 47, 1921, S. 125-127.

NÈMNICH (1896): Die Wälder Javas und die Forstorganisation über die Bewirtschaftung der Djatiwälder. Zeitschr. f. Forst- und Jagdwesen. 28, S. 714-721.

NEUE ZÜRCHER ZEITUNG (1979): Hungerstreik für heilige Kühe. Nr. 85 vom 12.4.1979, S. 7.

NIRSCHL, J. (1920): Die Forstwirtschaft in Niederländisch-Indien. Auslandswirtschaft in Einzeldarstellungen Bd. 6. Herausgegeben vom Auswärtigen Amt. Verlag Koehler, Leipzig. 120 S.

NORMAND, D. (1950-1960): Atlas de Bois de la Côte d'Ivoire. Centre Technique Forestier Tropical. Nogent-sur-Marne.
Teil 1 1950, 148 S.=Publ. C.T.F.T. Nr. 1
Teil 2 1955, 132 S.=Publ. C.T.F.T. Nr. 1
Teil 3 1960, 182 S.=Publ. C.T.F.T. Nr. 17

OEDEKOVEN, K.H. (1963): Forestry of the Near East. A survey of a once well-timbered region. Unasylva Vol. 17(1), No. 68, S.13-21.

OEVER, H. ten (1912): Die natürliche Verjüngung des Djati, Tectona grandis. Ein Beitrag zur tropischen Forstwirtschaft. Dissertation der staatswiss. Fakultät München. München und Berlin.

PASSARGE, S.(1914): Kartogramm der Vegetationsformationen in Kamerun. In: H. Meyer: Das deutsche Kolonialreich. Leipzig und Wien. S. 443.

PERSSON, R. (1974): World Forest Resources. Review of the world's forest resources in the early 1970: s. Department of Forest Survey, Research Notes Nr. 17. Royal College of Forestry Stockholm. 261 S.

PHILLIPS, J. (1963): The Forests of George, Knysna and the Zitzikama. A brief history of their management: 1778-1939. Bulletin No. 40. Republic of South Africa, Department of Forestry. Pretoria. 110 S.

PRINGLE, S.L. (1969): World Supply and Demand of Hardwoods. In: Proceedings. Conference on tropical hardwoods. 18-21. August 1969, Syracuse Univ., New York. 46 S.

PURI, G.S. (1960): Indian Forest Ecology. A comprehensive survey of vegetation and its environment in the Indian subcontinent. Vol. I and II. New Delhi. 710 S.

RIBBENTROP, B. (1900): Forestry in British India. Office of the Superintendent of Government Printing, Calcutta. 245 S.

RICHARDS, P.W. (1957): The Tropical Rain Forest. An ecological study. First edited Cambridge 1952. Reprinted 1957.

ROCHE, L. (1974): The Practice of Agri-Silviculture in the Tropics with Special Reference to Nigeria. In: FAO Soils Bulletin No. 24: Shifting Cultivation and Soil Conversation in Africa. Rome. S. 179-190.

SCHIMPER, A.F.W. (1898): Pflanzengeographie auf physiologischer Grundlage. Jena.

SCHLICH, W. (1922): W. Schlich's Manual of Forestry Vol. I. Forest Policy in the British Empire. 4. Ed. London.

SCHMITHÜSEN, J. (1968): Allgemeine Vegetationsgeographie. 3.Auflage. Berlin.

SCHMITHÜSEN, F. (1976): Vom kolonialen Forstgesetz zum nationalstaatlichen Wirtschaftsrecht. Die Entwicklung der Forstgesetzgebung im frankophonen Westafrika. Allg. Forst- und Jagdzeitung 147, S. 130-142.

SCHMITHÜSEN, F. (1977): Forstpolitische Überlegungen zur Tropenwaldnutzung in der Elfenbeinküste. Schweiz. Zeitschr. für Forstwesen 128, S. 69-82.

SCHNELL, R. (1950): La Foret Dense. Introduction a l'Etude Botanique de la Region Forestiere d'Afrique Occidentale. Paris.

SCHÖNHERR, S. und DOBATH, H. (1968): Haustierbestand der Welt 1959-1965. Die Blauen Hefte für den Tierarzt 37, S. 1-14. Behringwerke Marburg/Lahn.

SCHÖPFER (1908): Forstliches aus Deutsch-Ostafrika. Zeitschr.f. Forst- und Jagdwesen 40, S. 747-750.

SCHRADER, S. (1957): Die forst- und holzwirtschaftsgeographische Literatur zur wirtschaftlichen Erschließung des afrikanischen Tropenwaldes. Diplomarbeit an der Mathem.-Naturwiss. Fak. der Universität Hamburg.

SCHRAMM, J. (1962): Togo. Die Länder Afrikas Nr. 19. 2. erw. Aufl. Bonn. 92 S.

SEIBT(1910): Die Waldungen in unseren Kolonien und deren Benutzung. Forstwiss. Centralblatt 32, S. 615-617.

SEUBERT, A. (1897): Über den Anbau des Djati-Baumes (Tectona grandis) in Niederländisch-Indien. Allg. Forst- und Jagdzeitung 73, S. 155-161.

SHERRY, S.P. (1971): The Black Wattle (Acacia mearnsii De Wild). Pietermaritzburg, University of Natal Press.

SHIOYA, TSUTOMU (1967): A short History of Forestry and Forestry Research in East Asia. International Review of Forestry Research. Ed. J.A. Romberger. Vol. 2, S. 1-41. Academic Press New York, London.

SMOLIK, H.-W. (1976): Rororo Tierlexikon. Bd. 2 Säugetiere. Reinbek.

SOMMER, A. (1976): Attempt at an Assessment of the World's Tropical Moist Forests. Unasylva Vol. 28, No. 112-113, S. 5-24.

STAHELIN, R. and EVERARD, W.P. (1964): Forests and Forest Industries of Brazil. U.S. Department of Agriculture, Forest Service. Forest Resource Report No. 16. Washington, D.C.

STAINTON, J.D.A. (1972): Forests of Nepal. New York.

STEBBING, E.P. (1922): The Forests of India. Vol.I, London. Vol. II London 1923, Vol. III London 1926, Vol. IV London 1962 ed. by Champion, Sir H. and Osmaton, F.C.: E.P. Stebbing's: The Forests of India being the History from 1925-1947 of the Forest now in Burma, India and Pakistan.

STEPHENS, J.L. (1841): Incidents of Travel in Central America, Chiapas and Yucutan. New York. Neu erschienen als: Reisen in Zentralamerika und Yucutan. Atlantis Verlag, Zürich 1969.

STEWART, O.C. (1963): Barriers to Understanding the Influence of Use of Fire by Aborigines on Vegetation. Proceedings 2nd Annu. Tall Timbers Fire Ecol. Conf. 1963.

STREETS, R.J. (1962): Exotic Forest Trees in the British Commonwealth. Edited by Sir H. Champien. Oxford.

TAIWAN FORESTRY BUREAU (1962): Forestry of Taiwan.

TAMESIS, F. (1953): Forest Resources of the Philippines. Revue international du Bois (Paris) 20, S. 36-37.

THAILAND. MIN. of AGRICULTURE, FOREST DEPARTMENT (1962): Types of Forests of Thailand. Mit farbiger Karte.

THOMPSON, H.N. (1926): History of the Nigerian Forest Department. Geschrieben 1926. Gedruckt in: Farm and Forest, incorporating the Nigerian Forester 1948, S. 11-19.

TINKER, H. (1967): The Union of Burma. A Study of the First Years of Independence. Fourth Ed. Oxford University Press London.

TROLL, C. (1970): Das "Baumfarnklima" und die Verbreitung der Baumfarne auf der Erde. Tübinger Geographische Studien Heft 34 (Sonderband 3).

TROPICAL TRAINING AND RESEARCH CENTER OF AGRICULTURE SCIENCE OF THE OAS (1973): Bulletin Vol. I, No. 2. Turrialba.

TROUP, R.S. (1921): The Silviculture of Indian Trees. Vol. I-III. Oxford.

TYLER WHITTLE (1971): Pflanzenjäger.

VICTOR, M.A.M.: 9 Karten der Waldverbreitung im brasilianischen Bundesstaat São Paulo für die Zeit von 1854-1973.

VIENNOT, O. (1954): Le Culte de l'Arbre dans l'Inde Ancienne Textes et Monuments brâhmaniques et bouddhiques. Paris.

VORLÄUFIGE KARTE DER VEGETATIONSZONEN NIGERIAS (1953). Maßstab 1 : 3 000 000.

WALTER, H. und LIETH, H. (1967): Klimadiagramm-Weltatlas. Jena.

WALTER, H. (1973): Die Vegetation der Erde. Bd. 1: Die tropischen und subtropischen Zonen. 2. Aufl. 1964. 3. Aufl. mit einem Beitrag von H. Flohn,Jena 1973, 743 S.

WECK, J. und WIEBECKE, C. (1961): Weltforstwirtschaft und Deutschlands Forst- und Holzwirtschaft. München.

WELTFORSTATLAS (1957): Herausgegeben von der Bundesforschungsanstalt für Forst- und Holzwirtschaft, Reinbek bei Hamburg. Blatt China, Korea und Taiwan.

WHITMORE, T.C. (1973): Palms of Malaya. Oxford University Press London. 282 S.

WHITMORE, T.C. (1975): Tropical Rain Forests in the Far East. Oxford.

WIECH, W. (1929): Streiflichter auf das Gebiet der kolonialen Forstwirtschaft. Der Tropenpflanzer 32, S. 201-211.

WIECH, W. (1929): Aufforstung und Baumschutz in Südwestafrika. Der Deutsche Forstwirt, S. 499 ff.

WILHELMI, TH. (1961): Die Riesenbambusen und ihre wirtschaftliche Kultur. Mitteilungen der Bundesforschungsanstalt f. Forst- und Holzwirtschaft Nr. 50. Reinbek.

WIMBUSH, S.H. (1957): Catalogue of Kenya Timbers. Colony and Protectorate of Kenya. Second Reprint. Government Printer, Nairobi.

WORLD WOOD VOL. 16 (1975): World Wood Review. Heft No.8.

WORLD WOOD VOL. 17 (1976): World Wood Review. Heft No. 6.

WORLD WOOD VOL. 18 (1977): World Wood Review. Heft No. 6.

ZIMMERMANN, A. (1930): Die Gerbrinden liefernden Akazien (Wattle-Bäume). Verlag Gustav Fischer, Jena.

ZEITSCHRIFT FÜR FORST- UND JAGDWESEN 34 (1902): Kolonialunterricht an der Universität Nancy. S. 634. Siehe auch Jahrgang 35, 1903, S. 652.

ZEITSCHRIFT FÜR FORST- UND JAGDWESEN 46 (1914): Zwei kleinere Notizen im März- und Maiheft über eine forstliche Studienreise der Forstakademie Münden nach Deutsch-Ostafrika.

ZEITSCHRIFT FÜR WELTFORSTWIRTSCHAFT (1939/40): Mangel an Caoba (Mahagoni) in USA. Internationaler Holzwirtschaftsbericht, S.591.

ZON, R. and SPARHAWK, W. (1923): Forest Resources of the World. Vol. 2. New York.

FORSCHUNGSBERICHTE
des Landes Nordrhein-Westfalen

Herausgegeben
vom Minister für Wissenschaft und Forschung

Die „Forschungsberichte des Landes Nordrhein-Westfalen" sind in zwölf Fachgruppen gegliedert:

Geisteswissenschaften
Wirtschafts- und Sozialwissenschaften
Mathematik / Informatik
Physik / Chemie / Biologie
Medizin
Umwelt / Verkehr
Bau / Steine / Erden
Bergbau / Energie
Elektrotechnik / Optik
Maschinenbau / Verfahrenstechnik
Hüttenwesen / Werkstoffkunde
Textilforschung

WESTDEUTSCHER VERLAG
5090 Leverkusen 3 · Postfach 300620

GPSR Compliance

The European Union's (EU) General Product Safety Regulation (GPSR) is a set of rules that requires consumer products to be safe and our obligations to ensure this.

If you have any concerns about our products, you can contact us on ProductSafety@springernature.com

In case Publisher is established outside the EU, the EU authorized representative is:

Springer Nature Customer Service Center GmbH
Europaplatz 3
69115 Heidelberg, Germany

Batch number: 10584556

Printed by Printforce, the Netherlands